应用型网络与信息安全工程技术人才培养系列教材

信息安全理论与技术

（第二版）

李飞　吴春旺　王敏　编著

西安电子科技大学出版社

内容简介

本书是在第一版的基础上重新修订的。除对原版书中的差错进行了甄定修正，还对第1、6、8、11章内容进行了不同程度的增删与修改，并以三个新的"综合实验"更换了原版书中的四个"综合训练"。

本书涵盖了信息安全的理论、技术与管理三大体系，主要介绍信息安全的基本概念、方法和技术，为今后进一步学习、研究信息安全理论与技术或者从事计算机网络信息安全技术与管理工作奠定理论和技术基础。全书共13章。前两章为信息安全基础知识和密码学的基本理论，第3～10章为密钥管理技术、数字签名与认证技术、PKI技术、网络攻击与防御技术、恶意代码及防范技术、访问控制技术、虚拟专用网络(VPN)和系统安全技术，第11～13章为安全审计技术、信息安全体系结构与安全策略、信息安全评估标准与风险评估。本书设计了三个综合实验，以提高学生的综合设计能力。

本书可以作为高等院校本科生信息安全与计算机网络安全类课程的教材，也可作为电子商务专业相关课程的教材。

图书在版编目(CIP)数据

信息安全理论与技术/李飞，吴春旺，王敏编著. －2版. －西安：西安电子科技大学出版社，2021.12(2023.1重印)

ISBN 978 － 7 － 5606 － 6049 － 3

Ⅰ. ①信… Ⅱ. ①李… ②吴… ③王… Ⅲ. ①信息安全—安全技术 Ⅳ. ①TP309

中国版本图书馆 CIP 数据核字(2021)第 245190 号

策　　划	李惠萍
责任编辑	成　毅
出版发行	西安电子科技大学出版社(西安市太白南路2号)
电　　话	(029)88202421　88201467　　邮　　编　710071
网　　址	www. xduph. com　　　电子邮箱　xdupfxb001@163.com
经　　销	新华书店
印刷单位	咸阳华盛印务有限责任公司
版　　次	2021 年 12 月第 2 版　2023 年 1 月第 3 次印刷
开　　本	787 毫米×1092 毫米　1/16　印张　17
字　　数	398 千字
印　　数	1101～3100 册
定　　价	40.00 元

ISBN 978 － 7 － 5606 － 6049 － 3/TP

XDUP　6351002 － 3

前　　言

本书第一版自 2016 年 2 月正式出版以来,已有五年多时间。在此期间,信息技术迅猛发展,信息安全理论与技术也同步不断创新。为了适应新的形势,我们在第一版的基础上重新修订了此书。

这次修改,除对原版书中的差错进行了甄定修正,还主要对第 1、6、8、11 章内容进行了不同程度的增删与修改,并以三个新的"综合实验"更换了原版书中的四个"综合训练"。各章修订内容如下:

第 1 章"信息安全基础知识",1.3 节"安全威胁与攻击类型"内容全部更新;1.10.2 节、本章小结、思考题也酌情修订。

第 6 章"网络攻击与防御技术",6.1 节"漏洞与信息收集"内容全部更新。

第 8 章"访问控制技术",新增了 8.6 节"UTM(统一威胁管理)和网络态势感知",并对本章小结、思考题进行了酌情修订。

第 11 章"安全审计技术",更换了 11.2.2 节内容。

编　者
2021 年 11 月

第一版前言

"信息安全理论与技术"是计算机科学技术类、通信工程和信息对抗技术等专业本科生的专业基础必修课程，一般安排 2~3 个学分，学时从 32 个到 48 个不等。这门课程内容较多，不仅要介绍信息安全学科相关的理论知识，还要介绍信息安全相关的技术，同时涉及多个学科的基础知识。在通常的教学实践中，有的专业只开设这一门课程（或者"网络安全"课程），就希望学生能基本上掌握信息安全的基础知识和技术，这给该门课程的教学带来巨大的困难。本教材的编写出版就希望解决该困难。

目前国内大多数高校正在推行工程教育理念，加上学生还需要参加各种专业认证，这就要求学生不仅要掌握扎实的理论知识，还要具有较强的动手能力，以便满足社会需求。但目前许多高校培养的工科学生有一个通病，要么强调理论轻视技术，要么重视技术轻视理论。如何结合工程教育理念来教育学生，使他们明白，理论是基础，技术只是理论指导下的实现手段，没有理论作指导，技术无法达到一定的高度，这是摆在教师面前的一个巨大问题。解决不了这个问题，就无法教育出优秀的学生，也无法成为一个优秀的教育者。

具体到"信息安全理论与技术"这门课程来说，首先要使学生明白系统概念，要求学生能将之前学习过的课程，如高等数学相关课程以及"C 语言程序设计""数据结构""操作系统原理""数据库原理与技术"和"计算机网络"等课程的理论与本课程有关理论知识贯穿起来，同时在讲解信息安全体系结构相关内容时，使学生明白，仅仅一种信息安全技术是无法完成系统安全保障要求的，要有一个系统概念，即在管理制度约束下，在信息安全相关理论指导下进行多种技术集成，才能构成一个系统安全的保障体系。没有系统的思维，单靠一门技术会给系统留下巨大的隐患。其次，在讲解信息安全理论时，教师要注意理论的承前启后，强调理论指导技术的重要性，让学生明白没有理论作指导，是无法实现好的设计的。同时，对于信息安全技术课程的相关内容，可以预先布置，让学生预习并分组讨论，然后请学生代表在课堂做总结，教师和学生共同点评，培养学生的表达能力、团队协作能力以及发现问题和解决问题的能力。这样，通过一门课程的教学，可以实现现代工程教育理念所要求的培养学生的目标。

本书的主要任务是介绍信息安全的基本概念、方法和技术，使学生掌握信息安全的基本知识、信息安全模型、当代主流的密码技术、访问控制技术、数字签名和信息认证技术、安全审计与监控技术、网络攻防技术、病毒及防范技术、信息安全体系结构以及各种安全服务及安全机制，为今后进一步学习与研究信息安全理论与技术或者从事计算机网络信息安全技术与管理工作奠定理论和技术基础。全书内容涵盖了信息安全的理论、技术与管理三大体系，有助于学生信息安全整体理念的形成。

为了提高学生的综合设计能力，本书设计了四个综合训练，通过实验的方式巩固理论知识，提升学生综合水平。有些实验没有标准答案，只是考察学生的综合设计能力。这些实验涉及的知识面较广，在指导学生做这些实验时，希望教师能安排完成这些设计实验的同学进行讲解，以便大家共享相关知识，共同提高。

本书也可以作为计算机网络安全类课程的相关教材，还可以作为电子商务专业本科生相关课程的教材。

由于时间仓促，许多地方还不完善，敬请专家指正。

编　者

2015 年 10 月

目　　录

第1章　信息安全基础知识 ……………… 1
　1.1　信息与信息的特征 ……………… 1
　1.2　网络空间安全 …………………… 1
　　1.2.1　信息安全的定义与特征 …… 2
　　1.2.2　网络安全的定义与特征 …… 2
　　1.2.3　网络空间(Cyberspace)安全 … 4
　1.3　安全威胁与攻击类型 …………… 4
　1.4　信息安全服务与目标 …………… 8
　1.5　信息安全技术需求 ……………… 10
　1.6　网络信息安全策略 ……………… 11
　1.7　网络信息安全体系结构与模型 … 13
　　1.7.1　ISO/OSI安全体系结构 …… 13
　　1.7.2　网络信息安全体系 ………… 17
　　1.7.3　网络信息安全等级与标准 … 22
　1.8　网络信息安全管理体系(NISMS) … 24
　　1.8.1　信息安全管理体系的定义 … 24
　　1.8.2　信息安全管理体系的构建 … 24
　1.9　网络信息安全评测认证体系 …… 25
　　1.9.1　网络信息安全度量标准 …… 25
　　1.9.2　各国测评认证体系与发展
　　　　　现状 ……………………… 27
　　1.9.3　我国网络信息安全评测认证
　　　　　体系 ……………………… 28
　1.10　网络信息安全与法律 …………… 28
　　1.10.1　网络信息安全立法的现状与
　　　　　　思考 …………………… 29
　　1.10.2　我国网络信息安全的相关
　　　　　　政策法规 ……………… 30
　本章小结 ………………………………… 30
　思考题 …………………………………… 31
第2章　密码学的基本理论 …………… 32
　2.1　密码基本知识 …………………… 32
　2.2　古典密码体制 …………………… 35
　　2.2.1　单表密码 …………………… 35
　　2.2.2　多表密码 …………………… 38

　　2.2.3　换位密码 …………………… 43
　　2.2.4　序列密码技术 ……………… 43
　2.3　现代密码体制的分类及一般模型 … 44
　　2.3.1　对称密码体制 ……………… 45
　　2.3.2　非对称密码体制 …………… 55
　　2.3.3　椭圆曲线密码算法 ………… 61
　本章小结 ………………………………… 65
　思考题 …………………………………… 65
第3章　密钥管理技术 ………………… 67
　3.1　密钥的类型和组织结构 ………… 67
　　3.1.1　密钥的类型 ………………… 67
　　3.1.2　密钥的组织结构 …………… 69
　3.2　密钥管理技术 …………………… 70
　3.3　密钥分配方案 …………………… 72
　　3.3.1　密钥分配 …………………… 72
　　3.3.2　对称密码技术的密钥分配 … 73
　3.4　密钥托管技术 …………………… 76
　　3.4.1　密钥托管技术简介 ………… 76
　　3.4.2　密钥托管密码技术的组成 … 77
　本章小结 ………………………………… 79
　思考题 …………………………………… 80
第4章　数字签名与认证技术 ………… 81
　4.1　消息摘要与Hash函数 …………… 81
　　4.1.1　消息摘要 …………………… 81
　　4.1.2　Hash函数 …………………… 82
　4.2　数字签名 ………………………… 83
　　4.2.1　数字签名及其原理 ………… 83
　　4.2.2　数字证书 …………………… 86
　　4.2.3　数字签名标准与算法 ……… 87
　4.3　认证技术 ………………………… 89
　　4.3.1　认证技术的相关概念 ……… 89
　　4.3.2　认证方法的分类 …………… 90
　　4.3.3　认证实现技术 ……………… 91
　4.4　Kerberos技术 …………………… 94
　本章小结 ………………………………… 97

思考题 ············· 97

第5章 PKI技术 ············· 98

5.1 PKI的基本概念和作用 ····· 98

  5.1.1 PKI技术概述 ········· 98

  5.1.2 PKI的主要研究对象及
     主要服务 ··············· 99

  5.1.3 PKI的基本结构 ······· 99

  5.1.4 PKI国内外研究现状 ···· 102

5.2 数字证书 ··············· 103

  5.2.1 数字证书的概念 ······· 103

  5.2.2 数字证书/密钥的生命周期 ····· 105

  5.2.3 数字证书的认证过程 ···· 108

5.3 PKI互联 ··············· 108

  5.3.1 建立一个全球性的
     统一根CA ············· 109

  5.3.2 交叉认证 ············· 109

5.4 PKI应用实例 ··········· 109

  5.4.1 虚拟专用网络(VPN)—— PKI
     与IPSec ··············· 109

  5.4.2 安全电子邮件—— PKI与
     S/MIME ··············· 110

  5.4.3 Web安全——PKI与SSL 110

  5.4.4 更广泛的应用 ········· 111

本章小结 ················· 111

思考题 ··················· 111

第6章 网络攻击与防御技术 ····· 113

6.1 漏洞与信息收集 ········· 113

  6.1.1 漏洞挖掘的定义和分类 ·· 113

  6.1.2 漏洞挖掘的常用方法和工具 ····· 114

  6.1.3 关于漏洞与信息收集的
     防范 ··············· 120

6.2 网络欺骗 ··············· 120

  6.2.1 IP欺骗 ··············· 121

  6.2.2 电子邮件欺骗 ········· 122

  6.2.3 Web欺骗 ············· 122

  6.2.4 ARP欺骗 ············· 123

  6.2.5 非技术类欺骗 ········· 125

  6.2.6 关于网络欺骗的防范 ···· 126

6.3 口令攻击 ··············· 126

  6.3.1 常见系统口令机制 ····· 126

  6.3.2 口令攻击技术 ········· 127

  6.3.3 关于口令攻击的防范 ···· 128

6.4 缓冲区溢出攻击 ········· 129

  6.4.1 缓冲区溢出的概念 ····· 129

  6.4.2 缓冲区溢出的基本原理 ·· 129

  6.4.3 缓冲区溢出的类型 ····· 131

  6.4.4 缓冲区溢出的防范 ····· 132

6.5 拒绝服务攻击 ··········· 133

  6.5.1 拒绝服务攻击的概念 ···· 133

  6.5.2 利用系统漏洞进行拒绝
     服务攻击 ············· 134

  6.5.3 利用协议漏洞进行拒绝
     服务攻击 ············· 134

  6.5.4 对拒绝服务攻击的防范 ·· 135

本章小结 ················· 136

思考题 ··················· 136

第7章 恶意代码及防范技术 ····· 137

7.1 恶意代码的概念 ········· 137

  7.1.1 常见术语 ············· 137

  7.1.2 恶意代码的危害 ······· 138

  7.1.3 恶意代码的命名规则 ···· 138

7.2 恶意代码的生存原理 ····· 140

  7.2.1 恶意代码的生命周期 ···· 140

  7.2.2 恶意代码的传播机制 ···· 140

  7.2.3 恶意代码的感染机制 ···· 141

  7.2.4 恶意代码的触发机制 ···· 142

7.3 恶意代码的分析与检测技术 143

  7.3.1 恶意代码的分析方法 ···· 143

  7.3.2 恶意代码的检测方法 ···· 145

7.4 恶意代码的清除与预防技术 146

  7.4.1 恶意代码的清除技术 ···· 146

  7.4.2 恶意代码的预防技术 ···· 148

本章小结 ················· 149

思考题 ··················· 149

第8章 访问控制技术 ········· 150

8.1 访问控制技术概述 ······· 150

8.2 访问控制策略 ··········· 150

8.3 访问控制的常用实现方法 · 151

8.4 防火墙技术基础 ········· 152

  8.4.1 防火墙的基本概念 ····· 152

  8.4.2 防火墙的功能 ········· 153

  8.4.3 防火墙的缺点 ········· 155

8.4.4 防火墙的基本结构 ········ 155

8.4.5 防火墙的类型 ········ 158

8.4.6 防火墙安全设计策略 ····· 163

8.4.7 防火墙攻击策略 ········ 164

8.4.8 第四代防火墙技术 ······· 166

8.4.9 防火墙发展的新方向 ····· 169

8.5 入侵检测技术 ·············· 175

8.5.1 入侵检测的概念 ········ 175

8.5.2 入侵检测系统模型 ······· 176

8.5.3 入侵检测技术分类 ······· 176

8.5.4 入侵检测系统的组成与
分类 ···················· 178

8.6 UTM(统一威胁管理)和网络
态势感知 ················· 182

8.6.1 UTM ················· 183

8.6.2 网络态势感知 ·········· 183

本章小结 ···················· 185

思考题 ······················ 186

第9章 虚拟专用网络(VPN) ···· 187

9.1 VPN 的概念 ·············· 187

9.2 VPN 的特点 ·············· 189

9.3 VPN 的主要技术 ········· 189

9.3.1 隧道技术 ·············· 189

9.3.2 安全技术 ·············· 190

9.4 VPN 的建立方式 ········· 190

9.4.1 Host 对 Host 模式 ····· 190

9.4.2 Host 对 VPN 网关模式 ·· 191

9.4.3 VPN 对 VPN 网关模式 ·· 192

9.4.4 Remote User 对 VPN
网关模式 ·············· 192

本章小结 ···················· 193

思考题 ······················ 193

第10章 系统安全技术 ········· 194

10.1 操作系统安全技术 ······· 194

10.1.1 存储保护 ············· 195

10.1.2 用户认证 ············· 195

10.1.3 访问控制 ············· 197

10.1.4 文件保护 ············· 199

10.1.5 内核安全技术 ········· 200

10.1.6 安全审计 ············· 200

10.2 数据库系统安全技术 ····· 201

10.2.1 数据库安全的重要性 ···· 201

10.2.2 数据库系统安全的基本原则 ··· 201

10.2.3 数据库安全控制技术 ···· 202

10.2.4 常见威胁及对策 ······· 203

10.3 网络系统安全技术 ······· 204

10.3.1 OSI 安全体系结构 ····· 204

10.3.2 网络层安全与 IPSec ··· 206

10.3.3 传输层安全与 SSL/TLS ··· 207

10.3.4 应用层安全与 SET ····· 212

本章小结 ···················· 214

思考题 ······················ 214

第11章 安全审计技术 ········· 215

11.1 安全审计概论 ··········· 215

11.2 安全审计的过程 ········· 216

11.2.1 审计事件确定 ········· 216

11.2.2 事件记录 ············· 216

11.2.3 记录分析 ············· 217

11.2.4 系统管理 ············· 217

11.3 安全审计的常用实现方法 ··· 220

11.3.1 基于规则库的方法 ····· 220

11.3.2 基于数理统计的方法 ···· 221

11.3.3 有学习能力的数据挖掘 ··· 221

本章小结 ···················· 222

思考题 ······················ 222

第12章 信息安全体系结构与安全策略 ··· 223

12.1 开放系统互联参考
模型(OSI/RM) ········· 223

12.1.1 OSI/RM 概述 ········· 223

12.1.2 OSI 中的数据流动过程 ··· 226

12.2 TCP/IP 体系结构 ······· 226

12.3 信息安全策略 ··········· 227

12.3.1 信息安全策略的概念 ···· 228

12.3.2 信息安全策略的制定 ···· 228

12.4 安全协议 ··············· 229

12.4.1 IPSec 协议 ··········· 229

12.4.2 SSL 协议 ············· 230

12.4.3 PGP 协议 ············· 231

本章小结 ···················· 231

思考题 ······················ 232

第13章 信息安全评估标准与风险评估 ··· 233

13.1 信息系统安全保护等级的划分 ··· 233

13.2 信息安全评估标准 ……… 238

　13.2.1 可信计算机安全评估
　　　　标准(TCSEC) ……… 238

　13.2.2 BS 7799(ISO/IEC 17799) …… 239

　13.2.3 ISO/IEC 13335(IT 安全
　　　　管理指南) ……… 240

　13.2.4 ISO/IEC 15408(GB/T
　　　　18336−2001) ……… 243

　13.2.5 GB 17859(安全保护等级
　　　　划分准则) ……… 244

13.3 信息安全风险 ……… 245

13.4 安全管理 ……… 245

　13.4.1 信息安全风险评估 … 245

　13.4.2 信息安全风险评估的一般
　　　　工作流程 ……… 247

　13.4.3 信息安全风险评估理论及
　　　　方法 ……… 247

本章小结 ……… 248

思考题 ……… 248

综合实验 ……… 249

综合实验一　PGP 的加密与数字签名的
　　　　　使用 ……… 249

综合实验二　设计针对 WiFi 攻击造成的
　　　　　无法上网的方案 ……… 261

综合实验三　在可控环境中获取对象邮箱的
　　　　　密码和用户名 ……… 262

第1章 信息安全基础知识

信息是当今社会发展的重要战略资源，也是衡量一个国家综合国力的重要指标。对信息的开发、控制和利用已经成为国家间利用、争夺的重要内容；同时信息的地位和作用也随着信息技术的快速发展而急剧上升，信息的安全问题也同样因此而日益突出和被各国高度重视。

1.1 信息与信息的特征

信息是客观世界中各种事物的变化和特征的最新反映，是客观事物之间联系的表征，也是客观事物状态经过传递后的再现。因此，信息是主观世界联系客观世界的桥梁。在客观世界中，不同的事物具有不同的特征，这些特征给人们带来不同的信息，而正是这些信息使人们能够认识客观事物。

信息的特征如下：

- 普遍性和可识别性。
- 储存性和可处理性。
- 时效性和可共享性。
- 增值性和可开发性。
- 可控性和多效用性。

此外，信息还具有转换性、可传递性、独立性和可继承性等特征。同时，信息还具有很强的社会功能，主要表现为资源功能、启迪功能、教育功能、方法论功能、娱乐功能和舆论功能等。信息的这些社会功能都是由信息的基本特征所决定和派生的。由此，可以看到保证信息安全的重要性！

1.2 网络空间安全

网络空间安全关系到国家安全和社会稳定，有效维护网络空间安全已成为人类的共同责任。当前，网络空间已被视为继陆、海、空、天之后的"第五空间"，网络空间安全已成为各国高度关注的重要领域。近年来，多个国家纷纷制定网络政策，提高网络基础设施的安全性和可靠性，完善相关法律、法规和管理制度，打击各种危害网络安全的行为，网络空间治理水平得到一定提高。

网络空间安全是一个近几年新出现的概念，它与信息安全、网络安全的关系，需要大家有一个清楚的认识。

1.2.1　信息安全的定义与特征

"信息安全"没有公认和统一的定义，国内外对信息安全的论述大致可以分成两大类：一是指具体的信息系统的安全；二是指某一特定信息体系（例如一个国家的金融系统、军事指挥系统等）的安全。但现在很多专家都认为这两种定义均失之于其范畴过窄，目前公认的"信息安全"的定义为：（一个国家的）信息化状态和信息技术体系不受外来的威胁与侵害。因为信息安全，首先应该是一个国家宏观的社会信息化状态是否处于自控之下，是否稳定的问题；其次才是信息技术的安全问题。

在网络出现以前，信息安全指对信息的机密性、完整性和可控性的保护——面向数据的安全。互联网出现以后，信息安全除了上述概念以外，其内涵又扩展到面向用户的安全——鉴别、授权、访问控制、抗否认性和可服务性以及内容的个人隐私、知识产权等的保护。这两者结合就是现代的信息安全体系结构。

因此，在现代信息安全的体系结构中，信息安全包括面向数据的安全和面向用户的安全，即信息安全是指信息在产生、传输、处理和存储过程中不被泄露或破坏，确保信息的可用性、保密性、完整性和不可否认性，并保证信息系统的可靠性和可控性。因此，信息安全具有这样一些特征：

（1）保密性：信息不泄露给非授权的个人、实体和过程，也不能供其使用的特性。

（2）完整性：信息未经授权不被修改、不被破坏、不被插入、不延迟、不乱序和不丢失的特性。

（3）可用性：合法用户访问并能按要求顺序使用信息的特性，即保证合法用户在需要时可以访问信息及相关资产。

（4）可控性：授权机构对信息的内容及传播具有控制能力的特性，可以控制授权范围内的信息流向以及传播方式。

（5）可审查性：在信息交流过程结束后，通信双方不能抵赖曾经做出的行为，也不能否认曾经接收到对方信息的特性。

由此，信息安全应包含三层含义：

（1）系统安全（实体安全），即系统运行的安全性。

（2）系统中信息的安全，即通过控制用户权限、数据加密等确保信息不被非授权者获取和篡改。

（3）管理安全，即综合运用各种手段对信息资源和系统运行安全性进行有效的管理。

1.2.2　网络安全的定义与特征

网络安全从其本质上讲就是网络上信息的安全，指网络系统的硬件、软件及其系统中的数据的安全。网络信息的传输、存储、处理和使用都要求处于安全的状态之下。

1. 网络安全的定义

网络安全所涉及的领域相当广泛。因为目前的公用通信网络中存在各种各样的安全漏洞和威胁。从广义上讲，凡是涉及网络上信息的保密性、完整性、可用性和可控性等的相关技术和理论，都是网络安全所要研究的领域。

网络安全从本质上讲就是网络上信息的安全，即网络上信息保存、传输的安全，指网络系统的硬件、软件及系统中的数据受到保护，不因偶然和或者恶意的原因而遭到破坏、更改、泄露，系统连续、可靠、正常地运行，网络服务不中断。

从用户(个人、企业等)的角度来说，他们希望涉及个人隐私或商业利益的信息在网络上传输时受到机密性、完整性和真实性的保护，避免他人或对手利用窃听、冒充、篡改和抵赖等手段损害和侵犯用户的利益和隐私，同时也希望当用户的信息保存在某个计算机系统中时，不被非授权用户访问和破坏。

从网络运行和管理者的角度来说，他们希望对本地网络信息的访问、读/写等操作受到保护和控制，避免出现病毒、非法存取、拒绝服务和网络资源的非法占用及非法控制等威胁，制止和防御网络"黑客"的攻击。

从安全保密部门的角度来说，他们希望对非法的、有害的或涉及国家机密的信息进行过滤和防堵，避免其通过网络泄露，避免由于这类信息的泄露对社会产生危害，给国家造成巨大的经济损失，甚至威胁到国家安全。

从社会教育和意识形态的角度来说，网络上不健康的内容不仅会给青少年造成不良影响，甚至会对社会的稳定和人类的发展造成阻碍，必须对其进行控制。

由此，网络安全应包含四层含义：

(1) 运行系统安全，即保证信息处理和传输系统的安全。其本质上是保护系统的合法操作和正常运行。包括计算机系统机房环境的保护，法律、政策的保护，计算机结构设计上的安全性考虑，硬件系统的可靠安全运行，计算机操作系统和应用软件的安全，电磁信息泄露的防护等。它侧重于保证系统的正常运行，避免因系统的崩溃和损坏而对系统存储、处理和传输的信息造成破坏和损失，避免因电磁泄漏产生信息泄露，干扰他人(或受他人干扰)。

(2) 网络上系统信息的安全，包括用口令鉴别、用户存取权限控制、数据存取权限、方式控制、安全审计、安全问题跟踪、计算机病毒防治、数据加密等。

(3) 网络上信息传播的安全，即信息传播中的安全，包括信息过滤技术。它侧重于防止和控制非法、有害的信息进行传播后的不良后果，避免公用通信网络上大量自由传输的信息失控，本质上是维护道德、法则或国家利益。

(4) 网络上信息内容的安全，它侧重于网络信息的保密性、真实性和完整性，避免攻击者利用系统的安全漏洞进行窃听、冒充和诈骗等行为，本质上是保护用户的利益和隐私。

由此可见，网络安全与其所保护的信息对象有关，本质上是在信息的安全期内保证其在网络上流动时或静态存储时不被非法用户所访问，但授权用户可以访问。

因此，网络安全的结构层次包括物理安全、安全控制和安全服务。

2. 网络安全的主要特征

(1) 保密性：网络上的信息不泄露给非授权用户、实体或过程，或只供合法用户使用的特性。

(2) 完整性：信息在存储或传输过程中保持不被修改、不被破坏和丢失的特性，即未经授权不能进行改变的特性。

(3) 可用性：当需要时应能存取所需的信息，即可以被授权实体访问并按需求使用的特性。网络环境下的拒绝服务、破坏网络和有关系统的正常运行等都属于对可用性的攻击。

(4) 可控性：对信息的传播及内容具有控制的能力。

因此，网络安全与信息安全研究的内容是紧密相关的，其发展是相辅相成的。但是信息安全的研究领域包括网络安全的研究领域。

1.2.3　网络空间(Cyberspace)安全

网络空间是哲学和计算机领域中的一个抽象概念，指在计算机以及计算机网络里的虚拟现实。网络空间一词是控制论(cybernetics)和空间(space)两个词的组合，是由居住在加拿大的科幻小说作家威廉·吉布森在1982年发表于《OMNI》杂志的短篇小说《融化的铬合金(Burning Chrome)》中首次提出来的。Cyberspace的译法繁多，有人将它译作"网络空间"，更有"异次元空间""多维信息空间""电脑空间""网络空间"等译法。目前在国内信息安全界一般翻译为网络空间，它是自然空间中的一个域，由网络、电磁场以及人在其中的信息交互共同组成，已成为继陆地、海洋、天空和外太空之后人类生存的第五空间。

"网络空间"理论最早由美国科学家提出，实质就是指网络电磁空间。进入21世纪，随着网络以指数速度渗透到社会生活的各个角落，并创造出人类活动的第五维空间——网络电磁空间，传统的战争形态及战争观由此发生了急剧变化。崭新形态的网络政治、网络经济、网络文化、网络军事和网络外交等形成了新空间的道道风景，催生了网络战的闪亮登场。由此可见，网络空间是一个广泛、无所不在的网络(Ubiquitous and Pervasive Networks)。

网络空间具有四大特性：

(1) 网络融合性：融合了互联网、电信网络、广播电视网络、物联网(IoT)等。

(2) 终端多样性：智能手机、电视、PC、iPad等都可成为终端。

(3) 内容多样化：内容涉及云计算、社交网络、对等网络服务等。

(4) 领域广泛性：涉及政治、经济、文化等应用领域。

网络空间互联互通、多路由、多节点的特性为我们带来了一条"无形但有界"的复杂"新疆界"，其"边境线"根据网络建设能力、利用能力和控制能力大小而划分，即"网络疆域＝已建网络＋控制网络－被控网络"，它是变化的、非线性的，在实时对抗中此消彼长。国家利益拓展到哪里，维护国家第五维空间安全的"边境线"就要延伸到哪里。

智慧地球、网络云将全球连为一体，网络空间的对抗将是全球性、高速性、大范围的对抗，网络空间的博弈以网络为中心，以信息为主导。防的是基础网络、信息数据、心理认知和社会领域不受侵犯；打的是基于"芯片"直接瘫痪敌人战争基础和战争潜力的"比特战"；拼的是智力而不是体力，是让对手失能，而不是流血。因此，中国必须立足形成全局性战略威慑能力和复杂网络电磁环境掌控能力，加强多领域、多类型、多层次的力量建设，构建优势互补、联合一体的全球化战略布局。

1.3　安全威胁与攻击类型

在不断更新换代的网络世界里，网络中的安全漏洞无处不在。即便旧的安全漏洞补上了，新的安全漏洞又将不断涌现。网络攻击正是利用这些存在的漏洞和安全缺陷对系统和资源进行攻击。

目前，主要有 10 个方面的网络安全问题亟待解决：

(1) 信息应用系统与网络的关系日益紧密，人们对网络的依赖性增强，因而网络安全的影响范围日益扩大，建立可信的网络信息环境已成为一个迫切的需求。

(2) 网络系统中安全漏洞日益增多，不仅技术上有漏洞，管理上也有漏洞。

(3) 恶意代码危害性高。恶意代码通过网络途径广泛扩散，其不良影响越来越大。

(4) 网络攻击技术日趋复杂，而攻击操作容易完成，攻击工具广为流行。

(5) 网络安全建设缺乏规范操作，常常采取"亡羊补牢"的方式进行维护，导致信息安全共享难度递增，并留下安全隐患。

(6) 网络系统有着种类繁多的安全认证方式，一方面使得用户应用时不方便，另一方面也增加了安全管理的工作难度。

(7) 国内信息化技术严重依赖国外，从硬件到软件都不同程度地受制于人。

(8) 网络系统中软、硬件产品的单一性，易造成大规模网络安全事件的发生，特别是网络蠕虫安全事件的发生。

(9) 网络安全建设涉及人员众多，安全性和易用性特别难以平衡。

(10) 网络安全管理问题依然是一个难题，主要包括：

① 用户信息安全防范意识不强。例如，选取弱口令，使得攻击者从远程即可直接控制主机。

② 网络服务配置不当，开放了过多的网络服务。例如，网络边界没有过滤掉恶意数据包或切断网络连接，允许外部网络的主机直接 Ping 内部网主机，允许建立空连接。

③ 安装有漏洞的软件包。

④ 选用缺省配置。例如，网络设备的口令直接用厂家的缺省配置。

⑤ 网络系统中软件不打补丁或补丁不全。

⑥ 网络安全敏感信息泄露。例如 DNS 服务信息泄露。

⑦ 网络安全防范缺乏体系。

⑧ 网络信息资产不明，缺乏分类、分级处理。

⑨ 网络安全管理信息单一，缺乏统一分析与管理平台。

⑩ 重技术，轻管理。例如，没有明确的安全管理策略、安全组织及安全规范。

由于网络安全问题的存在，造成网络攻击技术的泛滥。目前，对计算机用户来说，最大的安全威胁主要是黑客技术和病毒技术。

近年来，在我国相关部门持续开展的网络安全威胁治理下，分布式拒绝服务攻击(以下简称 DDoS 攻击)、高级持续性威胁攻击(以下简称 APT 攻击)、漏洞威胁、数据安全隐患、移动互联网恶意程序、网络黑灰色产业链(以下简称黑灰产)、工业控制系统的安全威胁总体下降，但网络安全威胁呈现出许多新的特点，给治理带来新的风险与挑战。其表现在以下 7 个方面。

(1) DDoS 攻击频发，攻击目的性明确。

根据国家计算机网络应急技术处理协调中心(以下简称 CNCERT/CC)发布的《我国 DDoS 攻击资源月度分析报告》可以发现，近年来我国境内控制端、反射服务器等资源按月变化速度加快，消亡率明显上升，新增率降低，可被利用的资源活跃时间和数量明显减少。

在治理行动的持续高压下，DDoS 攻击资源大量向境外迁移，DDoS 攻击的控制端数量和来自境外的反射攻击流量的占比均超过 90%。攻击我国目标的大规模 DDoS 攻击事件中，来自境外的流量占比超过 50%。所攻击的对象主要是我国党政机关、关键信息基础设施运营单位的信息系统，同时发生攻击流量峰值超过 10 Gb/s 的大流量攻击事件同比增加幅度较大。

随着更多的物联网设备接入网络，其安全性必然会给网络安全的防御和治理带来更多困难。由于我国加大了对威胁大的恶意程序控制的物联网僵尸网络控制端的治理力度，物联网僵尸网络控制端消亡速度加快且活跃时间普遍较短，难以形成较大的控制规模。尽管如此，在监测发现的僵尸网络控制端中，物联网僵尸网络控制端数量占比仍超过 50%，其参与发起的 DDoS 攻击的次数占比也超过 50%。

（2）APT 攻击猖獗，向各重要行业领域渗透。

近年来，投递高诱惑性钓鱼邮件是大部分 APT 组织常用技术手段。CNCERT/CC 监测到重要党政机关部门遭受钓鱼邮件攻击数量月均 4 万余次，其中携带漏洞利用恶意代码的 Office 文档成为主要载荷。例如"海莲花"组织利用境外代理服务器为跳板，持续对我国党政机关和重要行业发起钓鱼邮件攻击，被攻击单位涉及数十个重要行业、近百个单位和数百个目标。随着近年来 APT 攻击手段的不断披露和网络安全知识的宣传普及，我国重要行业部门对钓鱼邮件防范意识不断提高。通过比对钓鱼邮件攻击目标与最终被控目标，发现 90% 以上的鱼叉钓鱼邮件可以被用户识别发现。

近年来，境外 APT 组织持续发起对我国的攻击，尤其在举行重大活动期间和敏感时期更加猖獗。如"方程式组织""APT28""蔓灵花""海莲花""黑店""白金"等 30 余个 APT 组织，使国家网络空间安全受到严重威胁。境外 APT 组织不仅攻击我国党政机关、国防军工单位和科研院所，还进一步向军民融合、"一带一路"、基础行业、物联网和供应链等领域扩展延伸，电信、外交、能源、商务、金融、军工、海洋等领域成为境外 APT 组织重点攻击对象。境外 APT 组织习惯使用当下热点时事或与攻击目标工作相关的内容作为邮件主题，特别是瞄准我国重要攻击目标，持续反复进行渗透和横向扩展攻击，并在我国举行重大活动期间和敏感时期异常活跃。"蔓灵花"组织就重点围绕全国"两会"、节庆重大活动，大幅扩充攻击窃密武器库，对我国党政机关、能源机构等重要信息系统实施大规模定向攻击。

（3）各种漏洞数量上升，信息系统面临威胁形势严峻。

由于利用微软操作系统远程桌面协议（以下简称 RDP）远程代码执行漏洞、WebLogic WLS 组件反序列化零日漏洞、ElasticSearch 数据库未授权访问漏洞等攻击数量增加，其他通用软、硬件零日漏洞数量也在同步增长。这些漏洞影响范围从传统互联网到移动互联网，从操作系统、办公自动化系统（OA）等软件到 VPN 设备、家用路由器等网络硬件设备，以及芯片、SIM 卡等底层硬件，因而广泛影响我国基础软、硬件安全及其上的应用安全。同时事件型漏洞数量大幅上升。这些事件型漏洞涉及的信息系统大部分属于在线联网系统，一旦漏洞被公开或曝光，若未及时修复，则易遭不法分子利用，进行窃取信息、植入后门、篡改网页等攻击操作，甚至成为地下黑色产业链（以下简称黑产），进行非法交易的"货物"。

（4）数据安全防护意识薄弱，大规模数据泄露事件频发。

当前，互联网上的数据资源已经成为国家重要战略资源和新生产要素，对经济发展、国家治理、社会管理、人民生活都产生重大影响。MongoDB、ElasticSearch、SQL Server、

MySQL、Redis 等主流数据库的弱口令漏洞、未授权访问漏洞导致的数据泄露，已成为近年互联网数据泄露风险与事件的主流。数据泄露、非法售卖等事件层出不穷，数据安全与个人隐私面临严重挑战。科技公司、电商平台等信息技术服务行业，银行、保险等金融行业以及医疗卫生、交通运输、教育求职等重要行业涉及公民个人信息的数据库数据安全事件频发。国内多家企业上亿份用户简历、智能家居公司过亿条涉及用户相关信息等大规模数据泄露事件在网上相继曝光。此外，部分不法分子已将数据非法交易转移至暗网，暗网已成为数据非法交易的重要渠道，涉及银行、证券、网贷等金融行业数据。目前，我国正在积极推进数据安全管理和个人信息保护立法，但我国数据安全防护水平有待加强，公民个人信息防护意识需进一步提升。

(5)"灰色"程序大量出现，重要行业安全威胁更加明显。

目前，移动互联网恶意程序增量出现下降，高危恶意程序的生存空间正在被压缩，但以移动互联网仿冒 App 为代表的"灰色"应用程序大量出现，其主要针对金融、交通等重要行业的用户。例如：具有钓鱼目的和欺诈行为的仿冒 App 成为黑产从业者重点采用的工具，持续对金融、交通、电信等重要行业的用户形成了较大威胁。目前，由于开发者在应用商店申请 App 上架前，需提交软件著作权等证明材料，因此仿冒 App 很难在应用商店上架，其流通渠道主要集中在网盘、云盘、广告平台等线上传播渠道。

(6)勒索病毒和挖矿病毒等活跃，高强度对抗更加激烈。

目前勒索病毒活跃程度持续居高不下，勒索病毒攻击活动越发具有目标性，且以文件服务器、数据库等存有重要数据的服务器为首要目标，通常利用弱口令、高危漏洞、钓鱼邮件等作为攻击入侵的主要途径或方式。勒索病毒攻击活动表现出越来越强的针对性，攻击者针对一些有价值的特定单位目标进行攻击，利用较长时期的探测、扫描、暴力破解、尝试攻击等方式，进入目标单位服务器，再通过漏洞工具或黑客工具获取内部网络计算机账号密码，实现在内部网络横向移动，攻陷并加密更多的服务器。勒索病毒 GandCrab 的"商业成功"引爆了互联网地下黑灰产，进一步刺激互联网地下黑灰产组织对勒索病毒的制作、分发和攻击技术的快速迭代更新。GandCrab、Sodinokibi、GlobeImposter、CrySiS、Stop 等勒索病毒成为近年最为活跃的勒索病毒家族，其中 CrySiS 勒索病毒出现了上百个变种。随着比特币价格持续走高，挖矿木马更加活跃。"永恒之蓝"下载器木马、WannaMiner 等挖矿团伙频繁推出挖矿木马变种，利用各类安全漏洞、僵尸网络、网盘等进行快速扩散传播，WannaMiner、Xmrig、CoinMiner 等成为近年最为流行的挖矿木马家族。

(7)工业控制系统安全问题突出，新技术应用带来新隐患。

工业控制系统产品广泛应用于能源、电力、交通等关键信息基础设施领域，其安全性关乎经济社会的稳定运行。根据国内外主流漏洞平台的最新统计，2019 年收录的工业控制系统产品漏洞数量依然居高不下且多为高中危漏洞，说明工业控制系统产品的网络安全状况依然严峻。由于有些工业控制系统产品需要考虑现行标准和原有产品的兼容性，在一定程度上导致了厂商在安全设计上的缺失，如有的产品设计缺少身份鉴别和访问控制等最基本的安全元素，导致安全缺陷与漏洞数量居高不下。随着工业互联网产业的不断发展，工业企业上云使工业产业链上下游协同显著增强，越来越多工业行业的设备、系统暴露在互联网上。加上标识解析、5G、工业物联网等技术的应用为智能工业赋能，但也将带来信息爆炸、数据泄露等安全隐患，以及海量智能设备的接入和认证管理等安全问题。在标识解析技术应用上，由于架构、协议、数据、运营等多个层面均存在网络安全风险，直接关乎工业互联网的安全运行。随着 5G 的高速率、大容量、低时延的特性所带来的大流量数据，对于传统网络安全监测分析技术将带来巨大的挑战。在工业物联网应用上，大量物联网设备应用在工业领域，涉及智能网关、摄像头、门禁、打印机等多种设备类型。由于物联网设备接入方式灵活和分布位置广泛，其应用打破了工业控制系统的封闭性，带来了新的安全隐患。

1.4　信息安全服务与目标

信息安全服务与目标主要是指保护信息系统，使其没有危险，不受威胁，不出事故。从技术角度来说，信息安全服务与目标主要表现在系统的保密性、完整性、可控性、可靠性、可用性、不可抵赖性等方面。

1. 可靠性

可靠性是网络信息系统能够在规定条件下和规定的时间内完成规定的功能的特性。可靠性是系统安全的最基本要求之一，是所有网络信息系统的建设和运行目标。网络信息系统的可靠性测度主要有三种：抗毁性、生存性和有效性。

（1）抗毁性是指在人为破坏下系统的可靠性。例如，部分线路或节点失效后，系统是否仍然能够提供一定程度的服务。增强抗毁性可以有效地避免因各种灾害（战争、地震等）造成的大面积瘫痪事件。

（2）生存性是指在随机破坏下系统的可靠性。生存性主要反映随机性破坏和网络拓扑结构对系统可靠性的影响。这里，随机性破坏是指系统部件因为自然老化等造成的自然失效。

（3）有效性是一种基于业务性能的可靠性。有效性主要反映在网络信息系统部件失效的情况下，满足业务性能要求的程度。例如，网络部件失效虽然没有引起连接性故障，但是却造成质量指标下降、平均延时增加、线路阻塞等现象。

可靠性主要表现在硬件可靠性、软件可靠性、人员可靠性、环境可靠性等方面。硬件可靠性最为直观和常见。软件可靠性是指在规定的时间内，程序成功运行的概率。人员可靠性是指人员成功地完成工作或任务的概率。人员可靠性在整个系统可靠性中扮演重要角色，因为系统失效的大部分原因是人为差错造成的。人的行为要受到生理和心理的影响，受到其技术熟练程度、责任心和品德等方面的影响。因此，人员的教育、培养、训练和管理以及合理的人机界面是提高可靠性的重要方面。环境可靠性是指在规定的环境中，保证网络成功运行的概率，这里的环境主要是指自然环境和电磁环境。

2. 可用性

可用性是指网络信息可被授权实体访问并按需求使用的特性，即网络信息服务在需要时，允许授权用户或实体使用的特性，或者是网络部分受损或需要降级使用时，仍能为授权用户提供有效服务的特性。可用性是网络信息系统面向用户的安全性能。网络信息系统最基本的功能是向用户提供服务，而用户的需求是随机的、多方面的，有时还有时间要求。可用性一般用系统正常使用时间与整个工作时间之比来度量。

可用性还应该满足以下要求：身份识别与确认，访问控制（对用户的权限进行控制，只能访问相应权限的资源,防止或限制经隐蔽通道的非法访问,包括自主访问控制和强制访问控制),业务流控制(利用均分负荷方法,防止业务流量过度集中而引起网络阻塞),路由选择控制(选择那些稳定可靠的子网、中继线或链路等),审计跟踪(把网络信息系统中发生的所有安全事件情况存储在安全审计跟踪之中,以便分析原因,分清责任,及时采取相应的措施。审计跟踪的信息主要包括事件类型、被管客体等级、事件时间、事件信息、事件回答以及事件统计等)。

3. 保密性

保密性是指网络信息不被泄露给非授权的用户、实体或过程,或不能供其利用的特性,即防止信息泄露给非授权个人或实体,信息只为授权用户使用的特性。保密性是在可靠性和可用性基础之上,保障网络信息安全的重要手段。

常用的保密技术包括:防侦收(使对手侦收不到有用的信息),防辐射(防止有用信息以各种途径辐射出去),信息加密(在密钥的控制下,用加密算法对信息进行加密处理,即使对手得到了加密后的信息,也会因为没有密钥而无法读懂有效信息),物理保密(利用各种物理方法,如限制、隔离、掩蔽、控制等措施,保护信息不被泄露)。

4. 完整性

完整性是指网络信息未经授权不能进行改变的特性,即网络信息在存储或传输过程中保持不被偶然或蓄意地删除、修改、伪造、乱序、重放、插入和丢失的特性。完整性是一种面向信息的安全性,它要求保持信息的原样,即信息的正确生成、存储与传输。

完整性与保密性不同,保密性要求信息不被泄露给未授权的人,而完整性则要求信息不致受到各种原因的破坏。影响网络信息完整性的主要因素有:设备故障,误码(传输、处理和存储过程中产生的误码,定时的稳定度和精度降低造成的误码,各种干扰源造成的误码),人为攻击,计算机病毒等。

保障网络信息完整性的主要方法有:

· 协议:通过各种安全协议可以有效地检测出被复制的信息、被删除的字段、失效的字段和被修改的字段。

· 纠错编码方法:由此完成检错和纠错功能。最简单和常用的纠错编码方法是奇偶校验法。

· 密码校验和方法:这是抗篡改和传输失败的重要手段。

· 数字签名:进行数字签名以保障信息的真实性。

· 公证:请求网络管理或中介机构证明信息的真实性。

5. 不可抵赖性

不可抵赖性也称作不可否认性。在网络信息系统的信息交互过程中,确信参与者的真实同一性,即所有参与者都不可能否认或抵赖曾经完成的操作和承诺。利用信息源证据可以防止发信方不真实地否认已发送的信息;利用递交接收证据可以防止收信方事后否认已经接收的信息。

6. 可控性

可控性是指对网络信息的传播及内容具有控制能力的特性。

概括地说,网络信息安全与保密的核心是通过计算机、网络、密码技术和安全技术,保护在公用网络信息系统中传输、交换和存储的消息的保密性、完整性、可控性、可靠性、可用性、不可抵赖性等。

1.5　信息安全技术需求

信息安全保障针对保密性、完整性、可用性、可控性、不可否认性等安全属性的需要，对预警、保护、检测、响应、恢复及反击等环节提出了诸多的技术需求。

1. 网络物理安全

物理安全也称实体安全，是指包括环境、设备和记录介质在内的所有支持网络系统运行的硬件的总体安全，是网络系统安全、可靠、不间断运行的基本保证。物理安全需求主要有：

（1）环境安全：对系统所在环境的安全保护，如区域保护和灾难保护。

（2）设备安全：网络物理实体要能防范各种自然灾害，如要防火、防雷、防水。物理实体要能够抵抗各种物理临近攻击。

（3）媒体安全：包括媒体数据的安全及媒体本身的安全。

2. 网络认证

网络认证是实现网络资源访问控制的前提和依据，是有效保护网络管理对象的重要技术方法。网络认证的作用是标识、鉴别网络资源访问者身份的真实性，防止用户假冒身份访问网络资源。

3. 网络访问控制

网络访问控制是有效保护网络管理对象，使其免受威胁的关键技术方法。其目标主要有两个：

（1）限制非法用户获取或使用网络资源。

（2）防止合法用户滥用权限，越权访问网络资源。

在网络系统中，存在各种价值的网络资源。这些网络资源一旦受到危害，都将不同程度地影响到网络系统的安全。通过对这些网络资源进行访问控制，可以限制其所受到的威胁，从而保障网络正常运行。例如，在因特网中，采用防火墙可以阻止来自外部网的不必要的访问请求，从而可以避免内部网受到潜在的攻击威胁。

4. 网络安全保密

在网络系统中，承载着各种各样的信息。这些信息一旦泄露，将会造成不同程度的影响，特别是网上用户个人信息和网络管理控制信息。网络安全保密的目的就是防止非授权的用户访问网上信息或网络设备。为此，重要的网络物理实体可采用辐射干扰机，防止电磁辐射泄露机密信息。

5. 网络安全监测

网络系统面临着不同级别的威胁，网络安全运行是一项复杂的工作。网络安全监测的作用在于发现综合网系统入侵活动和检查安全保护措施的有效性，以便及时向网络安全管理员报警，对入侵者采取有效措施，阻止危害扩散并调整安全策略。

6. 网络漏洞评估

网络系统存在安全漏洞和操作系统安全漏洞，是黑客等入侵者攻击屡屡得手的重要原因。入侵者通常都是通过一些程序来探测网络系统中存在的一些安全漏洞，然后通过发现的安全漏洞，采取相应技术进行攻击。因此，网络系统中应配备弱点或漏洞扫描系统，用以检测网络中是否存在安全漏洞，以便网络安全管理员根据漏洞检测报告，制定合适的漏洞管理方法。

7．防范网络恶意代码

网络是病毒、蠕虫、特洛伊木马等恶意代码最好、最快的传播途径之一。恶意代码可以通过文件下载、电子邮件、网页、文件共享等传播方式进入个人计算机或服务器。恶意代码危害性极大并且传播极为迅速，网络中一旦有一台主机感染了恶意代码，则恶意代码就完全有可能在极短的时间内迅速扩散，传播到网络上的其他主机，造成信息泄露、文件丢失、机器死机等严重后果。因此，防范恶意代码是网络系统必不可少的安全需求。

8．网络安全应急响应

网络系统所遇到的安全威胁往往难以预测，虽然采取了一些网络安全防范措施，但是由于人为或技术上的缺陷，网络安全事件仍然不可避免地会发生。既然网络安全事件不能完全消除，就必须采取一些措施来保障在出现意外的情况下，能恢复网络系统的正常运转。

9．网络安全体系

网络安全的实现不仅仅取决于某项技术，更依赖于一个网络信息安全体系的建立，这个体系包括安全组织机构、安全制度、安全管理流程、安全人员意识等。通过安全体系的建立，可以在最大程度上实现网络的整体安全，满足企业或单位安全发展的要求。

1.6　网络信息安全策略

安全策略是指在一个特定的环境里，为保证提供一定级别的安全保护所必须遵守的规则。实现网络安全，不但要靠先进的技术，而且也得靠严格的管理、法律约束和安全教育，主要包括以下内容：

（1）威严的法律。安全的基石是社会法律、法规和手段，即通过建立与信息安全相关的法律、法规，使非法分子慑于法律，不敢轻举妄动。

（2）先进的技术。先进的技术是信息安全的根本保障，用户对自身面临的威胁进行风险评估，决定其需要的安全服务种类。选择相应的安全机制，然后集成先进的安全技术。

（3）严格的管理。各网络使用机构、企业和单位应建立相应的信息安全管理办法，加强内部管理，建立审计和跟踪体系，提高整体信息安全意识。

网络安全策略是一个系统的概念，它是网络安全系统的灵魂与核心，任何可靠的网络安全系统都是构架在各种安全技术的集成的基础上的，而网络安全策略的提出，正是为了实现这种技术的集成。可以说网络安全策略是我们为了保护网络安全而制定的一系列法律、法规和措施的总和。当前制定的网络安全策略主要包含以下五个方面。

1．物理安全策略

物理安全策略的目的是保护计算机系统、网络服务器、打印机等硬件设备和通信链路免受自然灾害、人为破坏和搭线攻击；验证用户的身份和使用权限，防止用户越权操作；确保计算机系统有一个良好的电磁兼容工作环境；建立完备的安全管理制度，防止非法进入计算机控制室和各种盗窃、破坏活动的发生。

2. 访问控制策略

访问控制策略是网络安全防范和保护的主要策略，它的主要任务是保证网络资源不被非法使用和访问。它也是维护网络系统安全、保护网络资源的重要手段。各种安全策略必须相互配合才能真正起到安全保护作用，但访问控制可以说是保证网络安全最重要的核心策略之一。它主要由入网访问控制、网络权限控制、目录级安全控制、属性安全控制、网络服务器安全控制、网络检测和锁定控制及网络端口和节点的安全控制组成。

（1）入网访问控制：其为网络访问提供了第一层访问控制。它控制哪些用户能够登录到服务器并获取网络资源，控制准许用户入网的时间和准许他们在哪台工作站入网。用户的入网访问控制可分为三个步骤：用户名的识别与验证；用户口令的识别与验证；用户账号的缺省限制检查。三个关卡中只要任何一关未过，该用户便不能进入该网络。

（2）网络权限控制：其是针对网络非法操作所提出的一种安全保护措施。用户和用户组被赋予一定的权限。访问机制中明确不同的用户和用户组可以访问哪些目录、子目录、文件和其他资源。指定不同用户对这些文件、目录、设备能够执行哪些操作。我们可以根据访问权限将用户分为特殊用户（系统管理员）、一般用户和审计用户。

（3）目录级安全控制：网络应允许控制用户对目录、文件、设备的访问。用户在目录级制定的权限对所有文件和子目录有效，用户还可进一步制定对目录下的子目录和文件的权限。访问权限一般有八种：系统管理员权限、读权限、写权限、创建权限、删除权限、修改权限、文件查找权限、存取控制权限。八种访问权限的有效组合可以让用户有效地完成任务，同时又能有效地控制用户对服务器资源的访问，从而加强了网络和服务器的安全性。

（4）属性安全控制：当使用文件、目录和网络设备时，网络系统管理员应给文件、目录等指定访问属性。属性安全控制可以将给定的属性与网络服务器的文件、目录和网络设备联系起来。属性设置可以覆盖已经指定的任何受托者指派的有效权限。属性往往可以控制以下几个方面的权限：向某个文件写数据，拷贝一个文件，删除文件或目录，查看目录和文件，执行文件，共享，系统属性等。系统属性可以保护重要的目录和文件，防止用户对目录和文件的误删除、执行、修改、显示等。

（5）网络服务器安全控制：它是在服务器控制台上执行一系列安全操作。用户使用控制台可以装载和卸载模块，可以安装和删除软件。服务器的安全控制包括可以设置口令来锁定服务器控制台，以防止非法用户修改、删除重要信息或破坏数据；可以设定服务器登录时间限制、非法访问者检测和关闭的时间间隔等。

（6）网络检测和锁定控制：网络管理员应对网络实施监控，服务器应记录用户对网络资源的访问，对非法网络的访问，服务器应以图形或文字、声音等形式报警，以引起管理员的注意。如果不法之徒试图进入网络，网络服务器应自动记录企图尝试进入网络的次数，如果非法访问的次数达到设定数值，那么该账号将被自动锁定。

（7）网络端口和节点的安全控制：网络中服务器的端口往往使用自动回呼设备、静默调制解调器加以保护，并以加密的形式来识别节点的身份。自动回呼设备用于防止假冒合法用户，静默调制解调器用于防范黑客的自动拨号程序对计算机进行攻击。网络还常对服务器端和用户端采取控制，用户必须携带证实身份的验证器（如智能卡、磁卡、安全密码发生器）。在对用户的身份进行验证并通过之后，才允许用户进入用户端，然后用户端和服务器端再进行相互验证。

3．防火墙控制

防火墙是控制进出两个方向通信的门槛。在网络边界上通过建立起来的相应网络通信监控系统来隔离内部和外部网络，以阻挡外部网络的侵入。

4．信息加密策略

信息加密的目的是保护网内的数据、文件、口令和控制信息，保护网上传输的数据。常用的方法有链路加密、端到端加密和节点加密三种。链路加密的目的是保护网络节点之间的链路信息安全；端到端加密的目的是对源端用户到目的端用户的数据提供保护；节点加密的目的是对源节点到目的节点之间的传输链路提供保护。用户可根据网络情况酌情选择上述加密方式。

5．网络安全管理策略

在网络安全中，除了采用上述措施之外，加强网络的安全管理，制定有关规章制度，对于确保网络的安全、可靠运行，将起到十分有效的作用。网络的安全管理策略包括：确定安全管理的等级和安全管理的范围；制定有关网络使用规程和人员出入机房管理制度；制定网络系统的维护制度和应急措施等。

随着网络技术的发展，计算机网络将日益成为工业、农业和国防等方面的重要信息交换手段，渗透到社会生活的各个领域。因此认清网络的脆弱性和潜在威胁，采取强有力的安全策略，对于保障网络的安全性将变得十分重要。

1.7　网络信息安全体系结构与模型

1.7.1　ISO/OSI 安全体系结构

1982 年，开放系统互联（OSI）参考模型建立之初，就开始进行 OSI 安全体系结构的研究。1989 年 12 月 ISO 颁布了计算机信息系统互联标准的第二部分，即 ISO7498 - 2 标准，并首次确定了开放系统互联（OSI）参考模型的安全体系结构。我国将其称为 GB/T9387—2 标准，并予以执行。ISO 安全体系结构包括了三部分内容：安全服务、安全机制和安全管理。

1．安全服务

安全服务是由参与通信的开放系统的某一层所提供的服务，它确保了该系统或数据传输具有足够的安全性。ISO 安全体系结构确定了五大类安全服务，即认证、访问控制、数据保密性、数据完整性和不可否认（抗抵赖）性。下面分别予以介绍。

1）认证服务

认证服务提供某个实体的身份保证。该服务有两种类型：对等实体认证和数据源认证。

（1）对等实体认证：这种安全服务由 N 层提供时，N＋1 层实体可确信其对等实体是它所需要的 N＋1 层实体。该服务在建立连接或数据传输期间的某些时刻使用，以确认一个或多个其他实体连接的身份。该服务在使用期内让使用者确信：某个实体没有试图冒充别的实体，而且没有试图非法重放以前的某个连接。它们可以实施单向或双向对等实体的认证，既可以带有效期校验，也可以不带，以提供不同程度的保护。

（2）数据源认证：在通信的某个环节中，需要确认某个数据是由某个发送者发送的。当这种安全服务由 N 层提供时，可向 N+1 层实体证实数据源正是它所需要的对等 N+1 层实体。这种服务对数据单元的来源能够提供确认，但不提供防止数据单元复制或篡改的保护。

2）访问控制服务

访问控制服务提供的保护，就是用于防止对某些资源（这些资源可能是通过 OSI 协议可访问的 OSI 资源或非 OSI 资源）的非授权访问。这种安全服务可用于对某个资源的各类访问（如通信资源的利用，信息资源的读写或删除，处理资源的执行等）或用于对某些资源的所有访问。

访问控制是实现授权的一种方法，它涉及通信和系统的安全问题。它对通信协议有很高的要求。

3）数据保密性服务

数据保密性服务能够对数据提供保护，使得信息不被泄漏、暴露给那些未授权就想掌握该信息的实体。

（1）连接保密性：这种安全服务向某个 N 连接上的所有 N 用户数据提供保密性。

（2）无连接保密性：这种安全服务向单个无连接的 N 层安全数据单元（SDU）中的所有 N 用户数据提供保密性。

（3）选择字段保密性：这种安全服务向 N 连接上的 N 用户数据或单个无连接的 N SDU 中的被选字段提供保密性。

（4）业务流保密性：这种安全服务防止通过观察业务流得到有用的保密信息。

4）数据完整性服务

数据完整性服务保护数据在存储和传输中的完整性。主要有以下几类：

（1）带恢复的连接完整性：这种安全服务向某个 N 连接上的所有 N 用户数据保证其完整性。它检测某个完整的 SDU 序列内任何一个数据遭到的任何篡改、插入、删除或重放，同时还可以补救或恢复。

（2）不带恢复的连接完整性：与带恢复的连接完整性服务相同，但不能补救或恢复。

（3）选择字段连接完整性：这种安全服务向在某个连接中传输的某个 N SDU 的 N 用户数据内的被选字段提供完整性保护，并能确定这些字段是否经过篡改、插入、删除或重放。

（4）无连接完整性：这种安全服务由 N 层提供，向提出请求的 N+1 层实体提供无连接中的数据完整性保证，并能确定收到的 SDU 是否经过篡改。另外，还可以对重放情况进行一定程度的检测。

（5）选择字段无连接完整性：这种安全服务向单个无连接 SDU 中的被选字段保证其完整性，并能确定被选字段是否经过篡改、插入、删除或重放。

5）不可否认（抗抵赖）性服务

不可否认（抗抵赖）性服务主要保护通信系统不会遭到来自系统中其他合法用户的威胁，而不是来自未知攻击者的威胁。

（1）数据源的抗抵赖：向数据接收者提供数据来源的证据，以防止发送者否认发送过该数据或否认其内容的任何企图。

（2）传递过程的抗抵赖：向数据发送者提供数据已到目的地的证据，以防止收信者事后否认接收过该数据或否认其内容的任何企图。

2. 安全机制

为了支持以上的安全服务，ISO 安全体系结构定义了八大类安全机制，即加密机制、数字签名机制、访问控制机制、数据完整性机制、鉴别交换机制、业务填充机制、路由控制机制和公证机制。这些安全机制可以设置在适当的层次上，以便提供某些安全服务。

1）加密机制

加密机制可向数据或业务流信息提供保密性，并能对其他安全机制起作用或对它们进行补充。加密算法可以是可逆或不可逆的。可逆加密算法有以下两大类：

（1）对称（单钥）加密体制：对于这种加密体制，加密与解密用同一个密钥。

（2）非对称（双钥或公钥）加密体制：对于这种加密体制，加密与解密用不同的密钥，这种加密系统的两个密钥有时被称为"公钥"和"私钥"。

2）数字签名机制

数字签名机制由两个过程构成：对数据单元签名和验证签过名的数据单元。第一个过程可以利用签名者私有的（即独有和保密的）信息，而第二个过程则要利用公之于众的规程和信息，但通过它们并不能推出签名者的私有信息。

3）访问控制机制

访问控制机制可以利用某个实体已鉴别的身份或关于该实体的信息（例如它与某个已知实体集的从属关系），确定并实施实体的访问权。如果该实体试图利用未被授权的资源或用不正当的访问方式使用授权的资源，那么访问控制功能将拒绝这一企图，另外还可能产生一个报警信号或把它作为安全审计线索的一部分记录下来，并以此报告这一事件。对于无连接数据的传输，则只有在数据源强制实施访问控制之后，才有可能向发信者提出任何拒绝访问的通知。

访问控制机制可以使用下列一种或多种手段：

（1）访问控制信息库：它保存着对等实体对资源的访问权限。这种信息可由授权中心来保存，或由被访问的实体来保存。可采用访问控制表、分层式结构矩阵或分布式结构矩阵的形式。这里，假定对等实体鉴别已经得到保证。

（2）鉴别信息：例如口令，对这种信息的占有和出示，便可证明正在访问的实体已被授权。

（3）权力：实体对权力的占有和出示，便可证明有权访问由该权力规定的实体或资源。

（4）安全标记：当与某个实体相关联时，可用于同意或拒绝访问，通常根据安全策略而定。

（5）访问时间：可以根据试图访问的时间建立规则。

（6）访问路由：可以根据试图访问的路由建立规则。

（7）访问持续期：可以规定某次访问不可超过一定的持续时间。

访问控制机制可用于通信连接的任何一端或用在中间的任何位置。

访问控制在数据源或任何中间点用于确定发信者是否被授权与收信者进行通信，或是否被授权可以利用所需要的通信资源。无连接数据传输目的端对同等级访问控制的要求必须先让数据源知道，而且必须记录在安全管理信息库中。

4) 数据完整性机制

数据完整性机制主要包括两个方面：单个的数据单元或字段的完整性和数据单元串或字段串的完整性。尽管没有第一类完整性服务就无法提供第二类完整性服务，但是不同的机制用于提供这两类不同的完整性服务。

确定数据单元的完整性涉及两个处理：一个在发送实体中进行，另一个在接收实体中进行。发送实体给数据单元附加一个由数据自己决定的量，这个量可以是分组校验码或密码校验值之类的补充信息，而且它本身也可以被加密。接收实体则产生一个相应的量，并把它与收到的量进行比较，以确定该数据在传输过程中是否被篡改。单靠这种机制不能防止对单个数据单元的重放。因此在 OSI 结构的适当层，检测操作就有可能导致在该层或更高一层的恢复行为(如重发或纠错)。

对于连接方式的数据传输，保护数据单元序列的完整性(即防止扰乱、丢失、重放、插入或篡改数据)，还需要某种明显的编序形式，如序号、时标或密码链等。

对于无连接的数据传输，时标可用于提供一种有限的保护形式，以防止单个数据单元的重放。

5) 鉴别交换机制

鉴别交换机制是通过信息交换以确保实体身份的一种机制。

(1) 鉴别交换技术：由发送实体提供，并由接收实体进行检验，利用密码技术和实体的特征或占有物进行鉴别。

(2) 对等实体鉴别：这种安全机制可被结合进(N)层，以提供对等实体鉴别。如果这种机制在鉴别实体时得到的是否定结果，那么将会导致拒绝连接或终止连接，而且还会在安全审计线索中增加一个记录，或向安全管理中心进行报告。

(3) 确保安全：在利用密码技术时，可以同"握手"协议相结合，以防止重放(即确保有效期)。

(4) 应用环境：选择鉴别交换技术取决于它们应用的环境。在许多场合，需要同下列各项结合起来使用：时标和同步时钟；双向和三向握手(分别用于单方和双方鉴别)；由数字签名或公证机制实现的不可否认服务。

6) 业务填充机制

业务填充机制是一种防止造假的通信实例、防止产生欺骗性数据单元或在数据单元中产生假数据的安全机制。该机制用于提供各种等级的保护，以防止业务分析。该机制只有在业务填充受到保密性服务保护时才有效。

7) 路由控制机制

路由控制机制可以控制和过滤通过路由器的不同接口去往不同方向的信息流。

(1) 路由选择：路由既可以动态选择，也可以事先安排好，以便只利用物理上安全的子网、中继站或链路。

(2) 路由连接：当检测到持续操作攻击时，端系统可以指示网络服务提供者通过不同的路由建立连接。

(3) 安全策略：携带某些安全标签的数据可能被安全策略禁止通过某些子网、中继站或链路。连接的发起者(或无连接数据单元的发送者)可以指定路由说明，以请求回避特定的子网、中继站或链路。

8）公证机制

关于在两个或多个实体间进行通信的数据的性质，例如它的完整性、来源、时间和目的地等，可由公证机制来保证。保证由第三方公证人提供，公证人能够得到通信实体的信任，而且掌握按照某种可证实方式提供所需保证的必要的信息。每个通信场合都可以利用数字签名、加密和完整性机制以适应公证人所提供的服务。在用到这样一个公证机制时，数据便经由受保护的通信场合和公证人在通信实体之间进行传送。

3. 安全管理

OSI 安全体系结构的第三个主要部分就是安全管理。它的主要内容是实施一系列的安全政策，对系统和网络上的操作进行管理。它包括三部分内容：系统安全管理、安全服务管理和安全机制管理。下面分别予以介绍。

1）系统安全管理

系统安全管理涉及整体 OSI 安全环境的管理，包括总体安全策略的管理、OSI 安全环境之间的安全信息交换、安全服务管理和安全机制管理的交互作用、安全事件的管理、安全审计管理和安全恢复管理。

2）安全服务管理

安全服务管理涉及特定安全服务的管理，其中包括对某种安全服务定义其安全目标，指定安全服务可使用的安全机制，通过适当的安全机制管理及调动需要的安全机制，系统安全管理以及安全机制管理相互作用。

3）安全机制管理

安全机制管理涉及特定的安全机制的管理，其中包括密钥管理、加密管理、数字签名管理、访问控制管理、数据完整性管理、鉴别管理、业务流填充管理和公证管理。

除此以外，OSI 安全管理涉及 OSI 管理系统本身的安全，包括 OSI 管理协议的安全和OSI 管理信息交换的安全等。

1.7.2　网络信息安全体系

1. 网络安全体系概念

网络安全防范是一项复杂的系统工程，是安全策略、多种安全技术、安全管理方法和人们安全素质的综合。现代的网络安全问题变化莫测，要保障网络系统的安全，应当把相应的安全策略、各种安全技术和安全管理融合在一起，建立网络安全防御体系，使之成为一个有机的整体安全屏障。所谓网络安全防范体系，就是关于网络安全防范系统的最高层概念抽象，它由各种网络安全防范单元组成，各组成单元按照一定的规则关系，能够有机集成起来，共同实现网络安全目标。

网络安全防范体系的建立是一个复杂的过程，但是安全防范体系对于一个组织非常有意义，主要在于：

（1）有利于网络系统安全风险的化解，确保业务持续开展并将损失降到最低程度。

（2）有利于强化工作人员的安全防范意识，规范组织个人安全行为。

（3）有利于组织对相关网络资产进行全面、系统的保护，维持竞争优势。

（4）有利于组织的商业合作。

（5）有利于组织管理体系认证，证明组织有能力保障重要信息，能提高组织的知名度与信任度。

2. 网络安全体系组成

网络安全体系由组织体系、技术体系、管理体系组成。其中，组织体系是有关网络安全工作部门的集合，这些部门负责网络安全技术和管理资源的整合和使用。在大型网络系统中，组织体系可以由许多部门组成，而在小型网络系统中，组织体系由若干个人或工作组构成。技术体系则是从技术的角度考察安全，通过综合集成方式而形成的技术集合。例如，在网络系统中，针对不同安全层次的安全需求，有物理安全技术、网络通信安全技术、网络系统平台安全技术、网络数据安全技术、网络应用安全技术等。管理体系则是根据具体的网络环境而采取的管理方法和管理措施的集合。

管理体系涉及五个方面的内容：管理目标、管理手段、管理主体、管理依据和管理资源。管理目标大的方面包括政治安全、经济安全、文化安全、国防安全等，小的方面则包括网络系统的保密、可用、可控等；管理手段包括安全评估、安全监管、应急响应、安全协调、安全标准和规范、保密检查、认证和访问控制等；管理主体大的方面包括国家安全机关，而小的方面主要包括网络管理员、单位负责人等；管理依据包括行政法规、法律、部门规章制度、技术规范等；管理资源包括安全设备、管理人员、安全经费、时间等。

3. 网络安全体系模型

1) PDRR 模型

PDRR 模型是由美国国防部提出的，PDRR 是 Protection、Detection、Recovery、Response的缩写。PDRR 改进了传统的只有保护的单一安全防御思想，强调信息安全保障的四个重要环节。保护（Protection）的内容主要有加密机制、数字签名机制、访问控制机制、认证机制、信息隐藏、防火墙技术等。检测（Detection）的内容主要有入侵检测、系统脆弱性检测、数据完整性检测、攻击性检测等。恢复（Recovery）的内容主要有数据备份、数据修复、系统恢复等。响应（Response）的内容主要有应急策略、应急机制、应急手段、入侵过程分析及安全状态评估等。

2) P^2DR 模型

20 世纪 90 年代末，美国国际互联网安全系统公司（ISS）提出了自适应网络安全模型 ANSM（Adaptive Network Security Model），并联合其他厂商组成 ANS 联盟，试图在此基础上建立网络安全的标准。该模型可量化也可由数学家证明，是基于时间的安全模型，亦称为 P^2DR（Policy Protection Detection Response，如图 1-1 所示）。模型的基本描述为

安全 = 风险分析 + 执行策略 + 系统实施 + 漏洞监测 + 实时响应

P^2DR 模型是在整体的安全策略的控制和指导下，在综合运用防护工具（如防火墙、操作系统身份认证、加密等手段）的同时，利用检测工具（如漏洞评估、入侵检测等系统）了解和评估系统的安全状态，将系统调整到"最安全"和"风险最低"的状态。Policy（安全策略）、Protection（防护）、Detection（检测）和 Response（响应）组成了一个完整的、动态的安全循环，在安全策略的指导下保证信息系统的安全。

根据 P^2DR 模型的理论，安全策略是整个网络安全的依据。不同的网络需要不同的策略，在制定策略以前，需要全面考虑局域网络中如何在网络层实现安全性，如何控制远程用户访问的安全性，在广域网上如何用加密及用户认证实现数据传输的安全性等问题。对这些问题做出详细回答，并确定相应的防护手段和实施办法，就是针对企业网络的一份完

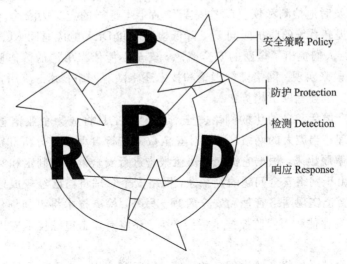

图 1-1 P²DR 安全模型

整的安全策略。策略一旦制订,应当作为整个企业安全行为的准则。

P²DR 模型有自己的理论体系,以数学模型作为其论述基础——基于时间的安全理论(Time Based Security)。该理论的最基本原理为:信息安全相关的所有活动,无论是攻击行为、防护行为、检测行为和响应行为等都要消耗时间,因此可以用时间来衡量一个体系的安全性和安全能力。

作为一个防护体系,当入侵者要发起攻击时,每一步都需要花费时间。当然攻击成功花费的时间就是安全体系提供的防护时间 Pt;在入侵发生的同时,检测系统也在发挥作用,检测到入侵行为也要花费时间——检测时间 Dt;在检测到入侵后,系统会做出应有的响应动作,这也要花费时间——响应时间 Rt。P²DR 模型就可以用以下两个典型的数学公式来表达安全的要求:

$$Pt > Dt + Rt \qquad (1-1)$$

Pt:系统为了保护安全目标设置各种保护后的防护时间。或者理解为在这样的保护方式下,黑客(入侵者)攻击安全目标所花费的时间。

Dt:从入侵者开始发动入侵开始,到系统能够检测到入侵行为所花费的时间。

Rt:从发现入侵行为开始,到系统能够做出足够的响应,将系统调整到正常状态所花费的时间。

那么,针对于需要保护的安全目标,如果满足式(1-1),即防护时间大于检测时间加上响应时间,则说明在入侵者危害安全目标之前就能够被检测到并及时处理。

$$Et = Dt + Rt \qquad (1-2)$$

式(1-2)的前提是假设防护时间 Pt=0。这种假设对 Web Server 这样的系统可以成立。

Dt:从入侵者破坏了安全目标开始,到系统能够检测到破坏行为所花费的时间。

Rt:从发现遭到破坏开始,到系统能够做出足够的响应,将系统调整到正常状态所花费的时间。例如,对 Web Server 被破坏的页面进行恢复。

那么,Dt 与 Rt 的和就是该安全目标系统的暴露时间 Et。针对需要保护的安全目标,Et 越小系统就越安全。

通过上面两个公式的描述,实际上为"安全"给出了一个全新的定义:"及时地检测和响应就是安全""及时地检测和恢复就是安全"。而且，这样的定义为安全问题的解决给出了明确的方向：提高系统的防护时间 Pt，降低检测时间 Dt 和响应时间 Rt。

P²DR 理论给人们提出了全新的安全概念，安全不能依靠单纯的静态防护，也不能依靠单纯的技术手段来实现。网络安全理论和技术还将随着网络技术、应用技术的发展而发展。未来的网络安全会有以下趋势：

一方面，高度灵活和自动化的网络安全管理辅助工具将成为企业信息安全主管的首选。它能帮助管理相当庞大的网络，通过对安全数据进行自动多维分析和汇总，使人从海量的安全数据中解脱出来，根据它提交的决策报告进行安全策略的制定和实施。

另一方面，由于网络安全问题的复杂性，网络安全管理将与已经较成熟的网络管理集成，在统一的平台上实现网络管理和安全管理。另外，检测技术将更加细化，针对各种新的应用程序的漏洞评估和入侵监控技术将会产生；还将有攻击追踪技术应用到网络安全管理的环节当中。

由于网络安全涉及网络环境中的各种系统、设备和应用，由 ISS 倡导的自适应网络安全联盟目前已经有 50 多个成员，作为网络系统供应商，联盟的各个成员对各自的产品正努力提供统一的接口，企业级网络安全成为用户和厂商的共同目标。因此，网络安全时代已经到来，以 P²DR 理论为主导的安全概念必将随着技术的发展而不断丰富和完善。

在这里我们要特别强调模型中的应急计划和应急措施，它是动态循环中的一个关键，也是在事件发生后减轻损失和灾难后果的最有效方法。一般来说，应急计划和应急措施包括以下三个方面：

(1) 建立系统时需同时建立应急方案和措施。

(2) 成立专门的有专人负责的应急行动小组。

(3) 入侵发生后迅速有效地控制局面（对入侵者的鉴定和跟踪、分析结果、启动应急方案、检查和恢复系统运行）。

4. 五层网络安全模型

依据普通人的经验来看，一般的网络会涉及以下几个方面：首先是硬件，即网络的实体；第二则是网络操作系统，即对于网络硬件的操作与控制；第三就是网络中的应用程序。有了这三个部分，一般认为便可构成一个网络。而若要实现网络的整体安全，考虑上述三方面的安全问题也就足够了。但事实上，这种分析和归纳是不完整和不全面的。在应用程序的背后，还隐藏着大量的数据作为对前者的支持，而这些数据的安全性问题也应被考虑在内。同时，还有最重要的一点，即无论是网络本身还是操作系统与应用程序，它们最终都是要由人来操作和使用的，所以还有一个重要的安全问题就是用户的安全性。

所以，在经过系统和科学的分析之后，得出以下结论：在考虑网络安全问题的过程中，主要应该充分考虑以下五个方面的问题：网络是否安全？操作系统是否安全？用户是否安全？应用程序是否安全？数据是否安全？

目前，五层次的网络系统安全体系理论已得到了国际网络安全界的广泛承认和支持，已将这一安全体系理论应用在其产品之中。下面对每一层的安全问题做简单的阐述和分析。

1) 网络层的安全性

网络层的安全性问题核心在于网络是否得到控制，即是否来自任何一个 IP 地址的用户都能够进入网络？

通过网络通道对网络系统进行访问时，每一个用户都会拥有一个独立的 IP 地址，这一 IP 地址能够大致表明用户的来源。目标网站通过对源 IP 进行分析，便能够初步判断来自源 IP 的数据是否安全？是否会对本网络系统造成危害？来自源 IP 的用户是否有权使用本网络的数据？一旦发现某些数据来自不可信任的 IP 地址，系统便会自动将这些数据阻挡在系统之外。并且大多数系统能够自动记录那些曾经造成过危害的 IP 地址，使得它们的数据将无法第二次造成危害。

用于解决网络层安全性问题的产品主要有防火墙和 VPN（虚拟专用网）。防火墙的主要目的在于判断源 IP，将危险或未经授权的 IP 数据拒之于系统之外，而只让安全的 IP 数据通过。一般来说，公司的内部网络若要与公众 Internet 相连，则应该在二者之间配置防火墙产品，以防止公司内部数据的外泄。VPN 主要解决的是数据传输的安全问题，如果公司各部在地域上跨度较大，使用专网、专线过于昂贵，则可以考虑使用 VPN。其目的在于保证公司内部的敏感关键数据能够安全地借助公共网络进行频繁的交换。

2）系统的安全性

关于系统的安全性，主要考虑的问题有两个：一是病毒对于网络的威胁；二是黑客对于网络的破坏和侵入。

病毒的主要传播途径已由过去的软盘、光盘等存储介质变成了网络，多数病毒不仅能够直接感染网络上的计算机，也能够将自身在网络上进行复制。同时，电子邮件、文件传输（FTP）以及网络页面中的恶意 Java 小程序和 ActiveX 控件，甚至文档文件都能够携带对网络和系统有破坏作用的病毒。这些病毒在网络上进行传播和破坏的多种途径和手段，使得网络环境中的防病毒工作变得更加复杂，网络防病毒工具必须能够针对网络中各个可能的病毒入口来进行防护。

对于网络黑客而言，他们的主要目的在于窃取数据和非法修改系统，其手段之一是窃取合法用户的口令，在合法身份的掩护下进行非法操作；其手段之二便是利用网络操作系统的某些合法但不为系统管理员和合法用户所熟知的操作指令。例如在 Unix 系统的缺省安装过程中，会自动安装大多数系统指令。据统计，其中有约 300 个指令是大多数合法用户根本不会使用的，但这些指令往往会被黑客所利用。

要弥补这些漏洞，常常需要使用专门的系统风险评估工具，来帮助系统管理员找出哪些指令是不应该安装的，哪些指令是应该缩小其用户使用权限的。在完成了这些工作之后，操作系统自身的安全性问题将在一定程度上得到保障。

3）用户的安全性

关于用户的安全性，所要考虑的问题是：是否只有那些真正被授权的用户才能够使用系统中的资源和数据？

首先，应该对用户进行分组管理，这种分组管理应该是针对安全性问题而考虑的分组。也就是说，应该根据不同的安全级别将用户分为若干等级，每一等级的用户只能访问与其等级相对应的系统资源和数据。其次应该考虑的是强有力的身份认证，其目的是确保用户的密码不会被他人所猜测到。

在大型的应用系统中，有时会存在多重的登录体系，用户如需进入最高层的应用，往往需要多次输入多个不同的密码，如果管理不严，则多重密码的存在也会造成安全上的漏洞。所以在某些先进的登录系统中，用户只需要输入一个密码，系统就能够自动识别用户的安全级别,从而使用户进入不同的应用层次。这种单一登录体系能够比多重登录体系提供更大的系统安全性。

4) 应用程序的安全性

在这一层中需要回答的问题是:是否只有合法的用户才能够对特定的数据进行合法的操作? 其中涉及两个方面的问题:一是应用程序对数据的合法权限;二是应用程序对用户的合法权限。例如在公司内部,上级部门的应用程序应该能够存取下级部门的数据,而下级部门的应用程序一般不应该允许存取上级部门的数据。同级部门的应用程序的存取权限也应有所限制,例如同一部门不同业务的应用程序也不应该互相访问对方的数据,一方面可以避免数据的意外损坏,另一方面也是出于安全方面的考虑。

5) 数据的安全性

数据的安全性问题是:机密数据是否还处于机密状态? 在数据的保存过程中,机密的数据即使处于安全的空间,也要对其进行加密处理,以确保万一数据失窃,偷盗者(如网络黑客)也读不懂其中的内容。这是一种比较被动的安全手段,但能够收到很好的效果。

上述的五层安全体系并非孤立分散。如果将网络系统比作一幢办公大楼的话,门卫就相当于对网络层的安全性考虑,他负责判断每一位来访者是否能够被允许进入办公大楼,发现具有危险性的来访者则将其拒之门外,而不是让所有人都能够随意出入。(操作)系统的安全性在这里相当于整个大楼的办公制度,办公流程的每一环节紧密相连,环环相扣,不让外人有可乘之机。如果对整个大楼的安全性有更高要求的话,还应该在每一楼层中设置警卫,办公人员只能进入相应的楼层,而如果要进入其他楼层,则需要获得相应的权限,这实际是对用户的分组管理,类似于网络系统中对于用户安全问题的考虑。应用程序的安全性在这里相当于部门与部门间的分工,每一部门只做自己的工作,而不会干扰其他部门的工作。数据的安全性则类似于使用保险柜来存放机密文件,即使窃贼进入了办公室,也很难将保险柜打开,取得其中的文件。

上述的这些办公制度其实早已被人们所熟悉,而将其运用在网络系统中,便是我们所看到的五层网络安全体系。

1.7.3 网络信息安全等级与标准

1. TCSEC 标准

为了实现对网络安全的定性评价,美国国防部在 1985 年制定了可信任计算机标准评估准则(TCSEC),它已经成为了现行的网络安全标准。

在 TCSEC 中,美国国防部按处理信息的等级和应采用的响应措施,将计算机安全从高到低分为 A、B、C、D 四类七个级别,共 27 条评估准则。其中:D 级为无保护级,C 级为自主保护级(C1 级为机动安全保护,C2 级为控制访问保护),B 级为强制保护级(B1 级为标签安全,B2 级为结构保护,B3 级为安全域),A 级为验证保护级。随着安全等级的提高,系统的可信度随之增加,风险逐渐减少。

2. 欧洲 ITSEC 标准

1991 年,西欧四国(英、法、德、荷)提出了信息技术安全评价准则(ITSEC)。ITSEC首次提出了信息安全的保密性、完整性、可用性概念,把可信计算机的概念提高到可信信息技术的高度上来认识。它定义了从 E0 级(不满足品质)到 E6 级(形式化验证)的七个安全等级和 10 种安全功能。

3. 加拿大 CTCPEC 评价标准

CTCPEC 专门针对政府需求而设计。与 ITSEC 类似，该标准将安全分为功能性需求和保证性需要两部分。功能性需求共划分为四大类：机密性、完整性、可用性和可控性。每种安全需求又可以分成很多小类，来表示安全性上的差别，分为 0～5 级。

4. 美国联邦准则 FC

1993 年，美国发表了信息技术安全性评价联邦准则（FC）。该标准的目的是提供 TCSEC 的升级版本，同时保护已有投资，但 FC 有很多缺陷，是一个过渡标准，后来结合 ITSEC 发展为联合公共准则。

5. 联合公共准则 CC 标准

1993 年 6 月，美国、加拿大及欧洲四国经协商同意，起草单一的通用准则（CC）并将其推进到国际标准。CC 的目的是建立一个各国都能接受的通用的信息安全产品和系统的安全性评价准则，国家与国家之间可以通过签订互认协议，决定相互接受的认可级别，这样能使大部分的基础性安全机制在任何一个地方通过了 CC 准则评价并得到许可进入国际市场时，不需要再作评价，使用国只需测试与国家主权和安全相关的安全功能，从而大幅节省评价支出并迅速推向市场。CC 结合了 FC 及 ITSEC 的主要特征，它强调将安全的功能与保障分离，并将功能需求分为九类 63 族，将保障分为七类 29 族。

6. BS7799 标准

BS7799 是英国标准组织（BSI）于 1995 年公布，1998 年和 1999 年两次修订的英国信息安全管理的标准，包括两个部分：信息安全管理体系实施指南（BS7799-1）和信息安全管理体系认证标准（BS7799-2）。BS7799 是以商业定位，并有利于创建信息安全管理的良好基础。BS7799 不会详细地探讨技术方面的问题（如防火墙和防病毒产品），但它要求每一个组织都需要的四类信息安全保证方式，即组织保证、产品保证、服务供应商保证和商业贸易伙伴保证。它提供了一系列最佳资料安全管理体系的控制方法。BS7799 所提供的资料管理系统可同时运用于工业界和商业界，其中包括网路和传播。

BS7799-1 标准目前已正式成为 ISO 国际标准，即 ISO17799 信息安全管理体系实施指南，并于 2000 年 12 月 1 日颁布。该标准综合了信息安全管理方面优秀的控制措施，为信息安全提供建议性指南，因此该标准不是认证标准，但在建立和实施信息安全管理体系时，可考虑采用该标准建议的措施。

BS7799-2 标准目前正在转换成 ISO 国际标准，由于该标准是在英国法律法规框架下制订的，要将其转换成国际标准，必须考虑适合世界各国信息安全管理方面的法律和法规要求以及国际标准的编写要求。BS7799-2 标准主要用于对信息安全管理体系的认证，因此建立信息安全管理体系时，必须考虑满足 BS7799-2 的要求。

7. 我国有关网络信息安全的相关标准

国内主要是等同采用国际标准。公安部主持制定、国家质量技术监督局发布的中华人民共和国国家标准 GB17895—1999《计算机信息系统安全保护等级划分准则》已正式颁布并实施。该准则将信息系统安全分为五个等级：自主保护级、系统审计保护级、安全标记保护级、结构化保护级和访问验证保护级。主要的安全考核指标有身份认证、自主访问控制、数据完整性、审计等，这些指标涵盖了不同级别的安全要求。

另外还有《信息处理系统 开放系统互联基本参考模型第 2 部分：安全体系结构》
(GB/T 9387.2—1995)、《信息处理数据加密实体鉴别机制第 I 部分：一般模型》(GB 15834.1—
1995)、《信息技术设备的安全》(GB 4943—1995)等。

1.8　网络信息安全管理体系(NISMS)

1.8.1　信息安全管理体系的定义

英国标准协会(BSI)于 1995 年制定了《信息安全管理体系(ISMS)标准》，并于 1999 年
修订、改版，于当年 10 月提交国际标准化组织(ISO)。2000 年 12 月，经包括中国在内的国
际标准化组织成员国投票表决通过，目前已使用该标准的第一部分作为国际标准。

该标准提供了 127 种安全控制指南，并对计算机网络与信息安全的控制措施作出了详
尽的描述。该标准的主要内容包括：信息安全政策、信息安全组织、信息资产分类与管理、
个人信息安全、物理和环境安全、通信和操作安全管理、存取控制、信息系统的开发和维
护、持续运营管理等。

信息安全管理体系(ISMS)结构非常复杂、庞大。部门组织在构架自己的信息安全管理
体系时若以此为标准，就能很好地保护其信息资产。但具体如何实施，一般认为可以按如
下的方式来构建一条信息安全的道路：

网络与信息安全 ＝ 信息安全技术 ＋ 信息安全管理体系(ISMS)

也就是说，在组织实施网络与信息安全系统时，应该将技术层面和管理层面良好配合。其
中，在信息安全技术层面，应通过采用建设安全的主机系统和安全的网络系统，并配备适
当的安全产品的方法来实现；而在管理层面，则可以通过构架 ISMS 来实现。

1.8.2　信息安全管理体系的构建

国际标准化组织将"计算机安全"定义为"为进行数据处理而建立和采取的技术和管理
保护措施，以保护计算机硬件、软件、数据不因偶然或恶意的原因而遭到破坏、更改和泄
露。"从该定义可以看出，保证网络信息的保密性、完整性和可用性是信息安全的基本
目标。

为了高效地建设 ISMS，应遵循一套国际上通行且适合中国实际的流程，这样就可
以使 ISMS 的建设更有效、更顺利，并起到事半功倍的效果。建议采取如下的方式。

1. 定义信息安全策略

信息安全策略是一个组织机构解决信息安全问题的最高方针，需要根据组织内各个部
门的实际情况，分别制订不同的信息安全策略。例如，规模较小的组织单位可能只有一个
信息安全策略，并适用于组织内所有部门、员工；而规模较大的集团组织则需要制订一个
信息安全策略文件，分别适用于不同的子公司或各分支机构。信息安全策略应该简单明
了、通俗易懂，并形成书面文件，发给组织内的所有成员。同时要对所有相关员工进行信
息安全策略的培训，对信息安全负有特殊责任的人员要进行特殊的培训，以使信息安全方
针真正植根于组织内所有员工的脑海并落实到实际工作中。

2. 定义 NISMS 的范围

确定 NISMS 的范围，即明确在哪些领域重点进行信息安全管理。组织需要根据自己的实际情况，在整个组织范围内，或在个别部门或领域构架 NISMS。因此，在本阶段，应将组织划分成不同的信息安全控制领域，以易于组织对有不同需求的领域进行适当的信息安全管理。

3. 进行信息安全风险评估

信息安全风险评估的复杂程度将取决于风险的复杂度和受保护资产的敏感度，所采用的评估措施应该与组织对信息资产风险的保护需求相一致。风险评估主要对 NISMS 范围内的信息资产进行鉴定和估价，然后对信息资产面对的各种威胁和脆弱性进行评估，同时对已存在的或规划的安全管制措施进行鉴定。风险评估主要依赖于商业信息和系统的性质、使用信息的商业目的、所采用的系统环境等因素，组织在进行信息资产风险评估时，需要将直接后果和潜在后果一并考虑。

4. 信息安全风险管理

根据风险评估的结果进行相应的风险管理。信息安全风险管理主要包括以下几种措施：

（1）降低风险：在考虑转嫁风险前，应首先采取措施降低风险。

（2）避免风险：有些风险很容易避免，例如通过采用不同的技术，更改操作流程，采用简单的技术措施等。

（3）转嫁风险：通常只有当风险不能被降低或避免且被第三方（被转嫁方）接受时才被采用。一般用于那些低概率且一旦发生时会对组织产生重大影响的风险。

（4）接受风险：用于那些在采取了降低风险和避免风险措施后，由于实际和经济方面的原因，只要组织进行运营，就必然存在并必须接受的风险。

5. 确定管制目标和选择管制措施

管制目标的确定和管制措施的选择原则是投入资金不超过风险所造成的损失。由于信息安全是一个动态的系统工程，组织应实时对选择的管制目标和管制措施加以校验和调整，以适应变化了的情况，使组织的信息资产得到有效、经济、合理的保护。

6. 准备信息安全适用性声明

信息安全适用性声明记录了组织内相关的风险管制目标和针对每种风险所采取的各种控制措施。信息安全适用性声明的准备，一方面是为了向组织内的员工声明对信息安全面对风险的态度，在更大程度上则是为了向外界表明组织的态度和作为，以表明组织已经全面、系统地审视了组织的信息安全系统，并将所有必要管制的风险控制在能够被接受的范围内。

实施信息安全管理体系需要切实可行的计划以及管理高层的支持。对于所有的管理体系，在实施的过程中都是运用相近的工具和相同的方法来完成。

1.9　网络信息安全评测认证体系

1.9.1　网络信息安全度量标准

1. 信息安全性的度量标准

TCSEC（可信任计算机标准评估准则）已经成为了现行的网络安全标准。信息技术安全性评估通用准则，通常简称为通用准则(CC)，是评估信息技术产品和系统安全特性的基础准则。

通用准则(CC)是现阶段最完善的信息技术安全性评估标准，我国也将采用这一标准对产品、系统和系统方案进行测试、评估和认可。通用准则内容分为三部分：第一部分是"简介和一般模型"，第二部分是"安全功能要求"，第三部分是"安全保证要求"。

通用准则评估保证级与常见的几种安全测评标准的对应关系如表1-1所示。

表1-1　常见的几种安全测评标准的对应关系

CC	TCSEC	FC	CTEPEC	ITSEC
EAL1	—	—	—	—
EAL2	C1	—	—	E1
EAL3	C2	T—1	T—1	E2
EAI4	B1	T—2	T—2	E3
—		T—3	T—3	—
—		T—4	—	—
EAL5	B2	T—5	T—4	E4
EAL6	B3	T—6	T—5	E5
EAL7	A1	T—7	T—6	E6
—	—		T—7	

在安全保证要求部分又分以下七种评估保证级：

(1) 评估保证级别1(EAL1)——功能测试。

(2) 评估保证级别2(EAL2)——结构测试。

(3) 评估保证级别3(EAL3)——功能测试与校验。

(4) 评估保证级别4(EAL4)——系统的设计、测试和评审。

(5) 评估保证级别5(EAL5)——半形式化设计和测试。

(6) 评估保证级别6(EAL6)——半形式化验证的设计和测试。

(7) 评估保证级别7(EAL7)——形式化验证的设计和测试。

2. 国际互认

1995年，CC项目组成立了CC国际互认工作组。该工作组于1997年制定了过渡性CC互认协定。同年10月，美国的NSA和NIST、加拿大的CSE和英国的CESG签署了该协定。1998年5月德国的GISA、法国的SCSSI也签署了此协定。由于当时依照了CC 1.0版，因此互认的范围也就限于评估保证级1~3。

1999年10月澳大利亚和新西兰的DSD也加入了CC互认协定。此时互认范围已发展为评估保证级1~4，但证书发放机构还限于政府机构。

2000年，西班牙、意大利、挪威、芬兰、瑞典和希腊等国也加入了该CC互认协定，日本、韩国、以色列等国也正在积极准备加入此协定。目前的证书发放机构已不再限于政府机构，非政府的认证机构也可以加入此协定，但必须有政府机构的参与或授权。

1.9.2 各国测评认证体系与发展现状

1. 美国

美国于 1997 年由国家标准技术研究所和国家安全局共同组建了国家信息保证伙伴(NIAP),专门负责基于 CC 信息安全的测试和评估,并研究开发相关的测评认证方法和技术。在国家安全局中对 NIAP 的具体管理则由专门管理保密信息系统安全的办公室负责。

CC 评估认证方案是各个引入 CC 进行信息安全测评认证的国家具体依据 CC 开展信息安全评估和认证工作的规划,同时也是国际互认协定的一个重要内容。在美国,此方案的具体实施由 NIAP 的认证机构负责,其目的是既可以保证对信息技术产品和系统第三方进行安全测试,也可以使得整个信息安全测评认证体系置于国家的控制范围之内。

NIAP 认证机构的正、副主任由国家标准技术研究所和国家安全局共同任命。在行政和预算方面,认证机构主任要向 NIAP 的主任汇报;而在有关评估认证方案的动作方面,则要向国家标准技术研究所和国家安全局的证书发行机构汇报。证书发行机构设有 NIAP 的信息技术实验室和 NSA 的信息系统安全办公室。NIAP 认证机构的核心技术人员主要是国家标准技术研究所和国家安全局的人员,也有部分招聘来的技术人员。

在美国的测评认证体系中,CC 测试实验室一般是由一些商业机构进行承办,但还需要通过国家 NIAP 的认可。在认可 CC 测试实验室时除要满足规则 25 的要求外,还需要满足 CC 评估认证方案的一些特殊要求。如 NIST 手册 150 和 NIST 手册 150 - 20,并要求精通信息安全测试技术和接受 NIAP 认证机构的监督。NIAP 认证机构将对外公布所有通过认可的实验室名单。现在,美国已经建立了可信计算机评估的基础,并进一步完善了国家信息安全测评认证体系,即 CC 评估认证体系。

2. 英国

英国的 IT 安全评估认证机构是在 1991 年由商业工业部(DTI)和通信电子安全小组(CESG)共同建立的,所依据的评估认证标准主要是 CC 及其评估方法和 ITSEC 及其评估方法。英国的 IT 安全评估认证机构(GB)在行政上由 CESG 领导。CESG 作为一个文职机构,隶属于政府通讯指挥部(GCHQ)。CESG 的前身是通讯电子安全局,主要负责保证政府和军事通信的安全。CESG 的认证人员主要负责专业能力、技术目标和商业秘密方面的最高技术标准的开发。

在英国的 IT 安全评估认证体系中,评估体系管委会主要负责制定国家信息安全评估认证政策、监督认证机构和仲裁诉讼及争议。它由评估认证体系的高级执行官、认证机构主任以及 CESG、DTI 和国防部(MOD)的高级官员与其他政府部门和工业界的代表所组成,其主席由 CESG 的人员担任。它直接向内阁会议建议和汇报认证机构的财政和资源状况。

认证机构具体实施评估认证体系的运作,并由 CESG 指派高级执行官,其工作人员来自 CESG 或由 CESG 招聘,负责监管商业评估机构(CLEF)。

IT 安全评估认证是在认证机构的监督下,由商业评估机构(CLEF)来实现的。商业评估机构是认证机构指定并通过英国国家实验室认可机构认可的实验室,其业务受认证机构监督并与 CESG 签署相关的合同。评估发起者是一些要求评估某一评估对象(产品或系统)的组织或个人,开发者是指生产评估对象的组织。发起者有时就是开发者,而委托者则是指负责一个信息系统安全的组织或个人。

目前，英国在（比较完善的）基于 ITSEC 的 IT 安全评估认证体系基础上，开展基于 CC 的评估认证和国际间互认工作。

1.9.3　我国网络信息安全评测认证体系

中国国家信息安全测评认证中心是经国家授权，依据国家认证的法律、法规和信息安全管理的政策，并按照国际通用准则建立的中立的技术机构。它代表国家对信息技术、信息系统、信息安全产品以及信息安全服务的安全性实施测试、评估和认证，为社会提供相关的技术服务，为政府有关主管部门的信息安全行政管理和行政执法提供必要的技术支持。

"中华人民共和国国家信息安全认证"是国家对信息安全技术、产品或系统安全质量的最高认可。经国家质量技术监督局 1999 年第 2 号公告发布，中国国家信息安全测评认证中心开展以下四种认证业务：

（1）产品型号认证：认证的基础形式，仅包括质量认证中的"型式试验"和"监督检验"两个要素。

（2）产品认证：认证的完整形式，包括了质量认证中从产品检验到质量保证能力评审的全部要素。

（3）信息系统安全认证：对信息系统或网络的运行安全、信息安全和管理控制安全的综合认证。

（4）信息安全服务认证：对向社会提供信息安全服务的企业、组织、机构或团体的技术实力、服务能力和资质条件的系统认证。

中国国家信息安全测评认证中心的认证准则是：

（1）达到中心认证标准的产品或系统只是具备了国家规定的管理安全风险的能力，并不表明该产品完全消除了安全风险。

（2）中心的认证程序能够确保产品安全的风险降低到了国家标准规定的和公众可以接受的水平。

（3）中心的认证程序是一个动态的过程，中心将根据信息安全产品的技术发展和最终用户的使用要求，动态增加认证测试的难度。

（4）中心的认证准则和认证程序最终须经专家委员会和管理委员会审查批准。

目前，中国已接受了 OSI 安全体系结构 ISO7498－2 标准，在中国命名为 GB/T9387—2 标准，并完善了国家信息安全测评认证体系，即 CC 评估认证体系。

1.10　网络信息安全与法律

随着计算机网络应用的日益普及，发达国家已经比较早地开始研究有关计算机网络应用方面的法律问题，并陆续制定了一系列有关的法律法规，以规范计算机在社会和经济活动中的应用。然而，计算机网络进入人类社会及经济活动的时间相对还比较短，因此有关法律法规的制定工作仍然存在着许多问题和困难。

1.10.1　网络信息安全立法的现状与思考

目前，我国网络安全的保障主要依靠技术的不断升级，实践过程中大多强调用户的自我保护，要求设立复杂密码和防火墙。但是，网络安全作为一个综合性课题，涉及面广，包含内容多，无论采用何种加密技术或其他方面的预防措施，都只能给实施网络犯罪增加一些困难，不能彻底解决问题。单纯从技术角度只能被动地解决一个方面的问题，而不能长远、全面地规范、保障网络安全。而且，防范技术的增强可能会激发某些具有好奇心态的人在网络犯罪方面的兴趣。因此，从根本上对网络犯罪进行防范与干预，还是要依靠法律的威严。通过制定网络法律，充分利用法律的规范性、稳定性、普遍性、强制性，才能有效地保护网络使用者的合法权益，增强对网络破坏者的打击处罚力度。

事实上，我国对信息网络的立法工作一直十分重视。自 1996 年以来，政府已颁布实施了一系列有关计算机及国际互联网络的法规、部门规章或条例，内容涵盖国际互联网管理、信息安全、国际信道、域名注册、密码管理等多个方面。如 1996 年 2 月 1 日颁布的《计算机信息网络国际联网管理暂行规定》，同年 4 月 9 日原邮电部就公共商用网颁布的《中国公共计算机互联网国际联网管理办法》以及《计算机信息网络国际联网出入口信道管理办法》等。但随着网络应用向纵深发展，原来颁布实施的一系列网络法律法规中，已有部分明显滞后，一些关于网络行为的认定过于原则或笼统，缺乏可操作性。

在国外，保障网络安全的立法工作已经逐渐普及。美国 1987 年通过了《计算机安全法》，1998 年 5 月又发布了《使用电子媒介作传递用途的声明》，将电子传递的文件视为与纸介质文件相同。德国制定了《信息和通信服务规范法》，英国已拟定了《监控电子邮件和移动电话法案》。日本从 2000 年 2 月 13 日起开始实施《反黑客法》，规定擅自使用他人身份及密码侵入电脑网络的行为都将被视为违法犯罪行为，最高可判处 10 年监禁。俄罗斯1995 年通过了《联邦信息、信息化和信息保护法》，2000 年 6 月又由联邦安全会议提出了《俄罗斯联邦信息安全学说》，并于 2000 年 9 月经普京总统批准发布，以"确保遵守宪法规定的公民的各项权利与自由；发展本国信息工具，保证本国产品打入国际市场；为信息和电视网络系统提供安全保障；为国家的活动提供信息保证。"

目前，世界各国政府正在寻求提高信息安全的法律手段。我国也正在积极采取措施，对原有的法规进行相应的修改。在这一作用力的推动下，人们将会看到越来越多的安全法规出台。当前，建设一个较为完善的网络法规应当在以下几个方面予以规范：

（1）网络资源的管理：域名管理、网络系统的构建。

（2）网络内容信息服务：信息发布网站和电子公告牌的登记、审查、筛选，对网络用户言论的控制等。

（3）电子商务及相关约定：契约与商业约定、使用人与网络服务业间的使用契约、网络服务业彼此间的约定、如何签订契约等。

（4）对宪法保障的基本权利产生的新影响：著作权、隐私权、商业秘密、商标权、名誉权、肖像权、专利权以及财产权、生命权等。

除此之外，网络立法还应注意以下两方面问题。

（1）网络立法要强制与激励并行。网络立法要能促进网络健康发展，就要对网络经济的优点、弊端、趋势有深入细致的调研，才能制定出科学、合理、有生命力、真正适合网络发展需要的规范。网络法不仅要具有一般法律的强制性，还应具有激励性。立法者在创制网络法律规范时，不仅要考虑如何确定否定式的消极性的法律后果，而且应当考虑如何确定肯定式的积极性的法律后果。网络信息传播快而且覆盖面大，法律保护的目的是鼓励传播，繁荣创作，保护和促进网络业和知识产权的共同健康发展。

（2）网络立法还要考虑到规范实现的可能性。要使网络规范与网络技术发展相衔接，使制定出的规范能够被有效地、低成本地贯彻实施，避免法律规范成为不切实际的空中楼阁或劳民伤财的根源。只有符合网络高效、廉价特点的法律规范，才是有生命力的网络法律规范。

由于网络正处于发展时期，一些深层次的矛盾还没有暴露出来，立法有可能打乱现行法律体系，或与已有的法律重复乃至冲突。因此，将网络立法付诸实践还是一件相当困难的事情，网络立法本身也需要根据现实发展不断做出调整。但无论如何，网络立法势在必行，这是保障网络健康发展的需要，也是信息社会进一步发展的需要。

1.10.2　我国网络信息安全的相关政策法规

随着互联网的发展，我们国家已制定了相关的网络信息安全的法律和法规：《中华人民共和国计算机信息网络国际联网管理暂行规定》《中华人民共和国计算机信息网络国际联网管理暂行规定实施办法》《中国互联网络域名注册暂行管理办法》《中国互联网络域名注册实施细则》《中华人民共和国计算机信息系统安全保护条例》《关于加强计算机信息系统国际联网备案管理的通告》《中华人民共和国电信条例》《互联网信息服务管理办法》《从事放开经营电信业务审批管理暂行办法》《电子出版物管理规定》《关于对与国际联网的计算机信息系统进行备案工作的通知》《计算机软件保护条例》《计算机信息网络国际联网出入口信道管理办法》《计算机信息网络国际联网的安全保护管理办法》《计算机信息系统安全专用产品检测和销售＋许可证管理办法》《计算机信息系统国际联网保密管理规定》《科学技术保密规定》《商用密码管理条例》《中国公用计算机互联网国际联网管理办法》《中国公众多媒体通信管理办法》《中华人民共和国保守国家秘密法》《中华人民共和国标准法》《中华人民共和国反不正当竞争法》《中华人民共和国公安部（批复）公复字[1996]8号》《中华人民共和国国家安全法》《中华人民共和国海关法》《中华人民共和国商标法》《中华人民共和国人民警察法》《中华人民共和国刑法》《中华人民共和国治安管理处罚条例》《中华人民共和国专利法》《中华人民共和国网络安全法》《信息安全技术网络安全等级保护测评要求》《信息安全技术网络安全安全等级保护基本要求》《信息安全技术网络安全等级保护安全设计要求》《中华人民共和国密码法》和《网络安全审查办法》。

● —— 本 章 小 结 —— ●

随着信息技术的飞速发展，网络及网络信息安全技术已经深入到了社会的多个领域。本章所述的网络信息安全的基础知识、网络安全威胁方式、黑客技术和病毒技术、网络信息安全体系机构与模型、网络信息安全管理体系、网络信息安全评测认证体系及网络信息安全与法律是对世界上许多国家多年来制定的网络信息安全标准和管理实践经验的科学总结。网络信息安全的建设是一项复杂的系统工程。当前我国的网络技术水平、安全技术和管理手段均落后于国际先进水平，应借鉴国外网络信息安全标准和管理经验，结合国内网络信息安全标准的划分，制定自身持续发展的网络信息安全管理体系，以促进网络信息安全管理体系的改进和完善，消除网络信息安全隐患，使网络技术向高科技、多功能、精细化和复杂化发展。

★　思　考　题　★

1. 简述网络信息安全的内涵、特征及网络信息安全问题的原因。
2. 简述网络信息安全策略。
3. 简述 ISO/OSI 安全体系结构。
4. 简述网络信息安全等级与标准。

第 2 章　密码学的基本理论

如今，随着科学技术的不断发展，随着计算机和通信网络的广泛应用，人们对通信安全性的要求已不仅仅是保密性，还有真实性、完整性、可用性和不可否认性，因此，信息的安全性受到人们的普遍重视。当前，信息安全已不仅仅局限于政治、军事以及外交等领域，而且也与人们的日常生活息息相关。作为信息安全核心的密码技术也得到了迅速的发展，它也是信息科学和技术中一个重要的研究领域。

2.1　密码基本知识

密码技术源远流长。正如《破译者》一书中所说："人类使用密码的历史几乎与使用文字的时间一样长"。

Phaistos 圆盘，一种直径约为 160 mm 的 Cretan - Mnoan 黏土圆盘，始于公元前 17 世纪。表面有明显字间空格的字母，至今还没有破解。中国古代的阴符和阳符、古希腊墓碑的铭文志、隐写术以及黑帮行话都是古老的加密方法，这些加密方法已体现了密码学的若干要素，但只是简单技巧，也只能限制在一定范围内使用。后来的加密方式有了一定的操作规则，一般是手工或简单器械变换，加密思想有两大类：代替和换位。典型的代替密码有单表代替密码、多表代替密码。典型的换位密码有倒序密码、栅栏密码和列转置密码。1834 年，伦敦大学的实验物理学教授惠斯顿发明了电机，这是通信向机械化、电气化跃进的开始，也为密码通信能够采用在线加密技术提供了前提条件。20 年后，即 1854 年，英国发明的双字母加密体制——普莱费尔(Playfair)密码，可以被认为是分组密码的雏形。1920年，美国电报电话公司的弗纳姆发明了弗纳姆密码。其原理是利用电传打字机的五单位码与密钥字母进行模 2 相加，接收时，将密文码再与密钥字母模 2 相加还原出明文。这种密码结构在今天看起来非常简单，但由于这种密码体制第一次使用电子电路自动实现加、解密，因而在近代密码学发展史上占有重要地位。二战中使用的《0075 密码本》是一种"两部本"密码，即加密和解密用两个不同的密码本，实际上是非对称密码的萌芽。第二次世界大战中最广为人知的转轮密码机之一是德国的恩尼格玛(Enigma)密码机。德国人利用它创建了当时的高强度密码体制。但后来，由于 Alan Turing 以及其他人的努力，终于破译了德国的 Enigma 密码机。当初，计算机的研究就是为了破解德国人的密码，而计算机的诞生，的确为破译 Enigma 立下了汗马功劳。当时人们并没有想到计算机给今天带来的信息革命。后来的密码体制采用代替和换位的组合方法，逐渐形成了比较复杂的密码体制，1975 年，美国数据加密标准(DES)的诞生，标志着现代分组密码的形成。1976 年，笛非(Diffie)和赫尔曼(Hellman)、墨克尔(Merkle)相继提出了公钥密码的概念，竖起了近代密码学史上又一大里程碑，使密码功能得到扩展，性能得到提升。以后随着计算机、通信、微电子尤其是网络技术的发展,逐渐发展成了内涵极为丰富,牵涉学科、技术和领域众多的信息安全理论体系。而密码学则是信息安全的核心和关键。

密码学(Cryptography)一词来源于古希腊语 Kruptos(hidden)+ graphein(to write)——隐写术,准确的现代术语是"密码编码学",与之相对的专门研究如何破解密码的学问称为"密码分析学"。密码学则包括密码编码学和密码分析学这两个相互独立又相互依存的分支。密码编码学是密码体制的设计学,从事此行业的人员称为密码编码者(cryptographer)。与之相对应,密码分析学(cryptanalysis)就是破译密文的科学和技术,从事密码分析的专业人员称为密码分析者(cryptanalyst)。

密码体制是密码技术中最为核心的一个概念。所谓密码体制,是指一组规则、算法、函数或程序,使保密通信双方能够正确、容易地进行加密和解密。

密码体制需要在保密通信系统中运行,一个完整的保密通信系统由密码体制(包括密码算法以及所有可能的明文、密文和密钥)、信源、信宿和攻击者构成,如图 2-1 所示。系统的输入参数为明文(由信源产生)与加密密钥,经过一定的加密变换处理以后输出密文,通过信道传输,再用解密密钥进行解密变换,还原成明文。在信道上可能有密码分析者进行攻击。

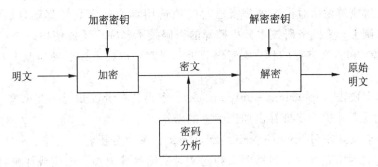

图 2-1 保密通信系统的模型

图 2-1 也可以用数学方式描述,即一个密码体制通常由五部分组成:

(1) 明文空间 P:全体明文的集合;

(2) 密文空间 C:全体密文的集合;

(3) 密钥空间 K:全体密钥的集合,通常由加密密钥 k_e 和解密密钥 k_d 组成,$k=(k_e, k_d)$;

(4) 加密算法 E:由加密密钥控制的加密交换的集合;

(5) 解密算法 D:由解密密钥控制的解密交换的集合。

设 $p \in P$ 是一个明文,$c \in C$ 是一个密文,$k=(k_e, k_d) \in K$ 是一个密钥,则 $c=E_{k_e}(p) \in C$,$p=D_{k_d}(c) \in P$。

一个好的密码体制至少满足两个条件:

(1) 已知明文 p 和加密密钥 k_e 时,计算 $c=E_{k_e}(p)$ 容易;

(2) 在不知道解密密钥 k_d 时,由密文 c 推知明文 p 相当困难。

不同的密码算法具有不同的安全等级:

(1) 无条件安全(Unconditionally secure),也称为理论安全。无论破译者有多少密文,也无法解出对应的明文,即使解出了,也无法验证结果的正确性。

(2) 计算上安全(Computationally secure),也称实际安全。包含两个含义:破译的代价超出信息本身的价值；破译的时间超出了信息的有效期。

密码分析攻击是在不知道密钥的情况下恢复出明文或密钥，也可以通过发现密码体制的弱点，最终得到明文或密钥。

一般来讲，如果根据密文就可以推算出明文或密钥，或者能够根据明文和相应的密文推算出密钥，则这个密码技术是可破译的，否则是不可破译的。如果假设密码分析者知道了密码技术的算法，但是不知道密钥，这个密码技术是安全的。

密码分析者分析密码算法主要有以下三种方法：

(1) 穷举法：密码分析者试图试遍所有的明文或密钥来进行破译。穷举明文时，就是将可能的明文进行加密，将得到的密文与截取到密文对比，来确定正确的明文。这一方法主要用于公钥密码技术（及数字签名）。穷举密钥时，用可能的密钥解密密文，直到得到有意义的明文，从而确定正确的明文和密钥。可以使用增加密钥长度、在明文和密文中增加随机冗余信息等方法来抗击穷举分析方法。

(2) 统计分析法：密码分析者通过分析密文、明文和密钥的统计规律来破译密码。可以设法使明文的统计特性与密文的统计特性不一样来对抗统计分析法。

(3) 密码技术分析法：根据所掌握的明文、密文的有关信息，通过数学求解的方法找到相应的加、解密算法。对抗这种分析法时应该选用具有坚实数学基础且足够复杂的加、解密算法。原则上，受到密码技术分析破译的密码技术已完全不能使用。

根据对明文和密文掌握的程度，密码分析者通常可以在下述五种情况下对密码技术进行攻击：

(1) 唯密文攻击 (Ciphertext - only attack)。密码分析者仅知道一些密文，并试图恢复尽可能多的明文，并进一步推导出加密信息的密钥。

(2) 已知明文攻击 (Known - plaintext attack)。密码分析者不仅知道一些信息的密文，而且还知道与之对应的明文，根据明文和密文对试图推导出加密密钥或加密算法。

(3) 选择明文攻击 (Chosen - plaintext attack)。密码分析者可以选择一些明文，并得到相应的密文，而且可以选择被加密的明文，并试图推导出加密密钥或算法。例如：在公钥密码技术中，分析者可以用公钥加密他任意选定的明文。这种攻击就是选择明文攻击。

(4) 选择密文攻击 (Chosen - ciphertext attack)。密码分析者能选择不同的被加密的密文，并可得到对应的解密的明文，例如密码分析者存取一个防窜改的自动解密盒，密码分析者的任务是推出密钥。选择密文攻击有时和选择明文攻击一起并称作选择文本攻击 (Chosen - text attack)。

(5) 选择密钥攻击 (Chosen - key attack)。这种攻击并不表示密码分析者能够选择密钥，它只表示密码分析者具有不同密钥之间的关系的有关知识。

以前的密码分析中多采用穷举搜索、数学分析、逆向构造并结合密码分析者的经验，有时候对密码的破译是利用了密码体制设计的缺陷。后来出现了边信道攻击方法，包括时间攻击、能量攻击、电磁攻击和故障攻击等。这类攻击利用了边信道信息泄漏，比纯粹的数学分析更有效。尤其是 1998 年差分能量攻击的问世，给硬件实现的密码体制带来了很大的威胁。

2.2 古典密码体制

1949 年之前，密码技术基本上可以说是一门技术性很强的艺术，而不是一门科学，这一时期，密码专家常常是凭借直觉和信念来进行密码设计和分析，而不是推理证明。

古典密码是密码学发展的初级阶段。古典密码大都较简单，由于安全性差，目前应用很少。但研究古典密码的原理，有助于理解、构造和分析近代密码。

替代(substitute)和置换(permutation)是古典密码中用到的两种基本处理技巧，它们在现代密码学中也得到了广泛使用。替代，就是明文中的字母由其他字母、数字或符号所取代的一种方法。具体的替代算法称之为密钥。古典密码学中采用替代运算的典型密码算法有单表密码、多表密码等。

2.2.1 单表密码

单表代替密码对明文中的所有字母都使用同一个映射，即：$\forall p \in P$，$E_k: P \rightarrow C$，$E_k(p)=c$。为了保证加密的可逆性，一般要求映射 E_k 是一一映射。单表代替包括最早的凯撒(Caesar)密码，一般意义上的单字母代替也称移位密码、乘法密码、仿射密码、使用密钥词(组)的单表代替和随机代替等。下面分析凯撒密码和使用密钥词(组)的单表代替。

1. Caesar 密码

已知最早(也是最简单)的代替密码是朱里斯·凯撒所用的密码。凯撒密码是把字母表中的每个字母用该字母后面第 3 个字母进行代替，如表 2-1 所示。为便于区分，我们用小写字母表示明文，大写字母表示密文。

表 2-1 凯 撒 密 码

明文	a	b	c	d	e	f	g	h	i	j	k	l	m	n	o	p	q	r	s	t	u	v	w	x	y	z
密文	D	E	F	G	H	I	J	K	L	M	N	O	P	Q	R	S	T	U	V	W	X	Y	Z	A	B	C

【例 2.1】 明文：this is a book，

密文：WKLV LV D ERRN。

明文和密文空间是 26 个字母的循环，所以 z 后面的字母是 a。如果为每个字母分配一个数值(a=0，b=1，…，z=25)，则该算法可表示如下：

$$C = E_k(p) = (p+3)(\text{mod } 26) \tag{2-1}$$

其中，C 代表密文，p 代表明文。

2. 使用密钥词(组)的单表代替

这种密码选用一个英文短语或单词串作为密钥，去掉其中重复的字母得到一个无重复字母的字母串，然后再将字母表中的其他字母依次写于此字母串之后，就可构造出一个字母替代表。这种单表替代泄露给破译者的信息更少，而且密钥可以随时更改，增加了灵活性。

【例 2.2】 设密钥为：time，则有如表 2-2 所示代替表。

表 2-2 例 2.2 字母代替表

明文	a	b	c	d	e	f	g	h	i	j	k	l	m	n	o	p	q	r	s	t	u	v	w	x	y	z
对应的密文	T	I	M	E	A	B	C	D	F	G	H	J	K	L	N	O	P	Q	R	S	U	V	W	X	Y	Z

因此，如果明文为"CODE"，则对应的密文为"MNEA"。

【例 2.3】 设密钥为：TIMEISUP，则有如表 2-3 所示代替表。

表 2-3 例 2.3 字母代替表

明文	a	b	c	d	e	f	g	h	i	j	k	l	m	n	o	p	q	r	s	t	u	v	w	x	y	z
对应的密文	T	I	M	E	I	S	U	P	A	B	C	D	F	G	H	J	K	L	N	O	Q	V	W	X	Y	Z

因此，如果明文为"CODE"，则对应的密文为"MHEI"。

单表替代密码的密钥量很小，不能抵抗穷尽搜索攻击，并且很容易受到统计分析攻击。因为如果密码分析者知道明文的某些性质（如非压缩的英文），则分析者就能够利用该语言的规律性进行分析，从这一点意义上讲，汉语在加密方面的特性要优于英语，因为汉语常用字有 3000 多个，而英语只有 26 个字母。

所谓统计分析攻击，就是基于语言中各个字符出现的概率不一样而表现出一定的统计规律，密文中可能同样存在这种统计规律，那么通过一些推测和验证过程就可以实现密码分析。例如对英语字母使用的统计分析，得出字母 E 出现的概率最高，接近 13％，其次是 T、R、N、I、O、A、S，出现的频率在 6％～9％之间，B、X、K、Q、J、Z 出现的频率最低，一般低于 1％；就双字母而言，常见的字母组合有 TH、HE、IN、ER、RE、AN、ON、EN、AT；常见的三字母组合有 THE、ING、AND、HER、ERE、ENT、THA、NTH、WAS、ETH、FOR、DTH 等。

统计分析攻击的一般方法如下：

第一步：对密文中出现的各个字母进行统计，找出它们各自出现的频率。

第二步：根据密文中各个字母出现的频率，与英语字母标准概率进行对比分析，作出假设，推断加密所用的公式。

第三步：证实上述假设（如果不正确，继续做其他假设）。

如果现在有一个密文需要破译，当我们知道它是用单表代替密码来加密的，就首先计算出每个字母出现的出现频率。如果假设这个密文里出现频率最高的字母是 K，那么就很有可能是用 K 替换了明码表中的 E，如果假设密文里出现频率第二高的字母是 A，那么就很有可能是用 A 替换了明码表中的 T，如此继续类推下去，直到整个替换表格都填上了对应的字母。

需要注意的是统计分析法的数学基础是统计学，样本数量必将影响到用统计分析法来破译密码，一个很短的明文是可以不符合字母出现的平均频率的，因为它只有一个很小的字母样本空间，也就是说长一些的密码更容易被破译出来，因为它的字母出现频率更符合字母出现的平均频率，而短一些的就比较难破译了，需要更多的猜测与发挥想象的能力，如果是非常非常短的密码，可能无法破译。

【例 2.4】 破解下面这份密文：

RMM YROM UK WUTUWAW UEXS XZHAA JRHXK SEA SV QZUDZ XZA
FAMYRA UEZRFUX XZA RLOUXREU RESXZAH XZSKA QZS UE XZAUH SQE
MREYORYA RHA DRMMAW DAMXK UE SOH YROMK XZA XZUHW RMM
XZAKA WUVVAH VHSN ARDZ SXZAH UE MREYORYA DOKXSNK REW MRQK

在破解这份密码时，前提是密文采用单表代替法加密，那么破解的步骤为首先统计字母出现的频率，总共 183 个字母，出现频率如表 2-4 所示。

表 2-4　字母出现频率统计

字母	A	B	C	D	E	F	G	H	I	J	K	L	M
出现频率(%)	12	0	0	3	7	1	0	5	0	1	5	1	7
字母	N	O	P	Q	R	S	T	U	V	W	X	Y	Z
出现频率(%)	1	4	0	2	10	6	1	8	2	4	9	4	8

然后是给明码表和密码表配对。可以看到 A 在密文中的出现频率达到了 12%，极有可能就是替换了明文中的 e，那么就在替换表格中让明文的 e 对应密文的 A，当然这里还只是一个猜测，例如 R 在密文中出现频率达到了 10%，也有可能是 R 替换的 e，因为密文的样本容量较小，出现偏差也是很正常的事情，那么到底哪个正确？就需要把 A=e 代入密文中去验证了（大写字母表示密文字母，小写字母表示明文字母）。

我们把 E、H、K、M、O、S、U、W、X、Y、Z 这几个在密文中出现频率高的字母都先找出来，这样就得到集合 A1={A, E, H, K, M, O, R, S, U, W, X, Y, Z}，同时可以得到在英文中平均出现频率高的字母的集合 B1={e, t, a, o, n, i, r, s, h, d, l, c, u}，那么就很有可能是 A1 中的那些字母替换了 B1 中的那些字母，现在假设让 A 与 e，R 与 t，X 与 a 配对，代入密文中发现有 a*e，a*e*e 这样的单词结构，这个单词结构应该不对，于是换一下，再令 A=e，R=a，X=t，感觉这个的可能性要大些。接着可以统计连续重复的字母，在密文中，A 重复了 1 次，M 重复了 3 次，V 重复了 1 次，X 重复了 1 次，得到集合 A2={A, M, V, X}。而在英文中，通常最容易重复的字母是 ss、ee、tt、ff、ll、mm、oo，所以有集合 B2={s, e, t, f, l, m, o}，然后把交集找出来。

集合 A1={A, E, H, K, M, O, R, S, U, W, X, Y, Z}

集合 A2={A, M, V, X}

A1 与 A2 的交集={A, M, X}，这是密文中即出现频率高，又有连续重复的字母集合。

集合 B1={e, t, a, o, n, i, r, s, h, d, l, c, u}

集合 B2={s, e, t, f, l, m, o}

B1 与 B2 的交集={e, t, s, l, o}，这是英文中通常平均出现频率高，又容易连续重复的字母集合。

那么基本上就是在 {A, M, X} 与 {e, t, s, l, o} 里找对应关系了，现在看来 A 对应 e 的可能性，要比 R 对应 e 的可能性高多了，而且前面分析的 A=e，X=t 在这里看来也是合理的，这样就有 A=e，R=a，X=t，那么 M=？基本上只能从 s、l、o 三个字母中选。把 o 代入，得到 aoo，排除，s 和 l 代进去都还不明朗，不过 M=l 代入后在明文中出现了 all 这个单词，可能性应该更大一些。

在明文中发现有两个 t*e 的结构，猜是 the，所以 Z=h，V 可能是 m 或 f，用 V=f 代入后，发现 *f 结构，猜是 of，所以 S=o，由 a** 的结构，猜是 and，所以 E=n，W=d，全部代入后大概样子出来了一些，说明上面的猜测都基本是正确的。剩下的可以通过猜词猜出来了，*nto 猜是 into，所以 U=I；发现 anotho*，这个应该是 anothor，所以 H=r；i*，tho*e，所以 K=s；到了这里基本上就该出来了，接着由 o*n 结构，猜是 own，Q=w；di*ided，T=v；*arts，猜 parts，J=p；fro*，N=m；whi*h，*alled，D=c；

c＊stoms，o＊r，O＝u；lan＊ua＊e，Y＝g；inha＊it，F＝b。

至此，除了一个字母没有猜出来外，明文大意就全出来了。

统计分析法破译单表代替密码的要点如下：

（1）如果破解时觉得很麻烦，可以把焦点放在连续重复的字母上，在英语中最容易重复的连续字母是：ss，ee，tt，ff，ll，mm，oo。

（2）如果密文是按词来分隔的，那么就先判断出那些只有1个、2个及3个字母的单词，在英语中，1个字母的单词只有a和I，最常见的2个字母的单词有of、to、in、it、is、be、as、at、so、we、he、by、or、on、no，最常见的3个字母的单词是the和and。

（3）即使密文没有按词来分隔，还可以用字母对分析表的方法来判断出e，之后可以判断出h，这是因为在英语中h常常出现在e之前（例如the、then、they），几乎不出现在e之后，没有其他的字母对有这样高的不对称关系。

（4）还有一个相当有用的方法就是根据经验在密文中猜词或者词组。

2.2.2　多表密码

单表代替密码表现出明文中单字母出现频率分布与密文中相同，为了克服这个缺点，多表代替密码使用从明文字母到密文字母的多个映射来隐藏单字母出现的频率分布，其中每个映射是简单代替密码中的一对一映射（即处理明文消息时使用不同的单字母代替）。多表代替密码将明文字符划分为长度相同的消息单元，称之为明文组，对不同明文组进行不同的代替，即使用了多张单字母代替表，从而使同一个字符对应不同的密文，改变了单表代替中密文与明文字母的唯一对应性，使密码分析更加困难。多字母代替的优点是很容易将字母的自然频度隐蔽或均匀化，从而可以抗击统计概率分析。Playfair密码、Vigenere密码、Hill密码都是这一类型的密码。

1. Playfair密码

Playfair密码出现于1854年，它将明文中的双字母组合作为一个单元对待，并将这些单元转换为密文双字母组合。Playfair密码基于一个5×5字母矩阵，该矩阵使用一个关键词（密钥）来构造，其构造方法是：从左至右、从上至下依次填入关键词的字母（去除重复的字母），然后再以字母表顺序依次填入其他字母。字母I和J被算为一个字母（即J被当做I处理）。

对每一对明文字母p_1、p_2的加密方法如下：

（1）若p_1、p_2在同一行，则对应的密文C_1和C_2分别是紧靠p_1、p_2时右端的字母。其中第一列被看作是最后一列的右方（解密时反向）。

（2）若p_1、p_2在同一列，则对应的密文C_1和C_2分别是紧靠p_1、p_2下方的字母。其中第一行看作是最后一行的下方（解密时反向）。

（3）若p_1、p_2不在同一行，也不在同一列，则C_1和C_2是由p_1和p_2确定的矩形的其他两角的字母，并且C_1和p_1、C_2和p_2同行（解密时处理方法相同）。

（4）若$p_1＝p_2$，则插入一个字母（例如Q，需要事先约定）于重复字母之间，并用前述方法处理。

（5）若明文字母数为奇数，则在明文的末端添加某个事先约定的字母作为填充。

【例2.5】　密钥是：monarchy，则构造的字母矩阵如表2-5所示。

如果明文是：$P=$armuhsea

先将明文分成两个一组：ar　　mu　　hs　　ea

基于表 2-5 的对应密文为：RM　　CM　　BP　　IM(JM)

表 2-5　字母矩阵表

M	O	N	A	R
C	H	Y	B	D
E	F	G	I/J	K
L	P	Q	S	T
U	V	W	X	Z

　　Playfair 密码与简单的单一字母替代法密码相比有了很大的进步。第一，虽然仅有 26 个字母，但有 676(26×26)种双字母组合，因此识别各种双字母组合要比简单的单一字母替代法密码困难得多；第二，各个字母组出现的频率要比单字母出现频率的范围大，这使得频率分析困难。

　　尽管如此，Playfair 密码还是相对容易攻破，因为它仍然使许多明文语言的结构保存完好。几百字的密文通常就足以用统计分析破译。

　　区别 Playfair 密码和单表密码的有效方法是：计算在文本中每个字母出现的数量，并与字母 e(最为常用的字母)出现的数量相除。设 e 出现的相对频率为 1，其他字母出现的相对频率可以得出，如 t 出现的相对频率为 0.67，然后画一个图线，水平轴上的点对应于以递减频率顺序排列的字母。为了归一化该图线，在密文中每个字母的出现数量再次被明文中出现 e 的次数相除。结果图线显示 Playfair 密码屏蔽了字母的频率分布的程度，这使得分解替代密码十分容易。如果该频率分布信息全部隐藏在该加密过程中，频率的明文图线将是平坦的，使用单字母统计分析方法将很难破译该密码。

2. Vigenere 密码

　　Vigenere 密码是 16 世纪法国著名密码学家 Blaise de Vigenere 于 1568 年发明的，它是最著名的多表替代密码的例子。Vigenere 密码使用一个词组作为密钥，密钥中每一个字母用来确定一个替代表，每一个密钥字母被用来加密一个明文字母，第一个密钥字母加密明文的第一个字母，第二个密钥字母加密明文的第二个字母，等所有密钥字母使用完后，密钥又再循环使用。

　　为了帮助理解该算法，需要构造一个表(如表 2-6 所示)，26 个密文都是水平排列的，最左边一列为密钥字母，最上面一行为明文字母。

　　加密过程：给定一个密钥字母 k 和一个明文字母 p，密文字母就是位于 k 所在的行与 p 所在的列的交叉点上的那个字母。

　　解密过程：由密钥字母决定行，在该行中找到密文字母，密文字母所在列的列首对应的明文字母就是相应的明文。

　　假设数字 0～25 分别表示 26 个英文字母 a～z，则 Vigenere 密码亦可用下列公式表示：

加密算法：　　　　　　　　　　$c_i = p_i + k_i \pmod{26}$　　　　　　　　　　(2-2)

解密算法：　　　　　　　　　　$p_i = c_i - k_i \pmod{26}$　　　　　　　　　　(2-3)

其中 p_i、c_i、k_i 分别表示第 i 个明文、密文和密钥字母编码，密钥字母编码有 L 个。

表 2-6　Vigenere 表

	a	b	c	d	e	f	g	h	i	j	k	l	m	n	o	p	q	r	s	t	u	v	w	x	y	z
a	A	B	C	D	E	F	G	H	I	J	K	L	M	N	O	P	Q	R	S	T	U	V	W	X	Y	Z
b	B	C	D	E	F	G	H	I	J	K	L	M	N	O	P	Q	R	S	T	U	V	W	X	Y	Z	A
c	C	D	E	F	G	H	I	J	K	L	M	N	O	P	Q	R	S	T	U	V	W	X	Y	Z	A	B
d	D	E	F	G	H	I	J	K	L	M	N	O	P	Q	R	S	T	U	V	W	X	Y	Z	A	B	C
e	E	F	G	H	I	J	K	L	M	N	O	P	Q	R	S	T	U	V	W	X	Y	Z	A	B	C	D
f	F	G	H	I	J	K	L	M	N	O	P	Q	R	S	T	U	V	W	X	Y	Z	A	B	C	D	E
g	G	H	I	J	K	L	M	N	O	P	Q	R	S	T	U	V	W	X	Y	Z	A	B	C	D	E	F
h	H	I	J	K	L	M	N	O	P	Q	R	S	T	U	V	W	X	Y	Z	A	B	C	D	E	F	G
i	I	J	K	L	M	N	O	P	Q	R	S	T	U	V	W	X	Y	Z	A	B	C	D	E	F	G	H
j	J	K	L	M	N	O	P	Q	R	S	T	U	V	W	X	Y	Z	A	B	C	D	E	F	G	H	I
k	K	L	M	N	O	P	Q	R	S	T	U	V	W	X	Y	Z	A	B	C	D	E	F	G	H	I	J
l	L	M	N	O	P	Q	R	S	T	U	V	W	X	Y	Z	A	B	C	D	E	F	G	H	I	J	K
m	M	N	O	P	Q	R	S	T	U	V	W	X	Y	Z	A	B	C	D	E	F	G	H	I	J	K	L
n	N	O	P	Q	R	S	T	U	V	W	X	Y	Z	A	B	C	D	E	F	G	H	I	J	K	L	M
o	O	P	Q	R	S	T	U	V	W	X	Y	Z	A	B	C	D	E	F	G	H	I	J	K	L	M	N
p	P	Q	R	S	T	U	V	W	X	Y	Z	A	B	C	D	E	F	G	H	I	J	K	L	M	N	O
q	Q	R	S	T	U	V	W	X	Y	Z	A	B	C	D	E	F	G	H	I	J	K	L	M	N	O	P
r	R	S	T	U	V	W	X	Y	Z	A	B	C	D	E	F	G	H	I	J	K	L	M	N	O	P	Q
s	S	T	U	V	W	X	Y	Z	A	B	C	D	E	F	G	H	I	J	K	L	M	N	O	P	Q	R
t	T	U	V	W	X	Y	Z	A	B	C	D	E	F	G	H	I	J	K	L	M	N	O	P	Q	R	S
u	U	V	W	X	Y	Z	A	B	C	D	E	F	G	H	I	J	K	L	M	N	O	P	Q	R	S	T
v	V	W	X	Y	Z	A	B	C	D	E	F	G	H	I	J	K	L	M	N	O	P	Q	R	S	T	U
w	W	X	Y	Z	A	B	C	D	E	F	G	H	I	J	K	L	M	N	O	P	Q	R	S	T	U	V
x	X	Y	Z	A	B	C	D	E	F	G	H	I	J	K	L	M	N	O	P	Q	R	S	T	U	V	W
y	Y	Z	A	B	C	D	E	F	G	H	I	J	K	L	M	N	O	P	Q	R	S	T	U	V	W	X
z	Z	A	B	C	D	E	F	G	H	I	J	K	L	M	N	O	P	Q	R	S	T	U	V	W	X	Y

【例 2.6】　假设英文字母表（$n=26$），密钥 $k=$ college，当明文 $m=$ a man liberal in his views 时，使用 Vigenere 密码技术后得到的密文是什么？

解：（1）$p=a \to 0$　　　$k_1=c \to 2$

$c_i=0+2(\bmod 26)=2 \to c$

（2）$p_2=m \to 12$　　　$k_2=o \to 14$

$c_2=12+14(\bmod 26)=0 \to a$

　　　⋮

（21）$p_{21}=s \to 18$　　　$k_{21}=e \to 4$

$c_{21}=18+4(\bmod 26)=22 \to w$

即

$c_{21}=c_1 c_1 \cdots c_{21}=$ C ALZ POFGFLW MT LKG GTICW

【例 2.7】　假设英文字母表($n=26$)，密钥 $k=$ quillwort，当明文 $p=$ we are discovered save yourself 时，使用 Vigenere 密码技术后得到的密文是什么？

解：逐一列出密文如表 2-7 所示。

表 2-7　对　照　表

密钥	q	u	i	l	l	w	o	r	t	q	u	i	l	l	w	o	r	t	q	u	i	l	l	w	o	r	t
明文	w	e	a	r	e	d	i	s	c	o	v	e	r	e	d	s	a	v	e	y	o	u	r	s	e	l	f
密文	M	Y	I	C	P	Z	W	J	V	E	P	M	C	P	Z	G	S	R	O	U	S	W	F	C	O	S	C	Y

对于密码分析而言，判定一段密文是单字母代替密码还是 Vigenere 密码并不困难。对密文字母出现概率进行简单的测试，如果密文的统计性质与对应的明文语言统计性质相同，则可判定为单表密码；否则可能是 Vigenere 密码。做出正确判断的先决条件是，密文必须足够长，否则无法测定准确的密文统计规律。

另一方面，如果猜测是 Vigenere 密码，则破译 Vigenere 密码的第一步是确定密钥词组长度，即加密周期。只要密文足够长，通过计算密文字母的重码率可有效破解 Vigenere 密码加密周期。所谓重码率，即对原始密文序列循环移位，再与原始密文序列对应，计算同一位置上相同字母出现的概率，概率大，则位移量就可能是加密周期，否则继续移位。有时分析者仅通过观察密文就能够觉察到位移量。如例 2.7 密文序列中，重复序列 CPZ 相距 9 个字母的位置，数字 9 很可能就是 Vigenere 密码的加密周期。事实上该例中的加密周期的确是 9。周期一旦确定，多表密码就变成了多个单表密码，使用统计分析方法可逐一破译。

由上述分析可知，破译多表密码的关键是确定加密周期。不难推知，如果加密周期非常大，破译就会非常困难。如二次世界大战中德国使用的 Enigma 密码机和美军使用的 M-209(也称海格林)密码机的加密周期都很长。不过 Enigma 密码机最终还是被破译，而且 Enigma 的破译对战争格局产生了决定性的影响。

3. Hill 密码

Hill 密码是数学家 Lester Hill 于 1929 年研制的，它也是一种多表密码，实际上它是仿射密码技术的特例。其基本加密思想是取 m 个连续的明文字母，并用 m 个密文字母代替。这种代替由 m 个线性方程决定，其中每个字符被分配一个数值(a=0，b=1，…，z=25)。解密时只需做一次逆变换即可。密钥就是变换矩阵。

若 $m=3$，该系统可以描述如下：

$$c_1 = k_{11} p_1 + k_{12} p_2 + k_{13} p_3 (\mathrm{mod}\ 26) \qquad (2-4)$$

$$c_2 = k_{21} p_1 + k_{22} p_2 + k_{23} p_3 (\mathrm{mod}\ 26) \qquad (2-5)$$

$$c_3 = k_{31} p_1 + k_{32} p_2 + k_{33} p_3 (\mathrm{mod}\ 26) \qquad (2-6)$$

这可以用列向量和矩阵表示为

$$\begin{bmatrix} c_1 \\ c_2 \\ c_3 \end{bmatrix} = \begin{bmatrix} k_{11} & k_{12} & k_{13} \\ k_{21} & k_{22} & k_{23} \\ k_{31} & k_{32} & k_{33} \end{bmatrix} \begin{bmatrix} p_1 \\ p_2 \\ p_3 \end{bmatrix} \qquad (2-7)$$

或

$$C = KP \qquad (2-8)$$

其中 C 和 P 是长度为 3 的列向量，分别表示明文和密文；K 是一个 3×3 矩阵，表示加密密钥。操作要执行模 26 运算。

例如，考虑明文为"keyworder"，使用的加密密钥为

$$K=\begin{bmatrix}6 & 11 & 8\\ 7 & 14 & 5\\ 10 & 16 & 21\end{bmatrix}$$

该明文的前三个字母被表示为向量(10 4 24)，运算结果为(296 246 668)(mod 26)=(10 12 18)=KMS。以这种方式继续运算下去，上述明文的密文为 KMSGTVQGB。

解密要求使用矩阵 K 的逆矩阵。利用线性代数知识可以很快计算出密钥的逆矩阵，显而易见，如果矩阵 K 的逆矩阵被应用于相应的密文，则其恢复为明文。

【例 2.8】　设英文字母 a，b，c，…，z 分别编码为 0，1，2，3，4，…，25。已知 Hill(希尔)密码中的明文分组长度为 2，密钥 K 是 Z_{26} 上的一个二阶可逆方阵，假设明文 friday 所对应的密文为 pacfku，试求密钥 K。

解：明文 friday 对应的编码为：5，17，8，3，0，24

密文 pacfku 对应的编码为：15，16，2，5，10，20

由于 $m=2$(分组长度)，所以可以设 K 为：

$$K=\begin{bmatrix}k_{11} & k_{12}\\ k_{21} & k_{22}\end{bmatrix}$$

明文：$P=\begin{bmatrix}5 & 17\\ 8 & 3\\ 0 & 24\end{bmatrix}$；　密文：$C=\begin{bmatrix}15 & 16\\ 2 & 5\\ 10 & 20\end{bmatrix}$

于是有：

$$C=\begin{bmatrix}15 & 16\\ 2 & 5\\ 10 & 20\end{bmatrix}=\begin{bmatrix}5 & 17\\ 8 & 3\\ 0 & 24\end{bmatrix}\times\begin{bmatrix}k_{11} & k_{12}\\ k_{21} & k_{22}\end{bmatrix}\bmod 26(因为 C=PK \bmod 26)$$

则有：

$$\begin{cases}(5k_{11}+17k_{21})\bmod 26=15\\ (5k_{12}+17k_{22})\bmod 26=16\\ (8k_{11}+3k_{21})\bmod 26=2\\ (8k_{12}+3k_{22})\bmod 26=5\\ 24k_{21}\bmod 26=10\\ 24k_{22}\bmod 26=20\end{cases}\Rightarrow\begin{cases}k_{11}=7\\ k_{12}=19\\ k_{21}=8\\ k_{22}=3\end{cases}$$

所以密钥 K 为：

$$K=\begin{bmatrix}7 & 9\\ 8 & 3\end{bmatrix}$$

与 Playfair 算法相比，Hill 密码的强度在于完全隐藏了单字母的频率。对于 Hill 密码，使用较大的矩阵可隐藏更多的频率信息，因此一个 3×3 的 Hill 密码不仅隐藏了单个字母，而且也隐藏了两个字母的频率信息。

尽管 Hill 密码能够对抗仅有密文攻击的强度较高，但它容易被已知明文攻击所攻破。

4. Vernam(弗纳姆)密码技术

1917 年美国电话电报公司的 Gilbert Vernam 为电报通信设计了一种十分方便的密码技术，后来称之为 Vernam 密码技术，它是一种代数密码技术。其加密方法是，将明文和密钥分别表示成二进制序列，再把它们按位进行模 2 加法。

设明文 $m = m_1 m_2 \cdots$，密钥 $k = k_1 k_2 \cdots$，其中 $m_i, k_i \in GF(2)$，$i \geqslant 1$，则密文 $c = c_1 c_2 \cdots$，其中 $c_i = m_i \oplus k_i$。这里 $\oplus$ 为模 2 加法。

由模 2 加法的性质可知，Vernam 密码技术的解密方法和加密时一样，只是将明文和密文的位置调换一下：$m_i = c_i \oplus k_i$。

为了增强 Vernam 密码技术的安全性，应该避免密钥的重复使用。假设我们可以做到：密钥是真正的随机序列；密钥的长度大于或等于明文的长度；一个密钥只使用一次。那么 Vernam 密码技术是经得起攻击的考验的。

2.2.3　换位密码

换位就是重新排列消息中的字母，以便打破密文的结构特性，即它交换的不再是字符本身，而是字符被书写的位置。

一种换位的处理方法是：将明文按行写在一张格纸上，然后再按列的方式读出结果，即为密文。为了增加变换的复杂性，可以设定读出列的不同次序(该次序即为算法的密钥)。

【例 2.9】 明文为 cryptography is an applied science。假设密钥是 creny。

根据密钥中字母在英文字母表中的出现次序可确定为：14235。将明文按照密钥的长度逐行列出，如表 2-8 所示。然后依照密钥决定的次序按列依次读出，因此密文为：cohnii yripdn paspsc rgyaee tpalce。

表 2-8　换 位 表

1	4	2	3	5
1	4	2	3	5
c	r	y	p	t
o	g	r	a	p
h	y	i	s	a
n	a	p	p	l
i	e	d	s	c
i	e	n	c	e

在换位密码中，明文的字母相同，但出现的顺序被打乱了，经过多步换位会进一步打乱字母顺序。但由于密文字符与明文字符相同，密文中字母的出现频率与明文中字母的出现频率相同，密码分析者可以很容易地辨别。如果将换位密码与其他密码技术结合，则可以得出十分有效的密码编码方案。

2.2.4　序列密码技术

序列密码技术也称为流密码技术(也属于对称密码技术，实际上是对称密码技术的一种特殊情况)，起源于 20 世纪 20 年代的 Vernam 密码技术(前面已经介绍过)。当 Vernam 密码技术中的密钥序列为随机的"0，1"序列时，它就是"一次一密"的密码技术。仙农(Shannon)已经证明"一次一密"的密码技术在理论上是不可破译的。由于随机的密钥序列的产生、存储以及分配等方面都存在一定的困难，Vernam 密码技术在当时没有得到广泛的应用。随着电子技术和数学理论的发展与完善，基于伪随机序列的序列密码技术得到了进一步的发展和应用。目前，序列密码技术是世界各国的军事和外交等领域中的主要密码技术之一。

序列密码技术是将明文信息 m 看成连续的比特流(或字符流)$m_1 m_2 \cdots$，在发送端用密钥序列产生器产生的密钥序列 $k_1k_2\cdots$，对明文中的 m_i 进行加密（见图 2-2），即：$E_k(m) = E_{k_1}E_{k_2}(m_1)(m_2)\cdots$。在开始工作时，种子密钥 k 对密钥序列产生器进行初始化。k_i、m_i 均为 1 个比特（或一个字符），按照模 2 加进行运算，得 $c_i = E_{k_i}(m_i) = m_i \oplus k_i$；在接收端，对 c_i 进行解密，解密算法为：$D_{k_i}(c_i) = c_i \oplus k_i = (m_i \oplus k_i) \oplus k_i = m_i$。

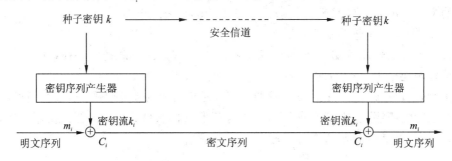

图 2-2　序列密码技术原理图

序列密码技术的保密性取决于密钥的随机性。如果密钥序列是真正的随机数，则在理论上是不可破解的。问题在于这种密码技术需要的密钥量大得惊人，在实际应用中很难满足需要。目前人们常用伪随机序列作为密钥序列，但要求序列的周期足够长（$10^{10} \sim 10^{50}$），随机性要好，才能保证其安全性。

序列密码的典型代表有 A5 和 SEAL 等。由于对序列密码技术的介绍所需要的基础理论知识要求比较高，本书不再做进一步的讨论。有兴趣的读者可以参考相关文献。

2.3　现代密码体制的分类及一般模型

通过前面的介绍可以知道，传统信息加密的基本方法可分为代替和换位两种，实际的算法通常是这两种方法的组合运用。换位法改变明文内容元素的相对位置，但保持内容的表现形式不变。代替法改变明文内容的表现形式，但内容元素之间的相对位置保持不变。

从单表代替密码、多表代替密码和换位密码等古典密码体制到现代密码体制，通信安全保密研究围绕寻找更强、更好的密码体制而不断向前发展。现行的密码算法主要包括序列密码、分组密码、公钥密码、散列函数等。现代加密技术可分为三类：对称加密、非对称加密（也称为公开密钥加密）、消息摘要技术。

由于因特网存在泄密危险，而且这种危险是 TCP/IP 协议所固有的，一些基于 TCP/IP 的服务也是极不安全的，为了使因特网变得安全和充分利用其商业价值，人们选择了数据加密和基于加密技术的身份认证，因此，密码学变得越来越重要。

目前，加密算法是非常多的，如 3DES、AES、Blowfish、IDEA、RC5、RC6、D-H、RSA、ECC、SMS4 等，这些加密算法通常是公开的，也有少数几种加密算法是不公开的。对于公开的加密算法，尽管大家都知道加密方法，但对密文进行解码必须要有正确的密钥，而密钥是保密的。在保密密钥中，加密者和解密者使用相同的密钥，这种技术称为对称加密。这种加密算法的问题是，用户必须让接收人知道自己所使用的密钥，这个密钥需要双方共同保密，任何一方的失误都会导致机密的泄露，而且在告诉收件人密钥的过程中，还需要防止任何人发现或偷听密钥。而公用/私有密钥与单独的密钥不同，它使用相互关联的一对密钥，一个是公用密钥，任何人都可以知道，另一个是私有密钥，只有拥有该对密钥的人知道。如果有人发信给这个人，他就用收信人的公用密钥对信件进行加密，当收件人收到信后，他就可以用他的私有密钥进行解密，而且只有他持有的私有密钥可以解密。这种加密方式的好处显而易见。私有密钥只有一个人持有，也就更加容易进行保密，因为不需在网络上传送私人密钥，也就不用担心别人在认证会话初期截获密钥。这种技术称为非对称加密，它有下面几个特点：

(1) 公用密钥和私有密钥是两个相互关联的密钥；

(2) 公用密钥加密的文件只有私有密钥能解开；

(3) 私有密钥加密的文件只有公用密钥能解开。

消息摘要技术是一种防止信息被改动的方法，其中用到的函数叫摘要函数。这些函数的输入可以是任意大小的消息，而输出是一个固定长度的摘要。摘要有这样一个性质：如果改变了输入消息中的任何内容，即使只有一位，输出的摘要将会发生不可预测的改变，也就是说输入消息的每一位对输出摘要都有影响。总之，摘要算法从给定的文本块中产生一个数字指纹（Fingerprint 或 Message Digest），对数字指纹用私有密钥加密，就成为数字签名，数字签名可以用于防止有人从一个签名上获取文本信息或改变文本信息内容。

2.3.1　对称密码体制

对称密码（Symmetric Encryption）体制也称为秘密密钥密码体制、单密钥密码体制或常规密码体制，其模型如图 2-3 所示。如果一个密码算法的加密密钥和解密密钥相同，或由其中一个很容易推导出另一个，该算法就是对称密码算法。对称密码根据加密模式又可分为分组密码和序列密码。分组密码的典型算法有 DES、3DES、IDEA、AES、SKIPJACK、Blowfish、RC2 和 RC5 等，分组密码是目前在商业领域比较重要和使用较多的密码，广泛用于信息的保密传输和加密存储；序列密码的典型算法有 RC4、SEAL、A5 等，序列密码多用于流式数据的加密，特别是对实时性要求比较高的语音和视频流的加密传输。对称密码体制的基本元素包括原始的明文、加密算法、密钥、解密算法、密文及攻击者。

图 2-3　对称密码模型

发送方的明文消息 $P=[P_1, P_2, \cdots, P_M]$，$P$ 的 M 个元素是某个语言集中的字母，如 26 个英文字母，现在最常见的是二进制字母表$\{0, 1\}$中元素组成的二进制串。加密之前先生成一个形如 $K=[K_1, K_2, \cdots, K_J]$ 的密钥作为密码变换的输入参数之一。该密钥或者由消息发送方生成，然后通过安全的渠道送到接收方；或者由可信的第三方生成，然后通过安全渠道分发给发送方和接收方。

发送方通过加密算法根据输入的消息 P 和密钥 K 生成密文 $C=[C_1, C_2, \cdots, C_N]$，即

$$C=E_K(P) \tag{2-9}$$

接收方通过解密算法根据输入的密文 C 和密钥 K 恢复明文 $P=[P_1, P_2, \cdots, P_M]$，即

$$P=E_K(C) \tag{2-10}$$

一个攻击者（密码分析者）能基于不安全的公开信道观察密文 C，但不能接触到明文 P 或密钥 K，他可以试图恢复明文 P 或密钥 K。假定他知道加密算法 E 和解密算法 D，只对当前这个特定的消息感兴趣，则努力的焦点是通过产生一个明文的估计值 P' 来恢复明文 P。如果他也对读取未来的消息感兴趣，就需要试图通过产生一个密钥的估计值 K' 来恢复密钥 K，这是一个密码分析的过程。

对称密码体制的安全性主要取决于两个因素：

（1）加密算法必须足够安全，使得不必为算法保密，仅根据密文就能破译出消息是计算上不可行的。

（2）密钥的安全性，密钥必须保密并保证有足够大的密钥空间。对称密码体制要求基于密文和加密/解密算法的知识能破译出消息的做法是计算上不可行的。

对称密码算法的优、缺点：

（1）优点：加密、解密处理速度快、保密度高等。

（2）缺点：

① 密钥是保证通信安全的关键，发信方必须安全、妥善地把密钥护送到收信方，不能泄露其内容，如何才能把密钥安全地送到收信方，是对称密码算法的突出问题。对称密码算法的密钥分发过程十分复杂，所花代价高。

② 多人通信时密钥组合的数量会出现爆炸性膨胀，使密钥分发更加复杂化，N 个端用户进行两两通信，总共需要的密钥数为 $N(N-1)/2$ 个。

③ 通信双方必须统一密钥，才能发送保密的信息。如果发信者与收信人素不相识，就无法向对方发送秘密信息了。

④ 除了密钥管理与分发问题，对称密码算法还存在数字签名困难问题（通信双方拥有同样的消息，接收方可以伪造签名，发送方也可以否认发送过某消息）。

1. DES 算法

DES 算法是最知名的对称密码算法之一，它是由美国国家标准局研究的计算机系统的数据加密标准，以 64 位为分组对数据加密。64 位一组的明文从算法的一端输入，64 位的密文从另一端输出。DES 是一个对称算法：加密和解密用的是同一算法。密钥的长度为 56 位。密钥可以是任意的 56 位的数，且可在任意的时候改变。其中极少量的数被认为是弱密钥，但能容易地避开它们。所有的保密性依赖于密钥。

DES 对 64 位的明文分组进行操作。通过一个初始置换，将明文分组分成左半部分和右半部分，各 32 位长。然后进行 16 轮完全相同的运算，这些运算被称为函数 f，在运算过程中数据与密钥结合。经过 16 轮后，左、右半部分合在一起，经过一个末置换（初始置换的逆置换），这样该算法就完成了，如图 2-4 所示。

1）DES 算法特点

（1）分组加密算法。以 64 位为分组。64 位一组的明文从算法一端输入，64 位密文从

图 2-4　DES 算法流程

（流程图文字：）

64位明文 → 初始置换IP → 乘积变换 → 初始置换IP⁻¹ → 64位密文

另一端输出。

（2）对称算法。加密和解密用同一密钥。

（3）有效密钥长度为 56 位。密钥通常表示为 64 位数，但每个第 8 位用作奇偶校验，可以忽略。

（4）代替和置换。DES 算法是两种加密技术的组合：先代替后置换。

（5）易于实现。DES 算法只是使用了标准的算术和逻辑运算，用 20 世纪 70 年代末期的硬件技术很容易实现。

算法的重复特性使得它可以非常理想地在一个专用芯片中实现。

2）DES 算法的具体过程

（1）输入 64 位明文数据，并进行初始置换 IP。

（2）在初始置换 IP 后，明文组再被分为左、右两部分，每部分 32 位，以 L_0，R_0 表示。

（3）在密钥的控制下，经过 16 轮运算（f）。

（4）16 轮后，左、右两部分交换，并连接在一起。

（5）进行末置换（初始置换的逆置换）。

（6）输出 64 位密文。

DES 算法的具体过程如图 2-5 所示。

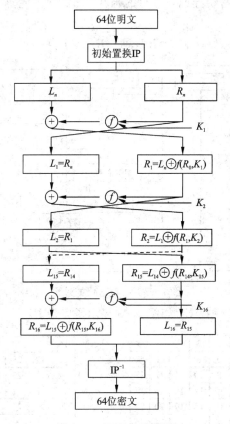

图 2-5　DES 加密过程

该算法首先在一个初始置换 IP 后，明文组被分成右半部分和左半部分，每部分 32 位。初始置换 IP 如图 2-6 所示。

58	50	42	34	26	18	10	2
60	52	44	36	28	20	12	4
62	54	46	38	30	22	14	6
64	56	48	40	32	24	16	8
57	49	41	33	25	17	9	1
59	51	43	35	27	19	11	3
61	53	45	37	29	21	13	5
63	55	47	39	31	23	15	7

图 2-6　初始置换 IP

初始置换 IP 的目的是打乱原来的明文的 ASCII 码的划分关系，并将原来的明文的第 8，16，…，64 位(校验码)变成 IP 的输出的一个字节。

明文组被分成右半部分和左半部分后，以 L_0 和 R_0 表示，R_0 经过一个扩展变换 E，变成 48 位记为 $E(R_0)$，然后 $E(R_0) \oplus K_1$，接着对 $E(R_0) \oplus K_1$ 实施 S 变换，每个 S 变换有 6 个输入，4 个输出，由于 S 变换的输入有 48 位，所以输出有 32 位，最后再对结果进行置换 P 的变化，即 P 盒置换，这样就完成了一轮迭代。如图 2-7 显示了一轮迭代的过程，假设 B_i 是第 i 次迭代的结果，L_i 和 R_i 是 B_i 的左半部分和右半部分，K_i 是第 i 轮的 48 位密钥，且 f 是实现代替、置换及密钥异或等运算的函数，那么每一轮算法表达式是

$$L_i = R_{i-1} \qquad (2-11)$$
$$R_i = L_{i-1} \oplus f(R_{i-1}, K_i) \qquad (2-12)$$

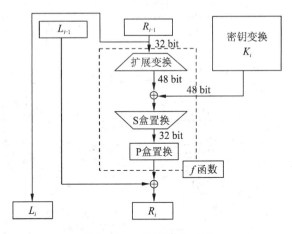

图 2-7　一轮迭代的过程

如图 2-8 显示了扩展变换 E，如图 2-9 显示了置换 P。

32	1	2	3	4	5
4	5	6	7	8	9
8	9	10	11	12	13
12	13	14	15	16	17
16	17	18	19	20	21
20	21	22	23	24	25
24	25	26	27	28	29
28	29	30	31	32	1

图 2-8　扩展变换 E

16	7	20	21
29	12	28	17
1	15	23	26
5	18	31	10
2	8	24	14
32	27	3	9
19	13	30	6
22	11	4	25

图 2-9　置换 P

　　在每一轮中，密钥位移位，然后再从密钥的 56 位中选出 48 位。通过一个扩展置换将数据的右半部分扩展成 48 位，并通过一个异或操作与 48 位密钥结合，通过 8 个 S 盒将这 48 位替代成新的 32 位数据，再将其置换一次。这四步运算构成了函数 f。然后，通过另一个异或运算，函数 f 的输出与左半部分结合，其结果即成为新的右半部分，原来的右半部分成为新的左半部分。将该操作重复 16 次，便实现了 DES 的 16 轮运算。

　　经过 16 轮迭代的乘积变换再经过一个初始逆置换 IP^{-1} 运算形成密文，算法结束。初始逆置换 IP^{-1} 如图 2-10 所示。

40	8	48	16	56	24	64	32
39	7	47	15	55	23	63	31
38	6	46	14	54	22	62	30
37	5	45	13	53	21	61	29
36	4	44	12	52	20	60	28
35	3	43	11	51	19	59	27
34	2	42	10	50	18	58	26
33	1	41	9	49	17	57	25

图 2-10　初始逆置换 IP^{-1}

　　在 DES 算法中，S 置换非常关键，因为它是一个非线性置换，所以该置换是整个算法的安全关键环节。在每次 S 置换中，有 8 个 S 盒，每个 S 盒有 6 个输入、4 个输出，这样完成 48 位输入，32 位输出的置换。每个 S 盒可用一个 4×16 的矩阵或数表表示，8 个 S 盒的表示如表 2-9 所示。

表 2-9　S 盒(S - Boxes)

列	行 0	1	2	3	4	5	6	7	8	9	10	11	12	13	14	15	
0	14	4	13	1	2	15	11	8	3	10	6	12	5	9	0	7	
1	0	15	7	4	14	2	13	1	10	6	12	11	9	5	3	8	S_1
2	4	1	14	8	13	6	2	11	15	12	9	7	3	10	5	0	
3	15	12	8	2	4	9	1	7	5	11	3	14	10	0	6	13	
0	15	1	8	14	6	11	3	4	9	7	2	13	12	0	5	10	
1	3	13	4	7	15	2	8	14	12	0	1	10	6	9	11	5	S_2
2	0	14	7	11	10	4	13	1	5	8	12	6	9	3	2	15	
3	13	8	10	1	3	15	4	2	11	6	7	12	0	5	14	9	
0	10	0	9	14	6	3	15	5	1	13	12	7	11	4	2	8	
1	13	7	0	9	3	4	6	10	2	8	5	14	12	11	15	1	S_3
2	13	6	4	9	8	15	3	0	11	1	2	12	5	10	14	7	
3	1	10	13	0	6	9	8	7	4	15	14	3	11	5	2	12	
0	7	13	14	3	0	6	9	10	1	2	8	5	11	12	4	15	
1	13	8	11	5	6	15	0	3	4	7	2	12	1	10	14	9	S_4
2	10	6	9	0	12	11	7	13	15	1	3	14	5	2	8	4	
3	3	15	0	6	10	1	13	8	9	4	5	11	12	7	2	14	

行																	
列	0	1	2	3	4	5	6	7	8	9	10	11	12	13	14	15	
0	2	12	4	1	7	10	11	6	8	5	3	15	13	0	14	9	
1	14	11	2	12	4	7	13	1	5	0	15	10	3	9	8	6	S_5
2	4	2	1	11	10	13	7	8	15	9	12	5	6	3	0	14	
3	11	8	12	7	1	14	2	13	6	15	0	9	10	4	5	3	
0	12	1	10	15	9	2	6	8	0	13	3	4	14	7	5	11	
1	10	15	4	2	7	12	9	5	6	1	13	14	0	11	3	8	S_6
2	9	14	15	5	2	8	12	3	7	0	4	10	1	13	11	6	
3	4	3	2	12	9	5	15	10	11	14	1	7	6	0	8	13	
0	4	11	2	14	15	0	8	13	3	12	9	7	5	10	6	1	
1	13	0	11	7	4	9	1	10	14	3	5	12	2	15	8	6	S_7
2	1	4	11	13	12	3	7	14	10	15	6	8	0	5	9	2	
3	6	11	13	8	1	4	10	7	9	5	0	15	14	2	3	12	
0	13	2	8	4	6	15	11	1	10	9	3	14	5	0	12	7	
1	1	15	13	8	10	3	7	4	12	5	6	11	0	14	9	2	S_8
2	7	11	4	1	9	12	14	2	0	6	10	13	15	3	5	8	
3	2	1	14	7	4	10	8	13	15	12	9	0	3	5	6	11	

在 DES 算法中，每一轮迭代运算都使用了一个子密钥，子密钥是从用户输入的密钥产生的。事实上，DES 算法所接受的输入密钥 K 是长度为 64 位的比特串，其中 56 位是密钥，另外 8 位是奇偶校验位（以检验密钥是否存在错误），输入密钥 K 的第 8、16、24、32、40、48、56、64 位为奇偶校验位（每个字节的最后一位），这些位的值使得每个字恰好包含了奇数个 1，这样，如果输入密钥某个字节存在一个错误，奇偶校验位可以检查到这些错误。下面描述子密钥的生成过程：

如图 2-11 所示，输入的密钥 K 首先经过一个置换（称为置换选择 1(PC-1，Permutation Choice 的缩写))，进行重新排列。置换的结果（56 位）被当成两个 28 位的量 C_0 和 D_0，其中 C_0 是置换结果的前 28 位，而 D_0 是后 28 位。

注意：在 PC-1 中不出现最后第 8、16、24、32、40、48、56、64 位，是因为 64 位密钥 K 在经过 PC-1 后，奇偶校验位被删除掉而仅保留有效的 56 位密钥（PC-1 如图 2-12 所示）。它与我们前面所述的 IP 置换含义相似，例如置换结果 C_0 的第 7 位是输入密钥 K 的第 9 位，而置换结果的 D_0 的第 10 位是输入密钥的第 54 位。

在计算第 i 轮迭代所需的子密钥时，首先对 C_{i-1} 和 D_{i-1} 进行循环左移，分别得到 C_i 与 D_i。循环的次数取决于 i 的值，如果 $i=1,2,9$ 和 16，左移循环的次数等于 1，否则循环 2 次，这些经过循环移位的值作为下一次循环的输入。然后将以 $C_i D_i$ 作为另外一个由 DES 算法固定置换选择（称为置换选择 2，PC-2）的输入，所得到的置换结果即为第 i 次迭代所需的子密钥 K_i。PC-2 从 56 位的输入（即 $C_i D_i$）中选出 48 位进行输出，图 2-13 即为 PC-2 的详细情况。

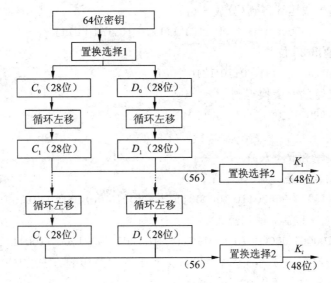

图 2-11　子密钥产生的流程

57	49	41	33	25	17	9
1	58	50	42	34	26	18
10	2	59	51	43	35	27
19	11	3	60	52	44	36
63	55	47	39	31	23	15
7	62	54	46	38	30	22
14	6	61	53	45	37	29
21	13	5	28	20	12	4

图 2-12　密钥置换 PC-1

14	17	11	24	1	5
3	28	15	6	21	10
23	19	12	4	26	8
16	7	27	20	13	2
41	52	31	37	47	55
30	40	51	45	33	48
44	49	39	56	34	53
46	42	50	36	29	32

图 2-13　密钥置换 PC-2

从以上说明可以得知，DES 算法大致可以分为三个部分：初始置换、迭代过程、逆置换。迭代过程又分为：密钥置换、扩展置换、S 盒代替、P 盒置换。

【例 2.10】 已知明文 $m=$ computer，密钥 $K=$ program，用 ASCII 码表示为

$m=$ 01100011 01101111 01101101 01110000 01110101 01110100 01100101 01110010

$K=$ 01110000 01110010 01101111 01100111 01110010 01100001 01101101

因为 K 只有 56 位，必须插入第 8，16，24，32，40，48，56，64 位奇偶校验位，合成 64 位。而这 8 位对加密过程没有影响。

m 经过 IP 置换后得到

$L_0=$ 11111111　　　10111000　　　01110110　　　01010111

$R_0=$ 00000000　　　11111111　　　00000110　　　10000011

密钥 k 通过 PC-1 得到

$C_0=$ 11101100　　　10011001　　　00011011　　　1011

$D_0=$ 10110100　　　01011000　　　10001110　　　0111

再各自左移一位，通过 PC-2 得到 48 位

$k_1=$ 00111101 10001111 11001101 00110111 00111111 01001000

R_0（32 位）经 E 作用膨胀为 48 位

100000 000001 011111 111110 100000 001101 010000 000110

再和 K_1 进行异或运算得到(分成 8 组)

101111 011001 100000 110011 101101 111110 101101 001110

通过 S 盒后输出 32 位

0111 0110 1101 0100 0010 0110 1010 0001

S 盒的输出又经过 P 置换得到

01000100 00100001 10011111 10011011

这时：$L_1 = R_0$

$\qquad R_1 = L_0 \oplus f(R_0, K_1)$

第一次迭代的结果是：

00000000 11111111 00000110 10000011 10111011 10011001 11101001 11001100

如此，迭代 16 次以后，得到密文：

00100100 01100001 00000010 10011011 01011001 10001000 11001111 10110100

明文或密钥每改变一位，都会对结果密文产生巨大的影响。任意改变一位，其结果大致有将近一半的位发生了变化。

在经过所有的代替、置换、异或和循环移动之后，获得了这样一个非常有用的结论，即加密和解密可使用相同的算法。

DES 使得用相同的函数来加密或解密每个分组成为可能，二者的唯一不同之处是密钥的次序相反。这就是说，如果各轮的加密密钥分别是 K_1，K_2，K_3，…，K_{16}，那么解密密钥就是 K_{16}，K_{15}，K_{14}，…，K_1。为各轮产生密钥的算法也是循环的。密钥向右移动，每次移动个数为 1，1，2，2，2，2，2，2，1，2，2，2，2，2，2，1。

3）DES 解密算法

DES 的解密算法与其加密算法过程相同。DES 算法确实使用了相同的算法完成了加密和解密，两者的不同之处在于解密时，子密钥 k_i 的使用顺序与加密时相反，如果子密钥为 k_1，k_2，…，k_{16}，那么解密时子密钥的使用顺序为 k_{16}，k_{15}，…，k_1，即使用 DES 解密算法进行解密时，将以 64 位密文作为输入，第 1 次迭代运算使用子密钥 k_{16}，第 2 次迭代运算使用子密钥 k_{15}，…，第 16 次迭代使用子密钥 k_1，其他的运算与加密算法相同。这样，最后输出的便是 64 位明文。

4）DES 的工作模式

DES 的工作模式由 FIPS PUB74 和 FIPS PUB81 定义，共有四种：电子密码本模式 ECB(Electronics Code Book)、密文分组链接模式 CBC(Cipher Block Chaining)、密文反馈模式 CFB(Cipher Feedback)、输出反馈模式 OFB(Output Feedback)。在 ANSI 银行标准中规定：加密用 ECB 和 CBC 模式，而鉴别用 CBC 和 OFB 模式。当前虽然 DES 已经面临严峻的问题(对 DES 的成功攻击屡见报道)，但为了提高 DES 的安全性，并充分利用现有的软、硬件资源，人们已设计开发了 DES 的多种变异版本，例如多重 DES(使用多个密钥利用 DES 对明文进行多次加密。使用多重 DES 可以增加密钥量，从而大大提高对密钥穷举搜索的攻击能力)、DES-S 盒变异(通过替换或改变 DES 的 S 盒来实现 DES，可以消除 DES 陷门的可能)、DESX(RSA 公司提出的 DES 的变种，它除了 56 比特的密钥外，还用 4 比特的随机密钥，DES 第一次迭代之前与明文异或，再将 64 比特密钥通过一个 Hash 函数变为 120 比特的 DES 密钥，并与最后一次迭代的输出异或。其目的是掩盖输入、输出。已经证明 DESX 具有更强的抗穷举攻击、抗差分和线性分析等能力)、独立子密钥 DES(应用 16 个独立的密钥代替每一次迭代变换中的子密钥,扩展密钥空间的容量达到 2768)、GDES(Generalized DES,是为了提高 DES 的速度及算法的强度而设计的,分组长度增加了,但总的计算量保持不变)、RDES(是在每一次迭代结束时用相关的密钥交换取代左右两部分交换的一种变型。这种交换是固定的,只依赖于密钥,15 个相关密钥的交换可产生 215 个可能的密钥)、snDES(是 Kwangjo Kim 领导的韩国研究小组为了尝试寻找一组 S 盒,使其具有抗线性和差分分析的最优性能而设计的)和 CRYPT(3)(应用在 UNIX 系统上的 DES 变种)等。

2. 三重 DES

DES 的最大缺陷就是密钥长度较短。解决密钥长度问题的办法之一是采用三重 DES。三重 DES 方法需要执行三次常规的 DES 加密步骤,但最常用的三重 DES 算法中仅仅用两个 56 位 DES 密钥。设这两个密钥为 K_1 和 K_2,其算法的步骤是:

(1) 用密钥 K_1 进行 DES 加密;

(2) 用步骤(1)的结果使用密钥 K_2 进行 DES 解密;

(3) 用步骤(2)的结果使用密钥 K_1 进行 DES 加密。

这个过程称为 EDE,因为它是由加密—解密—加密(Encrypt - Decrypt - Encrypt)步骤组成的。在 EDE 中,中间步骤是解密,所以,可以使 $K_1 = K_2$ 来用三重 DES 方法执行常规的 DES 加密。

三重 DES 算法扩展其密钥长度的一种方法,可使加密密钥长度扩展到 128 比特(112 比特有效)或 192 比特(168 比特有效)。由于增加了密钥的长度,因此也减小了破密的可能性。

3. IDEA(国际数据加密算法)

1990 年瑞士联邦技术学院的 Xuejia Lai(赖学嘉)和 James Massey 公布了第一版 IDEA (International Data Encryption Algorithm,国际数据加密算法),当时称为 PES(Proposed Encryption Standard,建议加密标准)。1991 年,Biham 和 Shamir 提出了差分密码分析之后,设计者为了抗击此攻击,增加了密码算法的强度,并提出了改进算法 IPES(Improved Prosed Encryption Standard,改进型建议加密标准)。1992 年,设计者又将 IPES 改为 IDEA。IDEA 是近年来提出的各种分组密码中很成功的算法之一,因为在目前该算法仍然是安全的,它已在 PGP(Pretty Good Privacy)中得到应用。

IDEA 算法中明文和密文的分组长度都是 64 位,密钥长 128 位,该算法既可用于加密,也可用于解密。设计原则采用的是基于"相异代数群上的混合运算"的设计思想,三个不同的代数群(异或、模 2^{16} 加和模 $2^{16}+1$ 乘)进行混合运算,所有这些运算(仅有运算,没有位的置换)都在 16 位子分组上进行,无论用硬件还是软件实现,都非常容易(对 16 位微处理器尤其有效)。

IDEA 的设计者在设计时已尽最大努力使该算法不受差分密码分析的影响,赖学嘉已证明 IDEA 算法在其 8 轮迭代的第 4 轮之后便不受差分密码分析的影响。IDEA 比同时代的算法如 FEAL、REDOC - II、LOKI、Snefru 和 Khafre 都要坚固,而且到目前为止几乎没有任何关于 IDEA 密码分析攻击法的成果案例发表,因此目前 IDEA 的攻击方法只有"直接攻击"或者"密钥穷举"法了。由于 IDEA 具有 128 位密钥长度的密钥空间,用十进制表示所有可能的密钥个数将是一个天文数字:340 282 366 920 938 463 463 374 607 431 768 211 456。为了试探出一个特定的密钥，一般来说平均要试探一半上面的可能性。那么即使设计一种每秒钟试探 10 亿个密钥的芯片，并将 10 亿片这样的芯片用于此项工作，仍需要 10^{13} 年才能解决问题。因此，从现在来看应当 IDEA 是非常安全的，而且它比 DES 在软件实现上快得多。

IDEA 设计原理与具体算法本书不再作讨论，有兴趣的读者可以查阅相关资料。

4. AES(高级加密标准)

1) AES(高级加密标准)产生的背景

20 世纪 70 年代中期美国人开创的 DES 可以说经历了漫长而辉煌的年代，并逐渐由繁荣走向衰落，它之所以走向衰落，是由于在 20 世纪末出现了差分密码分析及线性密码分析，使得破译 DES 成为可能。NIST 于 1997 年初发起并组织了在全世界范围内广泛征集新的加密标准算法的活动，同时要求每一种候选算法的分组长度为 128 位，应当支持 128、192 和 256 比特的密钥长度。经过了几年的反复较量，对首轮入选的 15 种不同算法，进行了广泛的评估与测试，筛选出 5 种算法(MARS、RC6、Rijndael、Serpent 和 Twofish)进入决赛。最终，由比利时的密码学专家 Joan Daemen(Proton World International 公司)及 Vincent Rijmen(Leuven 大学)所提出的加密算法 Rijndael(中文英译"荣代尔")赢得了胜利，成为了 21 世纪新的加密算法 AES(Advanced Encryption Standard)。当美国宣布这一最后的结果(2001 年 11 月 26 日，NIST 正式公布高级加密标准，并于 2002 年 5 月 26 日正式生效)时，出人意料，因为这是美国第一次将非美国公民提出的算法接受为密码标准算法，值得我们深思。目前，Rijndael 以其算法设计的简洁、高效、安全而令世人关注，相信它会在国际上得到广泛的应用。

但是，我们应该清楚自仙农(于 1949 年)发表"保密系统的通信理论"并确定密码学的科学体系以来，经过了 1/4 个世纪，Rivest Shamir 和 Adleman 于 1978 年提出 RSA 公开密钥算法，美国国家标准局(NBS)于 1977 年公布数据加密标准 DES。其后，由于差分攻击及线性攻击的出现，又经过了近 1/4 个世纪，出现了代替 DES 的新的高级加密标准——Rijndael。因此，我们应当相信 Rijndael 也不会是永恒的，也许经过若干年的研究会找出 Rijndael 致命的缺点，从而提出更安全的算法。

2) Rijndael 密码的设计原则

Rijndael 密码的设计力求满足以下三条标准：抗击目前已知的所有攻击；在多个平台上实现速度快，编码紧凑；设计简单。

Rijndael 中同样使用了迭代变换，但与大多数分组密码不同的是 Rijndael 没有使用 Feistel 结构。Rijndael 密码的迭代变换由三个不同的可逆变换组成，这三种不同的可逆变换提供抗线性密码分析和差分密码分析能力。同时在多轮迭代上实现了高度扩散(其中包括行移位变换与列混合变换，但它们都是线性变换)。非线性部分是由 16 个 S 盒并置而成，起到混淆的作用(这 16 个 S 盒取自有限域 GF(28)中的乘法逆运算，它是 Rijndael 密码中唯一的非线性变换)。每一轮迭代的子密钥(也称圈密钥)也是密码密钥中获得的，每一轮迭代中是把子密钥异或到中间状态上。

Rijndael 是一个迭代型的具有可变分组长度和可变密钥长度的分组密码，AES 设计要求中要求分组长度为 128 比特(而 Rijndael 支持 128、192 或 256 比特的分组长度)，因此，在 AES 规范中，对分组长度限定为 128。Rijndael 符合 AES 的要求(密钥长度可变)，但 Rijndael 支持的分组和密钥长度为 128 比特、192 比特和 256 比特，即 Rijndael 的分组长度和密钥长度是可变的。根据密钥长度的不同，分别称之为 AES－128、AES－192 和 AES－256。

AES 算法的安全性仍然在讨论当中，从目前的情况来看，Rijndael 尚无已知的安全性方面的攻击，算法似乎具有良好的安全性。目前对 AES 的讨论主要集中于 AES 似乎有些过分简单。因为除 S 盒外，Rijndael 算法几乎都是线性（变换）的，它的数学结构可能受到攻击。但是，也正是由于它的简单性，它能够被在 AES 开发期间进行详细的安全性分析。

由于 AES 的密钥长度是可变的，当进行穷举攻击时，穷举密钥的重尝试次数与密钥的长度有关：对于 128 比特的密钥，需尝试执行次数为 2^{127}（约为 1.7×10^{38}）；对于 192 比特的密钥，需尝试执行次数为 2^{191}（约为 3.1×10^{57}）；对于 256 比特的密钥，尝试执行次数为 2^{255}（约为 5.8×10^{76}）。因而相比之下，AES 算法比 DES 算法保密强度高。除此之外，AES 在设计时已经考虑到了差分攻击与线性攻击，因而可以很好地抵抗差分攻击与线性攻击。关于 AES 算法的安全问题，有兴趣的话可以查看 AES 的主页及相关资料。

关于 AES 的效率问题，在无论有无反馈模式的计算环境下，AES 在硬件、软件的实现上都表现出了良好的性能。AES 可以在包括 8 位和 64 位平台在内的各种平台及 DSP 上进行加密和解密。AES 算法的迭代变换与 S 盒完全是并行的。它这种固有的并行性便于有效使用处理器资源，因而密钥建立速度快。另外，AES 非常适合于硬件实现，但由于加密、解密过程使用了不同的代码和 S 盒，加密与解密只能共用部分电路。

有关 AES 算法及其加密过程本书不再作讨论，有兴趣的读者可以查阅相关资料。

此外，还有许多对称密码技术，例如：Lucifer、Madryga、NewDES、FEAL、REDOC、LOKI、Khufu、RC6、Blowfish、MMB、GOST、CAST、SAFER 等，在此不一一列举。

2.3.2　非对称密码体制

1. 公钥密码体制的提出

1976 年 Diffie 与 Hellman 在 IEEE 期刊提出划时代的公开密钥密码系统的概念，这个观念为密码学的研究开辟了一个新的方向，有效地解决了秘密密钥密码系统通讯双方密钥共享困难的问题，并引进了创新的数字签名的观念。非对称密码（Asymmetric Encryption）系统可为加/解密或数字签名系统，加密或签名验证密钥是公开的，称为公钥（public key），解密或签名产生密钥是秘密的，称为私钥（private key），因为公钥与私钥不同，且公钥与私钥必须存在成对（key pair）与唯一对应的数学关系，使得由公钥去推导私钥在计算上不可行，因此非对称密码系统又称为公开密钥系统或双钥系统，模型如图 2－14 所示。公钥密码体制的公钥密码算法是基于数学问题求解的困难性而提出的算法，而不是基于替代和换位方法。

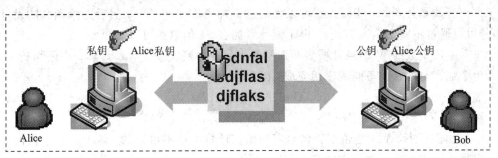

图 2－14　非对称密码模型

公钥密码体制的产生主要基于以下两个原因：一是为了解决常规密钥密码体制的密钥管理与分配的问题；二是为了满足对数字签名的需求。因此，公钥密码体制在消息的保密性、密钥分配和认证领域有着重要的意义。

在公钥密码体制中，公钥是可以公开的信息，而私钥是需要保密的。加密算法 E 和解密算法 D 也都是公开的。用公钥对明文加密后，仅能用与之对应的私钥解密，才能恢复出明文，反之亦然。

公钥密码体制的优缺点如下所述：

(1) 优点：主要表现在如下三个方面：

① 网络中的每一个用户只需要保存自己的私钥，则 N 个用户仅需产生 N 对密钥。密钥少，便于管理。

② 密钥分配简单，不需要秘密的通道和复杂的协议来传送密钥。公钥可基于公开的渠道(如密钥分发中心)分发给其他用户，而私钥则由用户自己保管。

③ 可以实现数字签名。

(2) 缺点：与对称密码体制相比，公钥密码体制的加密、解密处理速度较慢，同等安全强度下公钥密码体制的密钥位数要求多一些。

2. 公钥密码体制的基本原理

公钥密码的产生必须通过密钥分发中心 KDC(Key Distribution Center)。通过密钥分发中心为每个用户分发共享密钥(Master Key)，N 个用户，KDC 需分发 N 个 Master Key，两个用户间通信用会话密钥(Session Key)，所有用户必须信任 KDC，KDC 能解密用户间通信的内容。

公钥密码体制的加密算法是基于单向陷门函数。单向陷门函数是满足下列条件的函数 f：

(1) 给定 x，计算 $y = f(x)$ 是容易的；

(2) 给定 y，由 $x = f^{-1}(y)$ 计算出 x 是困难的(所谓计算 $x = f^{-1}(y)$ 困难是指计算上相当花时间，已无实际意义)；

(3) 存在 δ，已知 δ 时，对给定 δ 的任何 y，若相应的 x 存在，则计算 x 使 $y = f(x)$ 是容易的。

仅满足(1)、(2)两条的称为单向函数；第(3)条称为陷门性，δ 称为陷门信息。当用陷门函数 f 作为加密函数时，可将 f 公开，这相当于公开加密密钥。此时加密密钥便称为公钥，记为 PK。f 函数的设计者将 δ 保密，用作解密密钥，此时 δ 称为秘密密钥，记为 SK。由于加密函数是公开的，任何人都可以将信息 x 加密成 $y = f(x)$，然后送给函数的设计者(当然可以通过不安全信道传送)；由于设计者拥有 Sk 他自然可以解出 $x = f^{-1}(y)$。

单向陷门函数的第(2)条性质表明窃听者由截获的密文 $y = f(x)$ 计算 x 是不可行的。

由于加密与解密由不同的密钥完成，因此：

加密：　　　　　　　　　$X \rightarrow Y: Y = E_{PK}(X)$

解密：　　　　　$Y \rightarrow X: X = D_{KR}(Y) = D_{KR}(E_{PK}(X))$

知道加密算法，从加密密钥得到解密密钥在计算上是不可行的。两个密钥中任何一个都可以用作加密而另一个用作解密(不是必须的)。

$$X = D_{KR}(E_{PK}(X)) = E_{PK}(D_{KR}(X))$$

用公钥密码实现保密时，用户拥有自己的密钥对(PK，SK)，公钥 PK 公开，私钥 SK
保密：

$$A \rightarrow B: Y = E_{PK_B}(X)$$
$$B: D_{SK_B}(Y) = D_{SK_B}(E_{PK_B}(X)) = X$$

用公钥密码实现鉴别，需要一个条件：两个密钥中任何一个都可以用作加密而另一个
用作解密。

鉴别时：

$$A \rightarrow ALL: Y = D_{SK_A}(X)$$
$$ALL: E_{PK_A}(Y) = E_{PK_A}(D_{SK_A}(X)) = X$$

鉴别＋保密：

$$A \rightarrow B: Z = E_{PK_B}(D_{SK_A}(X))$$
$$B: E_{PK_A}(D_{SK_B}(Z)) = X$$

公钥算法的条件是：

(1) 产生一对密钥是计算可行的；

(2) 已知公钥和明文，产生密文是计算可行的；

(3) 接收方利用私钥来解密密文是计算可行的；

(4) 对于攻击者，利用公钥来推断私钥是计算不可行的；

(5) 对于攻击者，已知公钥和密文，恢复明文是计算不可行的；

(6) 加密和解密的顺序可交换(可选)。

公钥密码都是基于数学难题，常用的有：大整数分解问题(The Integer Factorization
Problem，RSA 体制)；背包问题(Merkle - Hellman，MH 背包公钥密码)；有限域的乘法
群上的离散对数问题(The Discrete Logarithm Problem，ElGamal 体制)；椭圆曲线上的离
散对数问题(The Elliptic Curve Discrete Logarithm Problem，类比的 ElGamal 体制)。

3. RSA 密码

1) RSA 公钥密码体制的数论基础

公钥加密与对称密钥加密相比，其优势在于不需要共享通用的密钥，私钥只有用户自
己知道，这样，只有公钥而无与之匹配的私钥，对入侵者没有任何用处。公钥加密体制的
另一个用处是身份验证，用私钥加密后意味着信息带有了加密者自身的特征，接收者由此
可知这条信息确实来自拥有私钥的一方。

RSA 算法是基于数论的。因此，我们在研究 RSA 算法之前，需要具备一定的数论知
识。以下是 RSA 用到的数学公式和定理：

(1) 数和互为素数。任何大于 1 的整数 a 能被因式分解为如下唯一形式：

$$a = p_1 \times p_2 \times \cdots (p_1, p_2, \cdots 为素数)$$

(2) 模运算：

$$[(a \bmod n) \times (b \bmod n)] \bmod n \equiv (a \times b) \bmod n$$

如果 $(a \times b) \equiv (a \times c) \bmod n$，且 a 与 n 互素，则

$$b \equiv c \bmod n$$

(3) 费马定理。如果 p 是素数，且 a 与 p 互素，则

$$a^{(p-1)} \equiv 1 \bmod p$$

另一形式：如果 p 是素数，a 是任意正整数，则

$$a^p \equiv a \bmod p$$

（4）欧拉（Euler）定理。欧拉函数 $\varphi(n)$ 表示小于 n 的且与 n 互素的正整数的个数。

当 n 是素数，则

$$\varphi(n) = n - 1$$

当 $n = pq$，且 p、q 均为素数，则

$$\varphi(n) = \varphi(p)\varphi(q) = (p-1)(q-1)$$

定理：对于任何互素的整数 a 和 n，有

$$a^{\varphi(n)} \equiv 1 \bmod n$$

RSA 公开密钥算法要求随机产生两个大素数（应超过 200 位），但目前还没有一个简单高效的方法可用来确定一个大数是否是素数，因此，在具体实现时，一般不是直接产生一个素数，而是先产生一个大的随机数，然后验证它是否素数。检验素数最简单的方法是试除法，用小于 n 的平方根以下的所有素数去除 n，若都除不尽，则 n 就是素数，否则为合数。这对于比较小的数来说还适用，若用 P4 的计算机编成程序计算，对于 10 位数，几乎瞬间即可完成，对于一个 20 位数，则需要 2 个小时，对于一个 50 位数就需要 100 年，而要检验一个 100 位数，需要的时间就猛增到 1036 年。

2）RSA 密钥的生成与使用

选取两个 512 bit 的随机素数 p、q，计算模 n 和 Euler 函数 $\varphi(n)$：

$$n = pq$$
$$\varphi(n) = (p-1)(q-1)$$

先选取数 e，根据 $ed \equiv 1 \bmod \varphi(n)$ 算法求数 d。将 (n, e) 参数公开作为公钥 pk；p，q，d 保密，(n, d) 作为私钥 sk。

RSA 加密：明文分组 m 作为整数需小于 n

$$c = m^e \bmod n$$

RSA 解密：$m = c^d \bmod n$

RSA 密码体制的实现流程图如图 2-15 所示。

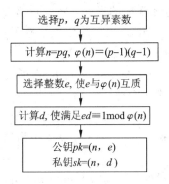

图 2-15　RSA 密码体制的流程

【例 2.11】 选 $p = 7$，$q = 17$，则

$$n = pq = 119$$
$$\varphi(n) = (p-1)(q-1) = 6 \times 16 = 96$$

取 $e=5$，则
$$d=77 \ (5\times77=385=4\times96+1\equiv1 \bmod 96)$$
则可得
$$公钥\ pk=(n,\ e)=(119,\ 5)$$
$$私钥\ sk=(n,\ d)=(119,\ 77)$$

加密过程：若 $m=19$，则
$$c=m^e \bmod n=19^5 \bmod 119 = 66 \bmod 119$$

解密 $c=66$，
$$m=c^d \bmod n=66^{77} \bmod 119=19 \bmod 119$$

【例 2.12】　取 $p=3$，$q=11$，则
$$n=pq=33$$
$$\varphi(n)=(p-1)(q-1)=2\times10=20$$

随机选取 e 使 e 与 $\varphi(n)$ 互质，取 $e=3$，则可以计算出
$$d=e^{-1} \bmod \varphi(n)$$
$$=3^{-1} \bmod 20=7$$

则可得
$$公钥\ pk=(n,\ e)=(33,\ 3)$$
$$私钥\ sk=(n,\ d)=(33,\ 7)$$

明码报文 P 的一个密文 C，则有 $C=P^3 \bmod 33$，若明文 $P=$“SUZANNE”，则加/解密过程如表 2-10 所示。

表 2-10　加/解密过程

加　密				解　密		
明文 P		密文 C		C^7	$C^7 \bmod 33$	字母
字母	序号	P^3	$P^3 \bmod 33$			
S	19	6859	28	13492928512	19	S
U	21	9261	21	1801088541	21	U
Z	26	17576	20	128000000	26	Z
A	01	1	1	1	1	A
N	14	2744	5	78125	14	N
N	14	2744	5	78125	14	N
E	05	125	26	8031810176	5	E

3）RSA 的安全性

RSA 的安全性基于分解大整数的困难性假定，之所以假定是因为至今还未能证明分解大整数就是 NP 问题，也许有尚未发现的多项式时间分解算法。如果 RSA 的模数 n 被成功地分解为 $p\times q$，则立即获得 $\varphi(n)=(p-1)(q-1)$，从而能够确定 e 模 $\varphi(n)$ 的乘法逆运算 d，即 $d=e^{-1} \bmod \varphi(n)$，因此攻击成功。是否有不通过分解大整数的其他攻击途径？已证明由 n 直接确定 $\varphi(n)$ 等价于对 n 的分解，由 e 和 n 直接确定 d 也不比分解 n 来得容易。

随着人类计算能力的不断提高，原来被认为是不可能分解的大数已被成功分解。例如 RSA-129（即 n 为 129 位的十进制数，大约 428 比特）在 1994 年由贝尔实验室 Lenstra 领

导的小组对其进行攻击。在分解时启用了 1600 台计算机, 耗时 8 个月。如果 Pentium100 分解 RSA - 129 需要 37 年, 100 台 Pentium100 需要 5 个月。RSA - 130 已于 1996 年 4 月被成功分解。

对于大整数的威胁除了人类的计算能力以外, 还来自分解算法的进一步改进。分解算法过去都采用二次筛选法, 如 RSA - 129 的分解。而对 RSA - 130 的分解则采用了一个新算法, 称为推广的数域筛选法, 该算法在分解 RSA - 130 时所做的计算仅比分解 RSA - 129 多 10% 左右。将来也可能还有更好的分解法, 因此在使用 RSA 算法时对其密钥的选取要特别注意其大小。在当前商业应用中, 一般认为 RSA - 155(约为 512 比特)是安全的。估计在未来一段比较长的时期, 密钥长度介于 1024 比特至 2048 比特之间的 RSA 是安全的。

为了保证 RSA 算法的安全性, p 和 q 的选择时需注意:

· p 和 q 的长度相差不要太大。

· $p-1$ 和 $q-1$ 都应为大数因子。

· $\gcd(p-1, q-1)$ 的值应较小。

此外, 研究结果表明, 如果 $e < n$ 且 $d < n^{1/4}$, 则 d 能被较容易地确定。

4. Diffie - Hellman 密钥交换协议

Diffie - Hellman 密钥交换协议是美国斯坦福大学的 W. Diffie 和 M. E. Hellman 于 1976 年提出的, 它是第一个发表的公钥密码体制。严格说来, 它并不能完成信息的加/解密功能, 它可以用于网络环境下产生用户相互通信的密钥。

Diffie - Hellman 的安全性是基于 z_p 上的离散对数问题。设 p 是一个满足要求的大素数, 并且 $a(0 < a < p)$ 是循环群 z_p 的生成元, a 和 p 公开, 所有用户都可以得到 a 和 p。在两个用户 A 与 B 通信时, 它们可以通过如下步骤协商通信所使用的密钥:

· 用户 A 选取一个大的随机数 $r_A (0 \leqslant r_A \leqslant p-2)$, 计算: $S_A = a^{r_A} (\bmod\ p)$, 并且把 S_A 发送给用户 B。

· 用户 B 选取一个 m 随机数 $r_B (0 \leqslant r_B \leqslant p-2)$, 计算 $S_B = a^{r_B} (\bmod\ p)$, 并且把 S_B 发送给用户 A。

· 用户 A 计算 $k = S_B^{r_A} (\bmod\ p)$, 用户 B 计算 $k' = S_A^{r_B} (\bmod\ p)$。

由于: $k = S_B^{r_A} (\bmod\ p) = (a^{r_B} (\bmod\ p))^{r_A} (\bmod\ p) = a^{r_A r_B} (\bmod\ p) = S_A^{r_B} (\bmod\ p) = k'$, 这样通信双方得到共同的密钥 k, 就可以实现密钥交换了。

5. EIGamal 公钥密码技术

EIGamal 密码体制是 EIGamal. T 在 1985 年的一篇论文《A Public - Key Cryptosystem and a Signatures Scheme Based on Discrete Logarithm(一种基于离散对数的公钥密码体制和数字签名方案)》中提出的公钥密码技术。它的安全性是基于离散对数的难解性, 既可用于加密又可用于数字签名。到目前为止, 它仍是一个安全性能良好的公钥密码技术, 下面讨论其算法。

采用 EIGamal 体制的密码系统中, 所有的用户都共享一个素数 p 以及一个 z_p 的生成元 $a(0 < a < p)$。系统中的每一用户 u 都随机挑选一个整数 d, $1 \leqslant d \leqslant p-2$, 并计算: $\beta = a^d \bmod p$, 然后, 用户 u 公开 β 作为公开密钥并保存整数 d 作为自己的秘密密钥。

1) 加密算法

假设用户 A 想发送信息给 B, A 采用如下算法加密明文信息 m:

- 用户 A 将 x 编码成一个 0 到 $p-1$ 之间的整数，m 作为传输的明文（$m \in \{0, 1, \cdots,$ $p-1\}$）（这里的 m 是编码后的明文）。
- 用户 A 挑选一个随机数 $k(1 \leqslant k \leqslant p-2)$，并计算 $c_1 = a^k \pmod{p}$（k 需保密）。
- 用户 A 计算 $c_2 = m\beta^k \pmod{p}$（$\beta = a^d \bmod p$），其中 β 是 B 的公钥。
- 这样 $c = (c_1, c_2)$ 是密文，用户 A 把二元组 (c_1, c_2) 传送给 B。

2) 解密算法

用户 B 接收到二元组 (c_1, c_2) 后，计算 $c_2(c_1^d)^{-1} \pmod{p}$，其中 d 是 B 的秘密密钥。由于 $c_2(c_1^d)^{-1} \pmod{p} = (m\beta^k \pmod{p})((a^k \pmod{p})^d)^{-1} = m(\beta(a^d)^{-1})^k \pmod{p} = m$，这样用户 B 通过二元组 (c_1, c_2) 解密就得到了正确的明文 m。

实际上，ElGamal 最大的特点在于它的"非确定性"。由于密文依赖于加密过程中用户 A 所选取的随机数 k，所以加密相同的明文可能会产生不同的密文。ElGamal 还具有消息扩展因子，即对于每个明文，其密文由 2 个 z_p 上的元素组成。ElGamal 通过乘以 β^k 来掩盖明文 m，同样 a^k 也作为密文的一部分进行传送。因为正确的接收方知道解密密钥 d，他可以从 a^k 中计算得到 $(a^k)^d = (a^d)^k = \beta^k$，从而能够从 c_2 中"去除掩盖"而得到明文 m。

2.3.3 椭圆曲线密码算法

古老而深奥的椭圆曲线理论一直作为一门纯理论被少数科学家掌握，直到 1985 年 Neal Koblitz 和 Victor Miller 把椭圆曲线（Elliptic Curve）群引入公钥密码理论中，分别独立地提出了基于椭圆曲线的公钥密码体制 ECC（Elliptic Curve Cryptosystem），使椭圆曲线成为构造公钥密码体制的一个有力的工具，使得公钥密码理论和应用取得了突破性进展。

基于椭圆曲线密码体制的安全性依赖于由椭圆曲线群上的点构成的代数系统中的离散对数问题的难解性。这一问题自椭圆曲线密码体制提出后，就得到了世界上一流数学家的极大关注并进行了大量的研究，它与有限域上的离散对数问题或整数分解问题的情形不同，目前对椭圆曲线离散对数问题还没有一般的指数时间算法，至今已知的最好算法需要指数时间，这意味着用椭圆曲线来实现的密码体制可以用小一些的数来达到使用更大的有限域所获得的安全性。与其他公钥密码体制相比，椭圆曲线密码体制的优势在于：密钥长度大大减小（256 比特的 ECC 密钥就可以达到对称密钥 128 比特的安全水平，如表 2 - 11 所示），实现速度快等。这是因为随着计算机速度的加快，为达到特定安全级别所需的密钥长度增加，相比之下 RSA 及使用有限域的公钥密码体制要慢得多。

表 2 - 11　ECC 与其他密码算法的密钥长度对照表

ECC 的密钥长度/bit	其他密码算法的密钥长度/bit	
160	RSA/DSA	1024
211	RSA/DSA	2048
256	AES - Small	128
384	AES - Medium	192
521	AES - Large	256

随着理论探讨的逐步深入，ECC 引起了密码界的广泛关注，基于 EC 的密码体制也获

得了极大的发展，其安全性和优势得到了业界的认可和广泛应用。如电子商务协议 SET (Secure Electronic Transactions)的制定者已经把它作为下一代 SET 协议中缺省的公钥密码算法，ATM(Asynchronous Transaction Mode，异步传输模式)论坛技术委员会提出的 ATM 安全性规范中也支持 ECC；与此同时，许多标准化组织也着手制定 ECC 的相关标准，如 1998 年被确定为 ISO/IEC 数字签名标准 ISO14888‐3；1999 年 2 月 ECDSA(椭圆曲线数字签名算法)被 ANSI(美国国家标准协会)确定为数字签名标准 ANSI X9.62‐1998，ECDH(椭圆曲线 Diffie‐Hellman 体制)被确定为 ANSI X9.63；2000 年 2 月被确定为 IEEE 标准 IEEE1363‐2000，随后 NIST 确定其为联邦数字签名标准 FIPS186‐2。

基于 EC 的密码体制比基于大整数分解及基于离散对数的公钥体制更难于解决，它具有一套完整的理论，所需的数学知识也远远超出我们所掌握的数学基础。因此，本节只对基于 EC 的公钥密码体制作一些基础性介绍，更进一步的内容，读者可参阅有关文献资料。

1. 椭圆曲线(EC)上的基本运算

椭圆曲线(EC)并非椭圆，之所以称它为椭圆是因为它的曲线方程与计算椭圆周长的方程类似。一般，EC 的曲线方程由如下的三次方程确定：$y^2+a_1xy+a_2y=x^3+a_2x^3+a_4x+a_5$(EC 是关于 x 轴对称的)，其实这个方程可以通过坐标变换转化为如下形式：$y^2=x^3+ax+b$。

在密码学上，我们所关心的是有限域上的 EC，所有系数都是某一有限域 z_p(p 为一个大素数)的元素。下面看看有限域上椭圆曲线的定义：假设 p 是一个大于 3 的素数，有限域 z_p 上的椭圆曲线 $y^2=x^3+ax+b$ 是一个由无穷远点的特殊点 O 和满足同余方程 $y^2\equiv x^3+ax+b(\bmod p)$ 的点 $(x, y)\in z_p\times z_p$ 组成的集合 EC，其中 $(a, b)\in z_p$，$4a_3+27b_2\neq 0(\bmod p)$。EC 及其上面的点构成 Abel 群，记为 $E_p(a, b)$。

在 EC 上定义的加法运算如下：对于 $\forall p=(x_1, y_1)\in EC$，$Q=(x_1, y_2)\in EC$，$P+Q$ 的运算结果如下：

- $P+O=P$(O 为加法单位元，在 EC 上的一个无穷远点的特殊点也看作 O)。
- 若 $x_1=x_2$，$y_1=-y_2$，那么 $P+Q=O$(即为无穷远点)。
- 若不满足上一条件，则 $P+Q=(x_3, y_3)$。

其中，$\begin{cases} x_3=\lambda^2-x_1-x_2(\bmod p) \\ y_3=\lambda(x_1-x_3)-y_1(\bmod p) \end{cases}$，$\lambda=\begin{cases} \dfrac{y_2-y_1}{x_2-x_1}(\bmod p)，若 P\neq Q \\ \dfrac{3x_1^2+a}{2y_1}(\bmod p)，若 P=Q \end{cases}$。

下面对 EC 上的加法作一个详细的说明，如图 2‐16 所示。EC 上的加法具有以下的几何意义：若 EC 上的三个点处于一条线上，那么它的和为 O，具体来说：

(1) 若 $p_1=(x, y)$，$p_2=(x, -y)$，那么它们的连线与 x 轴垂直相交，并且与 EC 还相交于无穷远点 O，因此 $p_1+p_2+O=0$，即 $p_1+p_2=O$。

(2) 对具有不同 x 坐标的两个点 $P=(x_1, y_1)$

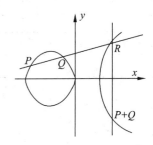

图 2‐16　EC 上的加法运算的几何解释

和 $Q=(x_2,y_2)$ 进行相加，它们的连线与 EC 交于点 $R=(x_3,y_3)$，那么 $P+Q+O=0$（定义 $P+Q$ 的值为 $(x_3,-y_3)$）。

（3）若对于一点 Q 加倍，通过点 Q 做曲线的切线，交曲线于另一交点 $S=(x_3,y_3)$，那么有 $Q+Q+S=O$（定义 $Q+Q$ 的值为 $(x_3,-y_3)$）。

很容易证明，EC 上的加法运算与上述几何解释是一致的。

2. EC 上的密码体制

1）EC 上的离散对数问题

EC 上的离散对数问题定义为：在已知点 p 与 np 的情况下，求解正整数 n 的值。与一般的 z_p 上的离散对数问题相比，定义在 EC 群上的加法运算对应于 z_p 上的模 p 乘法运算，而多次加法则对应于模 p 指数运算。目前虽然对于椭圆曲线的一些特定的例子（称为超奇异曲线），对椭圆曲线上的离散对数问题的计算可以得到一些有效的算法。但对于一般性的问题，椭圆曲线上的离散对数问题的求解还没有有效的算法。因此，在椭圆曲线阶数较大的循环子群（它既是 EC 的子群，同时又是一个循环群）中，其离散对数问题是难以处理的。

关于 EC 交换群的阶数问题，一个定义在 z_p（$p>3$ 的素数）上的 EC 将大约有 p 个点，更确切地说，有定理指出：若将 EC 中点的数目记为 d，它将满足：$p+1-2\sqrt{p}\leqslant d\leqslant p+1+2\sqrt{p}$。

因此，在阶数非常大的 EC 群中，若在 EC 中选择一基点（Base point）G，并使满足 $nG=O$ 的最小的 n 值是一个非常大的素数，那么，$0,G,2G,\cdots,(n-1)G$ 将构成 EC 的一个阶数较大的循环子群。所以在一般情况下，需选择 G，它不仅满足 $nG=0$ 的最小 n 值是一个非常大的素数，而且 n 含有大素数因子。因为，当 n 含有小素数因子，已经找到快速算法求解构建于 G 生成循环子群上的离散对数问题。

由此，可以在一些离散对数问题难处理的循环群中定义公钥密码体制。根据前面的讨论，可以在基于离散对数问题中相应地定义 EC 上的密码体制。

下面介绍大家都较熟悉的 Diffie - Hellman 密码交换协议与 ElGamal 密码体制在 EC 上的实现。

假设在 EC 上构成的 Able 群 $E_p(a,b)$ 上考虑方程 $Q=kP$，其中 $P,Q\in E_p(a,b)$，若已知 P 和 k，很容易求 Q，但由 P 和 Q 求 k 是困难的，这就是 EC 上的离散对数问题。

2）Diffie - Hellman 密钥交换协议（ECDH）

首先，选择一个素数 $p\approx 2^{180}$ 和 EC 参数 a 和 b，则可以得到方程 $y^2\equiv x^3+ax+b(\bmod p)$，$(a,b)\in z_p$。$4a_3+27b_2(\bmod p)\neq 0$ 表达的 EC 及其上面的点构成 Abel 群 $E_p(a,b)$。

其次，在 EC 中选取 $E_p(a,b)$ 的一个基点（生成元）$G=(x_0,y_0)$，要求 G 的阶是一个大的素数，G 的阶是满足 $nG=O$ 的最小正整数 n。$E_p(a,b)$ 和 G 作为公开参数。

最后，两用户 A 和 B 之间的密钥交换可以如下方式进行：

· A 随机选择一个比 n 小的整数 n_A，作为 A 的私钥，然后 A 产生一个公钥 $p_A=n_AG$，这个公钥是 $E_p(a,b)$ 中的一个点。

· B 也类似地选择一个私钥 n_B，并计算一个公钥 $p_B=n_BG$，这个公钥也是 $E_p(a,b)$ 中的一个点。

· A 计算 $k_1 = n_A p_B$，B 计算 $k_2 = n_B p_A$。

由于 $k_1 = n_A p_B = n_A(n_B G) = n_B(n_A G) = k_2$，这样 A 和 B 就产生了双方共享的私密密钥。

为了破译这个密码方案，攻击者需要能够在给定 G 和 kG 时计算 k，而实际上计算 k 是十分困难的。

【例 2.13】 $p = 211$，$E_p(0, -4)$，即椭圆曲线为 $y^2 = x^3 - 4 \pmod{p}$，$G = (2, 2)$ 是 $E_{211}(0, -4)$ 的阶为 241 的一个生成元，也即 $241G = O$。A 随机选取私钥 $n_A = 121$，公钥为 $P_A = 121(2, 2) = (115, 48)$，B 随机选取私钥 $n_B = 203$，公钥 $P_B = 203(2, 2) = (130, 23)$，由此可得共享密钥 $121(130, 23) = 203(151, 48) = (161, 169)$，这样就实现了密钥交换。

从上面的例子可以看出，共享密钥是一对数。若用这个密钥作为常规的会话密钥，就必须产生单个的数值。那么我们可以仅仅使用 x 坐标或 x 坐标的某个简单函数。

3）EIGamal 公钥密码体制（ECEIG）

若能通过某种方法将明文通过编码嵌入到 EC 上的点上，可以定义基于 EC 的 EIGamal 体制。通常将明文 m 嵌入到 EC 上使用如下算法：

设明文在 0 与 M 之间，选取固定的 k，使得 $p > Mk$，令 $x_j = mk + j (j = 1, \cdots, k-1)$，代入 EC 的定义式得到：$f(x) = x^3 + ax + b \pmod{p}$。

然后依次计算出 $f(x_j) (j = 1, \cdots, k-1)$。可以证明：在所有的 k 个 x_j 中，能够找到满足 $y_j^2 = f(x_j)$ 的 y_j 的概率不小于 $1 - (1/2)k$。一般情况下，取 $k = 30$（最坏的情况取 $k = 50$）。这样明文 m 便以极大的概率嵌入到 EC 中。进行反向译码时，只需计算 $[x_j/k]$（[] 表示取整）即可得到明文 m。

但是，无论怎样使用概率算法总会出现某些明文不能嵌入到 EC 中的情形。虽然人们现在已经找到了某些特殊定义的 EC 中确定性的明文嵌入方法，一般的 EC 还没有确定性的明文嵌入方法。

基于椭圆曲线 EC 的 EIGamal 体制同样定义 EC 群 $E_p(a, b)$ 及其在 EC 中的一个基点 $G = (x_0, y_0)$，两者的选择原则与 Diffie-Hellman 体制中所描述的原则相同。

将 $E_p(a, b)$ 和 $G = (x_0, y_0)$ 作为公开的参数，系统中每个用户都可以获得 $E_p(a, b)$ 和 G。另外，系统中的每个用户 U 都将随机挑选一个整数 n_U，并计算 $p_U = n_U G$，然后用户 U 公开 p_U 作为自己的公钥，并保存 n_U 作为私钥。

（1）加密算法（假设用户 A 需要发送明文 m 给用户 B）。

首先，用户 A 将需要发送的明文 m 通过编码（这里不对编码做介绍，可参考有关文献）嵌入到 EC 上的一个点 $P_m = (x_m, y_m)$。

其次，用户 A 随机选取 n_A（整数）作为私钥（并以 $P_A = n_A G$ 作为公钥），$P_B = n_B G$（P_B 是 B 的公钥，n_B 是 B 的私钥）。用户 A 进行如下的计算，产生以下点作为密文：$C_m = (n_A G, P_m + n_A P_B)$。

（2）解密算法。

解密时，以密文点对中的第二个点减去用自己的私钥与第一个点倍乘，即：$P_m + n_A P_B - n_B n_A G = P_m + n_A n_B G - n_A n_B G = P_m$。

若攻击者想由 C_m 得到 P_m，就必须知道 n_B，而要得到 n_B，只有通过椭圆曲线上的两个已知点 G 和 $n_B G$ 来得到，这意味着必须求椭圆曲线上的离散对数，因而不可行。

【例 2.14】 取 $p=751$，$E_p(-1,188)$，即椭圆曲线为 $y^2 \equiv x^3 - x + 188 (\text{mod } 751)$。$E_{751}(-1,188)$ 的一个生成元是 $G=(0,376)$，B 的公钥为 $P_B = n_B G = 397(0,376) = (201, 5)$，假定 A 已将欲发往 B 的消息 m 嵌入到 EC 上的点 $P_m = (562,201)$，A 随机地选取随机数 $n_A = 386$，由 $n_A G = 386(0,376) = (676,558)$ 得到密文：$C_m = (n_A G, P_m + n_A P_B) = ((676,558),(562,201)+386(201,5)) = ((676,558),(385,328))$。解密：$(385,328) - n_B(676,558) = (562,201)$。

基于 EC 的 EIGamal 公钥密码体制使用了与基于 z_p 上的离散对数问题的 EIGamal 体制类似的原理。它通过对 P_m 加上 $n_A P_B$"掩盖"明文 P_m，产生 $P_m + n_A P_B$，同时，值 $n_A G$ 也作为密文的一部分进行传输。由于只有正确的接收方知道私钥 n_B，他可以 $n_A G$ 中计算得到 P_B，从而从 $P_m + n_A P_B$ 中"去除掩盖"而得到明文 P_m。

◆————— 本章小结 —————◆

本章介绍了古典密码学和现代密码学技术。在古典密码学中，替代(substitute)和置换(permutation)是两种基本处理技巧。替代，就是明文中的字母由其他字母、数字或符号所取代的一种方法，具体的替代算法称之为密钥。古典密码学中采用替代运算的典型密码算法有单表密码、多表密码等。置换就是重新排列消息中的字母，以便打破密文的结构特性，即它交换的不再是字符本身，而是字符被书写的位置。同时具体讲解了 Caesar 密码、Playfair 密码、Vigenere 密码、Hill 密码和 Vernam(弗纳姆)密码等古典替代算法。

在本章也重点讲解了现代密码体制，对对称加密和非对称加密(也称为公开密钥加密)进行了比较，指出它们适用的范围，并且重点讲解了对称加密算法——DES 和非对称加密算法——RSA 这两种典型的算法，同时还介绍了其他的对称加密算法和非对称加密算法，这些算法的学习是我们掌握现代密码体制的基础。

非对称加密算法有效地解决了对称加密算法的密钥分发和管理问题，因此被称作人类密码学的一个伟大发明。但非对称密码加密算法也留下一个问题，即对外公开的公钥的可信度，任何人都可以伪造一个他人的公钥，应如何解决？

★ 思 考 题 ★

1. 用维吉尼亚(Vigenere)密码加密，已知 $m=$polyalphabetic cipher，密钥 $K=$RADIO，试求密文。

2. 描述 DES 数据加密算法的流程。

3. 在 DES 数据加密标准中：

明文

$m=$0011 1000 1101 0101 1011 1000 0100 0010 1101 0101 0011 1001 1001 0101 1110 0111

密钥

$K=$1010 1011 0011 0100 1000 0110 1001 0100 1101 1001 0111 0011 1010 0010 1101 0011

试求 L_1 与 R_1。

4. 明文 64 bit"paintext" 8 字节，密钥 Key 56 bit"password"取低 7bit×8，用 DES 数据加密算法求密文。

5. 一个公钥密码体制的一般定义是怎样的？

6. 在 RSA 公钥密码系统中，如果截取了发送给其他用户的密文 $C=10$，如此用户的公钥为 $e=5$，$n=35$，请问明文的内容是什么？

7. 比较对称密码算法和非对称密码算法的优缺点，考虑在异地的两个人如何通过不可信的网络信道传输信息？

8. 两个交易者 A 和 B，假设 B 没有 A 的电话或邮箱，B 如何相信 A 在网上发布的公钥就是真的 A 发布的公钥，而不是 C 假冒 A 发布的？

第 3 章　密钥管理技术

现代密码学研究中，加/解密算法一般都是公开的，所有的密码技术都依赖于密钥。当密码算法确定后，密码系统的保密程度就完全取决于密钥的保密程度，因此，密钥管理是数据加/解密技术中的重要一环，在整个保密系统中占有重要地位。密钥管理方法因所使用的密码体制(对称密码体制和公钥密码体制)而异。若密钥得不到合理的保护和管理，无论算法设计得多么精巧和复杂，保密系统也是脆弱的。密钥管理的目的就是确保密钥的安全性，即密钥的真实性和有效性，进而保证数据保密系统的安全性。一个好的密钥管理系统应该做到：

(1) 密钥难以被窃取；

(2) 在一定条件下密钥被窃取也无意义，因密钥有使用范围和时间限制；

(3) 密钥的分配和更换过程对用户透明，用户不一定要亲自管理密钥。

3.1　密钥的类型和组织结构

3.1.1　密钥的类型

在一个密码系统中，按照加密的内容不同，密钥可以分为一般数据加密密钥(会话密钥)和密钥加密密钥。密钥加密密钥还可分为次主密钥和主密钥。

1. 会话密钥

会话密钥(Session Key)指两个通信终端用户一次通话或交换数据时使用的密钥。它位于密码系统中整个密钥层次的最低层，仅对临时的通话或交换数据使用。

会话密钥若用来对传输的数据进行保护，则称为数据加密密钥；若用作保护文件，则称为文件密钥；若供通信双方专用，就称为专用密钥。

会话密钥大多是临时的、动态的，只有在需要时才通过协议取得，用完后就丢掉了，从而可降低密钥的分配存储量。

基于运算速度的考虑，会话密钥普遍是用对称密码算法来生成的。

2. 密钥加密密钥

密钥加密密钥(Key Encryption Key)用于对会话密钥或下层密钥进行保护，也称次主密钥(Submaster Key)、二级密钥(Secondary Key)。

在通信网络中，每一个节点都分配有一个此类密钥，每个节点到其他各节点的密钥加密密钥是不同的。但是，任两个节点间的密钥加密密钥却是相同的、共享的，这是整个系统预先分配和内置的。在这种系统中，密钥加密密钥就是系统预先给任两个节点间设置的共享密钥，该应用建立在对称密码体制的基础之上。

在建有公钥密码体制的系统中，所有用户都拥有公、私钥对。如果用户间要进行数据传输，协商一个会话密钥是必要的，会话密钥的传递可以用接收方的公钥加密来进行，接收方用自己的私钥解密，从而安全获得会话密钥，再利用它进行数据加密并发送给接收方。在这种系统中，密钥加密密钥就是建有公钥密码基础的用户的公钥。

密钥加密密钥是为了保证两点间安全传递会话密钥或下层密钥而设置的，处在密钥管理的中间层。

3. 主密钥

主密钥位于密码系统中整个密钥层次的最高层，主要用于对密钥加密密钥、会话密钥或其他下层密钥的保护。它是由用户选定或系统分配给用户的，分发基于物理渠道或其他可靠的方法。

密钥的层次结构如图 3-1 所示。主密钥处在最高层，用某种加密算法保护密钥加密密钥，也可直接加密会话密钥，会话密钥处在最低层，基于某种加密算法保护数据或其他重要信息。

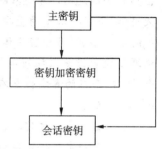

图 3-1　密钥的层次结构

密钥的层次结构使得除了主密钥外，其他密钥以密文方式存储，有效地保护了密钥的安全。

密钥的产生可以用手工方式，也可以用随机数生成器。对于一些常用的密码体制而言，密钥的选取和长度都有严格的要求和限制，尤其是对于公钥密码体制，公、私钥对还必须满足一定的运算关系。总之，不同的密码体制，其密钥的具体生成方法一般是不相同的。

密钥的存储不同于一般的数据存储，需要保密存储。保密存储有两种方法：一种是基于密钥的软保护；另一种是基于硬件的物理保护。前者使用加密算法对用户密钥（包括口令）加密，然后密钥以密文形式存储。后者将密钥存储于与计算机相分离的某种物理设备（如智能卡、USB 盘或其他存储设备）中，以实现密钥的物理隔离保护。

按照密钥的层次关系还可将密钥分为以下几种：

(1) 基本密钥（Base Key），又称初始密钥（Primary Key）、用户密钥（User Key），是由用户选定或由系统分配给用户的，可在较长时间（相对于会话密钥）内由一对用户所专用。

(2) 会话密钥（Session Key），即两个通信终端用户在一次通话或交换数据时使用的密钥。当它用于加密文件时，称为文件密钥（File Key）；当它用于加密数据时，称为数据加密密钥（Data Encrypting Key）。

(3) 密钥加密密钥（Key Encrypting Key），用于对会话密钥或文件密钥进行加密时采用的密钥，又称辅助（二级）密钥（Secondary Key）或密钥传送密钥（key Transport Key）。通信网中的每个节点都分配有一个此类密钥。

(4) 主机主密钥（Host Master Key），它是对密钥加密密钥进行加密的密钥，存于主机处理器中。

(5) 在公钥体制下，还有公开密钥、秘密密钥、签名密钥之分。

用于数据加密的密钥称为三级密钥；保护三级密钥的密钥称为二级密钥，也称密钥加密密钥；保护二级密钥的密钥称为一级密钥，也称密钥保护密钥。如用口令保护二级密钥，那么口令就是一级密钥。

3.1.2　密钥的组织结构

从信息安全的角度看，密钥的生存期越短，破译者的可乘之机就越少。所以，理论上一次一密钥最安全。在实际应用中，尤其是在网络环境下，多采用层次化的密钥管理结构。用于数据加密的工作密钥平时不存于加密设备中，需要时动态生成，并由其上层的密钥加密密钥进行加密保护；密钥加密密钥可根据需要由其上一级的加密密钥进行保护。最高层的密钥被称为主密钥，它是整个密钥管理体系的核心。在多层密钥管理系统中，通常下一层的密钥由上一层密钥按照某种密钥算法来生成，因此，掌握了主密钥，就有可能找出下层的各个密钥。

1. 建立会话密钥的目的

工作密钥通常被称为会话密钥，建立会话密钥的目的在于：

(1) 重复使用密钥容易导致泄漏，因此应经常更换；

(2) 若使用相同的密钥，攻击者可将以前截获的信息插入当前的会话中而不被发现；

(3) 密钥一旦被破译，则使用这一密钥加密的信息都会失密，而使用会话密钥的会话信息也会失密；

(4) 如果对方不可靠，则更换会话密钥可防止对方以后窃取信息。

多层密钥管理体制大大增强了密码系统的安全性。由于用得最多的工作密钥经常更换，而高层密钥则用得较少，使得破译者可用的信息变得很少，增加了攻击的难度。另外，多层密钥体制为自动化管理带来了方便，因为下层密钥可由计算机系统自动产生和维护，并通过网络自动分配和更换，减少了接触密钥的人数，也减轻了用户的负担。例如，在古典加密体制中有这样一种密钥管理方法：

(1) 指定一个公开出版并可广泛获得的出版物作为密码本，这时这个出版物的名称成为主密钥；

(2) 将这个出版物的某个页号 P、行号 L 及字数 W 作为第二级密钥；

(3) 将 P、L、W 指定的内容作为具体的密钥，即第三级密钥。

这样在使用时，主密钥是双方预知的，不需交换；通信时，只要通知 P、L、W 就可得知加密的密钥，而破译者由于不知道主密钥，所以即使截获了密文和 P、L、W，也无法破译。如果指定的是一个连续出版物，则主密钥定期更换，它的期号或卷号成为新的一级密钥。这种超数学的密码结构使得密文、明文和密钥之间不存在任何确定的函数关系，破译者只能使用穷举法。当然破译者可通过分析加密者的生活习惯来缩小搜索范围。

2. 密钥分割

密钥的连通是指在用户之间共享密钥的范围；而密钥的分割是指对这个范围的限制空间分割密钥，可区分不同的用户群，例如：

(1) 不同密级的数据之间的密钥分割；

(2) 不同业务部门、业务系统之间的密钥分割；

(3) 上下级机关之间的密钥分割；

(4) 应用系统和管理系统之间的密钥分割等。

按时间分割密钥可让各个用户在不同的时期使用不同的密钥，使用户的使用权具有时间限制。

分割的实现有两种方式：

（1）静态分割：在给用户的加密设备注入密钥时就给定了用户的密钥连通范围，即用户只能使用注入的密钥；

（2）动态分割：密钥分配中心定期向规定范围内的用户加密传送一个用于控制分割范围的通播密钥（向指定用户广播的密钥），即收到什么，使用什么。

3.2　密钥管理技术

密钥的管理是整个加密系统中最薄弱的环节，密钥的泄漏将直接导致明文内容的泄漏。例如曾经有一种计算机使用了 DES 算法来实现一个文件加密工具，它将密钥与密文保存在一起，用户可以选择用密文或明文形式保存文件，而且加密/解密过程是透明的，使用很方便。但是，对于了解密文格式的攻击者而言，他可以很容易地发现密文的密钥，从而发现明文。显然从密钥管理的途径窃取机密比用破译的方法窃取机密花费的代价要小得多，所以对密钥的管理和保护格外重要。

所有的密钥都有生存期，密钥的生存周期是指授权使用该密钥的周期。这是因为：拥有大量的密文有助于密码分析；一个密钥使用得太多，会给攻击者增大收集密文的机会；假定一个密钥受到危及或用一个特定密钥的加密/解密过程被分析，则限定密钥的使用期限就相当于限制危险的发生。

一个密钥主要经历以下几个阶段：生成（可能需要登记）、分配、使用、更新、替换、撤销、销毁。

密钥管理包括密钥生成、密钥储存和保护、密钥更新、密钥分发、密钥验证、密钥使用和密钥销毁等，涵盖了密钥的整个生存周期。所有管理过程都是为了正确地解决密钥从生成到使用全过程的安全性和实用性，另外还涉及密钥的行政管理制度和管理人员的素质。密钥管理最主要的过程是密钥的生成、保护和分发。

1. 密钥的生成

密钥的生成可以采用手工或自动化生产。密钥长度足够长是保证通信安全的必要条件之一，决定密钥长度需要考虑多方面的因素：数据价值有多大？数据要多长的安全期？攻击者的资源情况怎样？应该注意到，计算机的计算能力和加密算法的发展也是决定密钥长度的重要因素。

密钥的生成一般与所选择的算法有关，大部分密钥生成算法采用随机或伪随机过程来产生随机密钥。选择不同的密钥生成方式会影响到密钥的安全性。

1）寻找密钥的常用方法

攻击者在攻击时，并不按照数字顺序去试验所有可能的密钥，而是首先尝试可能的密钥，例如英文单词、名字等，方法如下：

（1）用户的姓名、首字母、账户名等个人信息；

（2）从各种数据库得到的单词；

（3）数据库单词的置换；

（4）数据库单词的大写置换；

（5）对于外国人从外国文字试起；

（6）尝试词组。

2）好的密钥所具有的特点

（1）真正的随机性；

（2）避免使用特定算法；

（3）双钥系统的密钥必须满足一定的关系；

（4）易记难猜，如选用较长短语的首字母；

（5）采用散列函数。

3）密钥的产生原则

不同等级的密钥的产生方式不同，原则如下：

（1）主机主密钥的安全性至关重要，故要保证其完全随机性、不可重复性和不可预测性。可用投硬币、骰子，噪声发生器等方法产生；

（2）密钥加密密钥数量大（$N(N-1)/2$），可由安全算法、伪随机数发生器等产生；

（3）会话密钥可利用密钥加密密钥及某种算法（加密算法、单向函数等）产生；

（4）初始密钥用类似于主密钥或密钥加密密钥的方法产生。

4）密钥的产生方式

（1）必须在安全环境中产生密钥以防止对密钥的非授权访问；

（2）密钥生产形式现有两种，一种是由中心（或分中心）集中生产，也称有边界生产；另一种是由个人分散生产，也称无边界生产。

2. 密钥的存储

第一种是将所有密钥或公钥存储在专用媒体（软盘、芯片等）中一次性发放给各用户，用户在本机中就可以获得对方的公钥，协议非常简单，又很安全。电脑黑客的入侵破坏也只能破坏本机而不影响其他终端。这种形式只有在 KDC 等集中式方式下才能实现。

第二种是用对方的公钥建立密钥环，各自分散保存（如 PGP）。

第三种是将各用户的公钥存放在公用媒体中。

第二种和第三种都需要解决密钥传递技术，以获取对方的公钥。第三种还要解决公用媒体的安全技术，即数据库的安全问题。

3. 密钥的保护

所有密钥的完整性也需要保护，因为一个入侵者可能修改或替代密钥，从而危及机密性服务。除了公钥密码系统中的公钥外，所有的密钥需要保密。

在实际中，最安全的方法是将密钥存放在物理上安全的地方。当一个密钥无法用物理的办法进行安全保护时，必须采用其他的方法来保护：

（1）将一个密钥分成两部分，委托给两个不同的人；

（2）通过机密性（例如用另一个密钥加密）和/或完整性服务来保护。

极少数密钥（主机主密钥）以明文存储于有严密物理保护的密码器中，其他密钥都被（主密钥或次主密钥）加密后存储。

4. 密钥的备份与恢复

密钥备份是指在密钥使用期内，存储一个受保护的拷贝，用于恢复遭到破坏的密钥。密钥的恢复是指当一个密钥由于某种原因被破坏了，在还没有被泄露出去以前，从它的一个备份重新得到密钥的过程。

密钥的备份与恢复保证了即使密钥丢失，由该密钥加密保护的信息也能够恢复。

5. 密钥的销毁

密钥必须定期更换，更换密钥后原来的密钥必须销毁。密钥不再使用时，该密钥的所有拷贝都必须删除，生成或构造该密钥的所有信息也应该被全部删除。

6. 密钥分配与密钥协定

密钥分配协议：系统内的一个成员选择密钥，然后将它们安全传给其他成员。

密钥协定协议：系统内的两个或者多个成员在公开的信道上联合建立秘密密钥。两个成员的密钥协定也称为密钥交换。

有些协议既是密钥分配协议，也是密钥协定协议。

3.3 密钥分配方案

密钥管理的目的是维持系统中各实体之间的密钥关系，以抗击以下可能的威胁：

(1) 密钥的泄露；

(2) 秘密密钥或公开密钥的身份的真实性丧失；

(3) 未经授权使用。

无论什么样的密码体制，其保密性都仅仅取决于密钥，而密钥的管理往往起决定性作用。密钥的传递分集中传送和分散传送两类。集中传送是指将密钥整体传送，这时需要使用主密钥来保护会话密钥的传递，并通过安全渠道传递主密钥。分散传送是指将密钥分解成多个部分，用秘密分享的方法传递密钥，只要有部分到达就可以恢复密钥。这种方法适用于在不安全的信道中传输。

密钥的分配技术解决的是网络环境中需要进行安全通信的端实体之间建立共享的对称密钥问题，最简单的解决办法是预先约定一个对称密钥序列并通过安全渠道送达对方，以后按约定使用并更换密钥。这种方式对于具备安全渠道(它本身就可能直接用来传输数据内容)且密钥使用量不大的通信双方是合适的。如果密钥用量较大，更换频繁，则密钥的传递就会成为严重负担，而且多数用户之间可能并没有安全的传输渠道存在，因此需要研究在不安全的通信信道中传递对称密钥的方法。

密钥分配技术一般需要解决两个方面的问题：为减轻负担，提高效率，引入自动密钥分配机制；为提高安全性，尽可能减少系统中驻留的密钥量。

3.3.1 密钥分配

1. 密钥分配技术

常用的密钥分配技术有两种：静态分配技术和动态分配技术。

静态分配技术是一种由中心以脱线方式预分配的技术，是"面对面"的分发方式，如到银行领取信用卡密钥。它具有安全性好的特点，是长期沿用的传统密钥管理技术，不过，它必须解决密钥的存储问题。静态分发只能以集中式机制存在。

动态分配技术是一种"请求—分发"的在线分发技术，如在网上申请用户密钥。它具有方便、及时的特点，但这种分配技术需要有专门协议的支持。动态分配技术可采用有中心或无中心的机制。

2. 密钥分配体制

密钥分配体制有两种：集中式密钥分配体制和分布式密钥分配体制。

集中式分配体制是引入一个中心服务器（通常称作密钥分配中心或 KDC），在这个体系中，团体中的任何一个实体与中心服务器共享一个密钥。在这样的系统中，需要存储的密钥数量和团体的人数量差不多，KDC 接受用户的请求，为用户提供安全的密钥分配服务。集中式分配体制在动态分发时，中心服务器必须随时都是在线的。它的典型代表是 Kerboros 协议。

分布式分配体制中网络中的主机具有相同的地位，它们之间的密钥分配取决于它们之间的协商，比较著名的有 Diffie - Hellman 密钥交换协议，但 Diffie - Hellman 密钥交换协议没有提供鉴别机制，不能抵抗中间人攻击。

对于通信双方 A 和 B，密钥分配可以有以下几种方法：

（1）密钥由 A 选定，然后通过物理方法安全地传递给 B。

（2）密钥由可信赖的第三方 C 选取并通过物理方法安全地发送给 A 和 B。

（3）如果 A 和 B 事先已有一密钥，那么其中一方选取新密钥后，用已有的密钥加密新密钥发送给另一方。

（4）如果 A 和 B 都有一个到可信赖的第三方 C 的保密信道，那么 C 就可以为 A 和 B 选取密钥后安全地发送给 A 和 B。

（5）如果 A 和 B 都在可信赖的第三方 C 发布自己的公开密钥，那么他们用彼此的公开密钥进行保密通信。

3.3.2　对称密码技术的密钥分配

对称密码体制的主要商业应用起始于 20 世纪 80 年代早期，特别是在银行系统中，采纳了 DES 标准和银行工业标准 ANSI 数据加密算法（DEA）。实际上，这两个标准所采用的算法是一致的。

DES 的广泛应用带来了一些研究话题，例如如何管理 DES 密钥，从而导致了 ANSI X9.17 标准的发展。该标准于 1985 年完成，是有关金融机构密钥管理的一个标准。

金融机构密钥管理需要通过一个多级层次密钥机构来实现。

ANSI X9.17 定义了三层密钥层次结构：

（1）主密钥（KKMs），通过手工分配；

（2）密钥加密密钥（KKs），通过在线分配；

（3）数据密钥（KDs）。

KKMs 保护 KKs 的传输，KKs 保护 KDs 的传输。主密钥是通信双方长期建立密钥关系的基础，金融机构密钥管理就是通过一个多级层次密钥机构来实现的。

对称密码技术的密钥分配方案有如下几种。

1. 集中式密钥分配方案

集中式密钥分配方案由一个可信赖的联机服务器作为密钥分配中心（KDC）或密钥转递中心（KTC）。

图 3-2 所示是具有密钥分配中心的密钥分配方案。图中假定 A 和 B 分别与 KDC 有一个共享的密钥 K_a 和 K_b，A 希望与 B 建立一个逻辑连接，并且需要一次性会话密钥来保护

经过这个连接传输的数据。

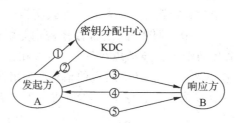

图 3-2　具有密钥分配中心的密钥分配方案

集中式密钥分配方案具体过程如下：

① A→KDC：$ID_A \parallel ID_B \parallel N_1$。A 向 KDC 发出会话密钥请求。请求的消息由两个数据项组成：一是 A 和 B 的身份 ID_A 和 ID_B，二是本次业务的唯一标识符 N_1。每次请求所用的 N_1 都应不同，常用一个时间戳、一个计数器或一个随机数作为这个标识符。为防止攻击者对 N_1 的猜测，用随机数作为这个标识符最合适。

② KDC→A：$E_{K_a}[K_s \parallel ID_A \parallel ID_B \parallel N_1 \parallel E_{K_b}[K_s \parallel ID_A]]$。KDC 对 A 的请求发出应答。应答是由密钥 K_a 加密的信息，因此只有 A 才能成功地对这一信息解密，并且 A 相信信息的确是由 KDC 发出的。

③ A→B：$E_{K_b}[K_s \parallel ID_A]$。A 收到 KDC 响应的信息后，将会话密钥 K_s 存储起来，同时将经过 KDC 与 B 的共享密钥加密过的信息 $E_{K_b}[K_s \parallel ID_A]$ 传送给 B。B 收到后，得到会话密钥 K_s，并从 ID_A 可知对方是 A，而且还从 E_{K_b} 知道 K_s 确实来自 KDC。由于 A 转发的是加密后的密文，所以转发过程不会被窃听。

④ B→A：$E_{K_s}[N_2]$。B 用会话密钥加密另一个随机数 N_2，并将加密结果发送给 A，同时告诉 A，B 当前是可以通信的。

⑤ A→B：$E_{K_s}[f(N_2)]$。A 响应 B 发送的信息 N_2，并对 N_2 进行某种函数变换（如 f 函数），同时用会话密钥 K_s 进行加密，发送给 B。

实际上在第③步已经完成了密钥的分配，第④、⑤两步结合第③步执行的是认证功能，使 B 能够确认所收到的信息不是一个重放。

2. 分布式密钥分配方案

分布式密钥分配方案是指网络通信中各个通信方具有相同的地位，它们之间的密钥分配取决于它们之间的协商，不受任何其他方的限制，如图 3-3 所示。这种密钥分配方案要求有 n 个通信方的网络需要保存 $[n(n-1)/2]$ 个主密钥，对于较大型的网络，这种方案是不适用的，但是在一个小型网络或一个大型网络的局部范围内，这种方案还是有用的。

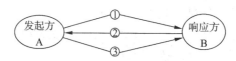

图 3-3　分布式密钥分配方案

如果采用分布式密钥分配方案，通信双方 A 和 B 建立会话密钥的过程如下：

① A→B：$ID_A \parallel N_1$。A 向 B 发出一个要求会话密钥的请求，内容包括 A 的标识符 ID_A 和一个一次性随机数 N_1，告知 A 希望与 B 通信，并请 B 产生一个会话密钥用于安全通信。

② B→A：$E_{MK_m}[K_s \parallel ID_A \parallel ID_B \parallel f(N_1) \parallel N_2]$。B 使用与 A 共享的主密钥 MKm 对应答的信息进行加密并发送给 A。应答的信息包括 B 产生的会话密钥 K_s、A 的标识符 ID_A、B 的标识符 ID_B、$f(N_1)$ 和一个一次性随机数 N_2。

③ A→B：$E_{K_s}[f(N_2)]$。A 使用 B 产生的会话密钥 K_s 对 $f(N_2)$ 进行加密，并发送给 B。

3. 非对称密码技术的密钥分配方案

非对称密码技术的密钥分配方案主要包括两方面的内容：非对称密码技术所用的公钥的分配和利用非对称密码技术来分配对称密码技术中使用的密钥。

1) 公钥的分配

获取公钥的途径有多种，包括公开发布、公用目录、公钥机构和公钥证书。

(1) 公开发布：是指用户将自己的公钥发送给另外一个参与者，或者把公钥广播给相关人群。这种方法有一个非常大的缺点：任何人都可以伪造一个公钥冒充他人。

(2) 公用目录：是由一个可信任的系统或组织建立和管理维护公用目录，该公用目录维持一个公开动态目录。公用目录为每个参与者维护一个目录项{标识符，公钥}，每个目录项的信息必须进行安全认证。任何人都可以从这里获得需要保密通信的公钥。与公开发布公钥相比，这种方法的安全性高一些。但也有一个致命的弱点，如果攻击者成功地得到目录管理机构的私钥，就可以伪造公钥，并发送给其他人达到欺骗的目的。

(3) 公钥机构：为更严格地控制公钥，使从目录分配出去的公钥更加安全，需要引入一个公钥管理机构来为各个用户建立、维护和控制动态的公用目录。与单纯的公用目录相比，该方法的安全性更高。但这种方式也有它的缺点：由于每个用户要想和其他人通信都需求助于公钥管理机构，因而管理机构可能会成为系统的瓶颈，而且由管理机构维护的公用目录也容易被攻击者攻击。

(4) 公钥证书：是在不与公钥管理机构通信，又能证明其他通信方的公钥的可信度的公钥获取方式，实际上完全解决了公开发布及公用目录的安全问题。采用公钥证书是为了解决公开密钥管理机构的瓶颈问题。

公钥证书的发放(产生)过程如图 3 - 4 所示，公钥证书即数字证书是由授权中心 CA (Certificate Authority)颁发的。证书的形式为 $CA = E_{SK_{CA}}[T, ID_A, PK_A]$，其中 ID_A 是用户 A 的身份标识符，PK_A 是 A 的公钥，T 是当前时间戳，SK_{CA} 是 CA 的私钥。

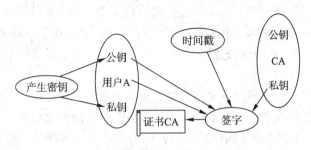

图 3 - 4　公钥证书的发放(产生)过程

用户还可以把自己的公钥通过公钥证书发给另一用户，接收方使用 CA 的公钥 PK_{CA} 对证书加以验证：

$$D_{PK_{CA}}[E_{SK_{CA}}[T, ID_A, PK_A]] = [T, ID_A, PK_A].$$

2）利用非对称密码技术进行对称密码技术密钥的分配

（1）简单分配。图 3-5 是用非对称密码技术建立会话密钥的过程。但这一分配方案容易遭到主动攻击，假如攻击者已经接入 A 和 B 双方的通信信道，可以轻易地截获 A、B 双方的通信。

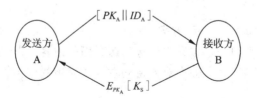

图 3-5　用非对称密码技术建立会话密钥

（2）具有保密和认证功能的密钥分配。针对简单分配密钥的缺点，人们又设计了具有保密和认证功能的非对称密码技术的密钥分配，如图 3-6 所示。密钥分配过程既具有保密性，又具有认证性，因此既可以防止被动攻击，也可以防止主动攻击。

图 3-6　具有保密和认证功能的密钥分配

3.4　密钥托管技术

3.4.1　密钥托管技术简介

在现代保密通信中，存在两个矛盾的要求：一个是用户间要进行保密通信，另一个是政府为了抵制网络犯罪和保护国家安全，要对用户的通信进行监督。密钥托管系统就是为了满足这种需要而被提出的。在原始的密钥托管系统中，用户通信的密钥将由一个主要的密钥托管代理来管理，当得到合法的授权时，托管代理可以将其交给政府的监听机构。但这种做法显然产生了新的问题：政府的监听机构得到密钥以后，可以随意地监听用户的通信，即产生所谓的"一次监控，永远监控"的问题。另外，这种托管系统中"用户的密钥完全依赖于可信任的托管机构"的做法也不可取，因为托管机构今天是可信任的，不表示明天也是可信任的。

密钥托管也提供了一种密钥备份与恢复的途径，是一种能够在紧急情况下获取解密信息的技术。它用于保存用户的私钥备份，既可在必要时帮助国家司法或安全等部门获取原始明文信息，也可在用户丢失、损坏自己的密钥的情况下恢复明文。因此它不同于一般的加密和解密操作。现在美国和一些国家规定：必须在加密系统中加入能够保证法律执行部门可方便获得明文的密钥恢复机制，否则将不允许该加密系统推广使用，其目的是政府机关希望在需要时可通过密钥托管提供（解密）一些特定信息，在用户的密钥丢失或损坏的情况下可通过密钥托管技术恢复出自己的密钥。

密钥托管技术的实现手段通常是把加密的数据和数据恢复密钥联系起来,数据恢复密钥不一定是直接解密的密钥,但由它可以得到解密密钥。理论上数据恢复密钥由所信赖的委托人持有(委托人可以是政府机构、法院或有合同的私人组织)。一个密钥也有可能被拆分成多个分量,分别由多个委托人持有。

目前,许多国家都制定了密钥托管相关的法律法规。美国政府 1993 年颁布了 EES 标准(Escrow Encryption Standard),该标准体现了一种新思想,即对密钥实行法定托管代理的机制。如果向法院提供的证据表明,密码使用者是利用密码在进行危及国家安全和违反法律规定的事,经过法院许可,政府可以从托管代理机构取来密钥参数,经过合成运送,就可以直接侦听通信。其后,美国政府进一步改进并提出了密钥托管(Key Escrow)政策,希望用这种办法加强政府对密码使用的调控管理。

EES 标准的加密算法使用的是 Skipjack。

1994 年 2 月,美国政府进一步改进提出了密钥托管标准 KES(Key Escrow Standard),希望用这种办法加强政府对密码使用的调控管理。

目前,在美国有许多组织都参加了 KES 和 EES 的开发工作,系统的开发者是司法部门(DOJ),国家标准技术研究所(NIST)和基金自动化系统分部对初始的托管(Escrow)代理都进行了研究,国家安全局(NSA)负责 KES 产品的生产,联邦调查局(FBI)被指定为最初的合法性强制用户。

密钥托管技术是通过一个防窜扰的托管加密芯片(Clipper 芯片)来实现的,该技术包括两个主要的核心内容:

(1) Skipjack 加密算法:是由 NSA 设计的,用于加/解密用户之间通信的信息。它是一个对称密钥分组加密算法,密钥长度为 80 bit,输入和输出分组长度为 64 bit。该算法的实现方式采用供 DES 使用的联邦信息处理标准(FIPS - 81)中定义的四种实现方式。

(2) LEAF(Law Enforcement Access Field,法律实施访问域):通过这个访问域,法律实施部门可以在法律授权的情况下,实现对用户之间通信的监听(解密或无密钥)。这也可看成是一个"后门"。

在密钥托管系统中,法律实施访问域 LEAF 是被通信加密和存储的额外信息块,用来保证合法的政府实体或被授权的第三方获得通信的明文消息。对于一个典型的密钥托管系统来说,LEAF 可以通过获得通信的解密密钥来构造。为了更趋合理,可以将密钥分成一些密钥碎片,用不同的密钥托管代理的公钥加密密钥碎片,然后再将加密的密钥碎片通过门限化的方法进行合成,以此来解决"一次监控,永远监控"和"用户的密钥完全依赖于可信任的托管机构"的问题。

密钥托管技术具体实施时有三个主要环节:生产托管 Clipper 芯片、用芯片加密通信和无密钥存取。

3.4.2　密钥托管密码技术的组成

执行密钥托管功能的机制是密钥托管代理(Key Escrow Agent,KEA)。密钥托管代理与证书授权认证中心是公钥基础设施的两个重要组成部分,分别管理用户的私钥与公钥。密钥托管代理对用户的私钥进行操作,负责政府职能部门对信息的强制访问,但不参与通信过程。证书授权认证中心作为电子商务交易中受信任和具有权威的第三方,为每个使用公开密钥的客户发放数字证书,并负责检验公钥体系中公钥的合法性;它参与每次通信过程,但不涉及具体的通信内容。认证中心可以不依赖于任何形式的密钥托管机制而独立存在;反过来,密钥恢复基础设施也可以独立于任何一个密钥认证机制。

所有传送的加密信息都带有包含会话密钥的数据恢复域(Data Recovery Field,DRF),它由时间戳、发送者的加密证书及会话密钥组成,与密文绑定在一起传送给接收方。接收方必须通过数据恢复域才能获得会话密钥。

密钥托管最关键,也是最难解决的问题是:如何有效地阻止用户的欺诈行为,使所有用户无法逃脱托管机构的跟踪。

如图3-7所示,密钥托管密码技术在逻辑上分为三个主要的模块:USC(User Security Component,用户安全模块)、KEC(Key Escrow Component,密钥托管模块)和DRC(Data Recovery Component,数据恢复模块)。这些逻辑模块是密切相关的,其中一个模块的设计都将影响到其他模块。这几个模块的相互关系是:USC用密钥K加密明文,并且传送到数据恢复域DRF(Data Recovery Field),DRC则从KEC提供的和DRF中包含的信息中恢复出密钥K来解密密文。

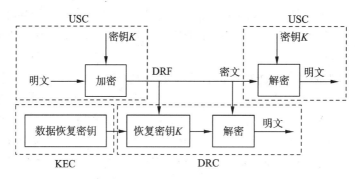

图3-7　密钥托管密码技术的组成

1) USC

USC由软件、硬件组成(一般情况下,硬件比软件安全,不易发生窜扰),提供数据加密/解密的能力,执行支持数据恢复的操作,同时也支持密钥托管。这种支持体现在将数据恢复域(DRF)附加到数据上。USC的功能表现在以下几个方面:

(1) 提供具有数据加/解密能力的算法及支持密钥托管功能的硬件或相关软件。

(2) 提供通信(包括电话、电子邮件及其他类型的通信,由相关部门在法律许可的条件下对通信进行监听后执行对突发事件的解密)和数据存储的密钥托管。

(3) 提供突发解密的识别符(包括用户或USC的识别符、密钥的识别符、KEC或托管代理机构的识别符)和密钥(包括属于芯片单元密钥KEC所使用的全局系统密钥,密钥还可以是公钥或私钥,私钥的备份以托管的方式由托管机构托管)。

2) KEC

KEC可以作为公钥证书密钥管理系统的组成部分,也可以作为通用密钥管理的基础部分。它由密钥管理机构控制,主要用于向DRC提供所需的数据和服务,管理着数据恢复密钥的存储、传送和使用。数据恢复密钥主要用于生成数据加密密钥,因此在使用托管密码加密时,所有的托管加密数据都应与被托管的数据恢复密钥联系起来。

KEC在向DRC提供诸如托管的密钥等服务时,服务包括如下部分:

（1）授权过程：对操作或使用 DRC 的用户进行身份认证和对访问加密数据的授权证明。

（2）传送数据恢复密钥（主密钥不提供）：如果数据恢复密钥是会话密钥或产品密钥，KEC 向 DRC 直接传送数据恢复密钥。密钥和有效期一起传送，有效期过后，密钥将被自动销毁。

（3）传送派生密钥：KEC 向 DRC 提供由数据恢复密钥导出的另一密钥（派生密钥）。例如受时间限制的密钥，被加密的数据仅能在一个特定的有效时间段内被解密。

（4）解密密钥：在 DRF 中使用主密钥加密数据加密密钥时，KEC 只向 DRC 发送解密密钥，而不发送主密钥。

（5）执行门限解密：每个托管机构向 DRC 提供自己的解密结果，由 DRC 合成这些结果并得到明文。

（6）数据传输：KEC 和 DRC 之间的数据传输可以是人工的，也可以是电子的。

3）DRC

DRC 由算法、协议和设备组成。DRC 利用 KEC 所提供的和在 DRF 中包含的信息来恢复出数据加密密钥，进而解密密文，得到明文。仅仅在执行指定的、已授权的数据恢复时使用。

为了解密数据，DRC 必须采用下列方法获得数据加密密钥：

从发送方或接收方接入：

首先要确定与发送方或接收方相关的数据恢复密钥能否恢复密钥 K。如果只能利用发送方的托管机构持有的子密钥才能获得 K，当各个用户分别向专门的用户传送消息，尤其是多个用户散布在不同的国家或使用不同的托管机构时，DRC 一定得获取密钥托管数据后才能进行实时解密；相反，当只有利用接收方的托管机构所持的子密钥才能获得 K 时，就不可能实时解密专门用户传送出的消息。如果利用托管机构的子集所持的密钥也可以进行数据恢复，那么一旦获得 K，则 DRC 就可以实时解密从 USC 发出或送入的消息。该系统就可以为双向实时通信提供这种能力，但这要求通信双方使用相同的 K。

对于每个数据加密密钥，发送方或接收方都有可能要求 DRC 或 KEC 有一次相互作用，其中对数据加密密钥要求 DRC 与 KEC 之间的联系是在线的，以支持当每次会话密钥改变时的实时解密。如果托管代理机构把部分密钥返回给 DRC，则 DRC 必须使用穷举搜索以确定密钥的其余部分。

此外，DRC 还使用技术、操作和法律等保护手段来控制什么是可以解密的，例如可以对数据恢复进行严格的时间限制。这些保护措施提供了 KEC 传送密钥时所要求的限制，而且认证机构也可以防止 DRC 用密钥产生伪消息。

◆———— 本 章 小 结 ————◆

本章介绍了密钥的类型，重点讲解了密钥管理技术的内涵，涉及密钥的整个生存周期，这对我们理解密钥的管理十分重要。然后本章讲解了对称密钥的分配技术方案、非对称密钥的分配技术方案。在密钥分配时，也介绍了密钥的鉴别技术。密钥的分配技术是本章的重点，在此基础上，讲解了为何要运用密钥托管技术，以及密钥托管技术方案的构成，使我们清楚地认识到密钥的使用和管理必须在国家可控的基础上进行。

★　思　考　题　★

1. 为什么要引进密钥管理技术？
2. 密钥管理系统涉及密钥管理的哪些方面？
3. 什么是密钥托管？
4. 简述集中式密钥分配方案的过程（可以用图形表示并说明）。
5. 简述分布式密钥分配方案的过程（可以用图形表示并说明）。
6. 基于对称密码的认证过程如下所示：

(1) A→KDC：$ID_A \parallel ID_B \parallel R_a$

(2) KDC→A：$E_{K_a}[R_a \parallel ID_B \parallel K_s \parallel E_{K_b}[K_s \parallel ID_A]]$

(3) A→B：$E_{K_b}[K_s \parallel ID_A]$

(4) B→A：$E_{K_s}[R_b]$

(5) A→B：$E_{K_s}[R_b-1]$

根据以上的认证步骤，请：

(1) 用简单文字描述以上认证过程。

(2) 分析这种认证方式可能会受到的潜在攻击。

(3) 针对问题(2)中的潜在攻击，该如何改进？

第4章　数字签名与认证技术

数字签名是一种类似写在纸上的普通的物理签名，是非对称密钥加密技术与数字摘要技术的应用，它是用于鉴别数字信息的方法。数字签名具有抗抵赖性，它是只有信息的发送者才能产生的别人无法伪造的一段数字串，这段数字串同时也是对信息的发送者发送信息真实性的一个有效证明。

认证技术是在计算机网络中确认操作者身份而使用的技术。计算机网络世界中一切信息包括用户的身份信息都是用一组特定的数据来表示的，计算机只能识别用户的数字身份，所有对用户的授权也是针对用户数字身份的授权。如何保证以数字身份进行操作的操作者就是这个数字身份的合法拥有者，即保证操作者的物理身份与数字身份相对应就成为一个重要的安全问题。身份认证技术的诞生就是为了解决这个问题。作为防护网络资产的第一道关口，身份认证起着举足轻重的作用。

4.1　消息摘要与 Hash 函数

4.1.1　消息摘要

当输入相同的明文数据，经过相同的消息摘要算法会得到相同的、唯一的一组数据，这组数据就是该明文的消息摘要。消息摘要不是加密明文，所以它不应该是加密算法，消息摘要是保证明文无法篡改、完整性的一种算法。消息摘要的主要特点有：

（1）无论输入的消息有多长，计算出来的消息摘要的长度总是固定的。例如应用 MD5 算法输出的消息摘要为 128 bit，用 SHA-1 算法输出的消息摘要为 160 bit，SHA-1 的变体可以产生 192 bit 和 256 bit 的消息摘要。一般认为，摘要的最终输出越长，该摘要算法就越安全。

（2）消息摘要看起来是"随机的"。这些比特看上去是胡乱地杂凑在一起的。可以用大量的输入来检验其输出是否相同，一般来说，不同的输入会有不同的输出，而且输出的摘要消息可以通过随机性检验。但是，一个摘要并不是真正随机的，因为用相同的算法对相同的消息求两次摘要，其结果必然相同；而若摘要是真正随机的，则无论如何都是无法重现的。因此消息摘要是"伪随机的"。

（3）一般地，只要输入的消息不同，对其进行摘要以后产生的摘要消息也必不相同；但相同的输入必会产生相同的输出。这正是好的消息摘要算法所具有的性质：输入改变了，输出也就改变了；两条相似的消息的摘要却不相近，甚至会大相径庭。

（4）消息摘要函数是无陷门的单向函数，即只能进行正向的消息摘要，而无法从摘要中恢复出任何的消息，甚至根本就找不到任何与原信息相关的信息。当然，可以采用强力攻击的方法，即尝试每一个可能的信息，计算其摘要，看看是否与已有的摘要相同，如果这样做，最终肯定会恢复出摘要的消息。但实际上，要得到的信息可能是无穷个消息之一，所以这种强力攻击几乎是无效的。

（5）好的摘要算法，没有人能从中找到"碰撞"，虽然"碰撞"是肯定存在的。即对于给定的一个摘要，不可能找到一条信息使其摘要正好是给定的。或者说，无法找到两条消息，它们的摘要相同。

4.1.2　Hash 函数

散列函数简称 Hash 函数，它能够将任意长度的信息转换成固定长度哈希值（又称消息摘要），并且任意的不同消息或文件所生成的值是不一样，如图 4-1 所示。

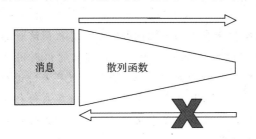

图 4-1　消息摘要示意图

因此，Hash 函数提供了这样一种计算过程：输入一个长度不固定的字符串，返回一个固定长度的字符串，即 Hash 值。单向 Hash 函数用于产生消息摘要。Hash 函数主要可以解决以下两个问题：在某一特定的时间内，无法查找经 Hash 操作后生成特定 Hash 值的原报文；也无法查找两个经 Hash 操作后生成相同 Hash 值的不同报文。这样在数字签名中就可以解决用户身份验证问题，保证不可抵赖性。

消息摘要简要地描述了一份较长的信息或文件，它可以被看作一份长文件的"数字指纹"。消息摘要用于创建数字签名，对于特定的文件而言，消息摘要是唯一的。消息摘要可以被公开，它不会透露相应文件的任何内容。MD2、MD4 和 MD5（MD 表示消息摘要）是由 Ron Rivest 设计的专门用于加密处理的，并被广泛使用的 Hash 函数，它们产生一种 128 位消息摘要，除彻底地搜寻外，没有更快的方法对其加以攻击，而其搜索的代价一般超过消息本身的价值。

令 h 表示 Hash 函数，则 h 应满足下列条件：

（1）h 的输入可以是任意长度的消息或文件 M；

（2）h 的输出长度是固定的；

（3）给定 h 和 M，计算 $h(M)$ 是容易的；

（4）给定 h 的描述，找两个不同的消息 M_1 和 M_2，使得 $h(M_1)=h(M_2)$ 在计算上是不可行的。

Hash 函数的安全性是指：在现有的计算资源下，找到一个碰撞是不可能的。在网络安全应用中，Hash 函数不仅能用于保护消息或文件的完整性，而且也能用作密码信息的安全存储。例如，网页防篡改应用。网页文件管理者首先用网页文件生成系列 Hash 值，并将 Hash 值备份存放在安全的地方，然后再定时计算这些网页文件的 Hash 值。如果新产生的 Hash 值与备份的 Hash 值不一样，则说明网页文件被篡改了。目前，主要 Hash 算法有 MD2、MD4、MD5、SHA。其中，MD5 能产生 128 bit 长度的哈希值，它应用广泛，常用于网络中文件的完整性检查。但是，据最新研究表明，MD5 的安全性受到挑战，已被中国的王小云教授攻破。而 SHA 由 NIST 和 NSA 研究开发，在美国政府中使用，作为安全哈希标准，SHA 产生的哈希值比 MD5 长，有 160 bit。

4.2　数字签名

在网络通信技术迅速发展的今天，在网络中传送的消息如何证明其真实性呢？数字签名可以解决这一问题。数字签名和我们传统的手写签名具有同样的功效，类似于亲笔签名或盖章。那么在计算机网络中传送的信息，如何"亲笔签名或盖章"呢？数字签名是密码技术领域中研究的重要问题之一，是日常生活中手写签名的电子对应物，它的主要功能是实现用户以电子信息形式存放信息的认证。当今，随着电子商务技术的迅速发展，数字签名的使用将会越来越普遍。

4.2.1　数字签名及其原理

在一个保密通信系统中，通信双方中任何一方有可能进行欺骗或伪造，用数字签名(Digital Signature)技术可以有效地解决这个问题。通常，通信双方在进行通信时有多种形式的欺骗或伪造，例如：

- 发方否认自己发送过某一消息。
- 接收方自己伪造一个消息，并声称来自发送方。
- 网络上某个用户冒充另一个用户接收或发送消息。
- 接收方对收到的信息进行篡改。

这些欺骗在实际中都有可能发生，例如在电子资金传输中，收方减少收到的资金数，并声称这一数目来自发方；又例如用户通过电子邮件向其证券经纪人发送对某笔业务的指令，以后这笔业务赔钱了，用户就可否认曾发送过相应的指令。

在收发双方尚未建立起完全的信任关系且存在利害冲突的情况下，数字签名技术是解决这一问题的有效途径。数字签名应满足下列要求：

(1) 签名是可信的：任何人都可以验证签名的有效性；

(2) 签名是不可伪造的：除了合法的签名者之外，任何人伪造其签名是困难的；

(3) 签名是不可复制的：对一个消息的签名不能通过复制变为另一个消息的签名(如果一个消息的签名是从别处复制得到的，则任何人都可以发现消息与签名之间的不一致性，从而可以拒绝签名的消息)；

(4) 签名的消息是不可改变的：经签名的消息不能篡改，一旦签名的消息被篡改，任何人都可以发现消息与签名之间的不一致性；

(5) 签名是不可抵赖的：签名者事后不能否认自己的签名(可以由第三方或仲裁方来确认双方的信息，以作出仲裁)。

为了满足数字签名的这些要求，通信双方在发送消息时，既要防止接收方或其他第三方伪造，又要防止发送方因对自己的不利而否认，也就是说保证数字签名的真实性。

1. 数字签名的原理

公钥(非对称)密码技术非常适合于数字签名。下面就来看看数字签名的基本原理(过程),实际上完整的数字签名过程(包括从发方发送信息到收方安全地接收到信息)包括签名和签别两个过程。

1)签名

假设通信双方为 A 和 B(设 A 为发方,B 为收方),发方 A 用其私钥 SK_A 对信息进行签名,将结果 $D_{SK_A}(M)$ 传给接收方 B,B 用已知的 A 的公钥 PK_A 得出 $E_{PK_A}(D_{SK_A}(M))=M$。由于私钥 SK_A 只有 A 知道,所以除了 A 外无人能产生密文 $D_{SK_A}(M)$。这样信息就被 A 签名了。

2)签别

假若 A 要抵赖曾发送信息 M 给 B,B 可将 M 及 $D_{SK_A}(M)$ 出示给第三方(仲裁方)。第三方很容易用 PK_A 去证实 A 确实发送 M 给 B 了。反之,若 B 伪造 M',则 B 不敢在第三方面前出示 $D_{SK_A}(M')$。这样就证明 B 伪造了信息。

由此可以看出,实现数字签名也同时实现了对信息来源的签别。但是,对传送的信息 M 本身却未保密。因为凡是知道发送者身份的人,都可以获得发送者的公钥 PK_A,只要他截获到 $D_{SK_A}(M)$,就能够得到信息明文 M。为了同时实现数字签名和保密通信,常采用图 4-2 所示的方法,即发方 A 用收方的公钥 PK_B 或收发双方共享的密钥(单钥,即对称密码技术的密钥)对整个信息及签名进一步加密,接收方 B 对收到的密文用其私钥 SK_B 或收发双方共享的密钥(单钥)进行解密及对 A 签名的签别,则既提供了信息通信的保密性,又实现了数字签名。

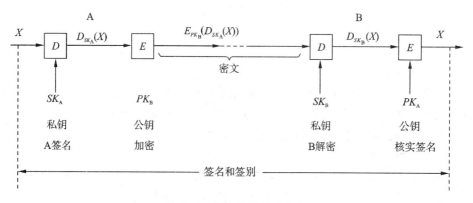

图 4-2　保密性的数字签名

但由于使用公钥密码技术对信息进行加密速度非常慢,如果对发送的整个信息进行加密来实现签名是非常耗时的。因此密码学家研究出了利用前面所述的消息摘要进行加密来签名,速度会大大加快,因为消息摘要的信息量很小,一般是几十至百余比特,这样利用公钥或者私钥加/解密非常方便。

例如,发方 A 对他要发送的信息先通过一个单向散列函数计算一个消息摘要,然后用他的私钥对消息摘要进行加密构成数字签名,并把数字签名和原信息用接收方 B 的公钥进行加密,然后将加密后的信息发送给 B。当 B 使用自己的私钥解密接收到的信息,B 就得到 A 的数字签名和明文信息,再用 A 的公钥对数字签名进行解密,B 随后使用相同的散列函数(一般在发送前就协商好了)来计算 A 签发的明文信息,得到消息摘要。如果计算出来的消息摘要和 A 发送给他的消息摘要(通过使用 A 的公钥解密得到的)是相同的,这样 B 就可以确认数字签名是正确的。这不仅意味着信息没有被改变,而且还达到了保密通信的目的。

2. 数字签名的步骤

从上述讨论可知,数字签名的过程如图 4-3 所示。

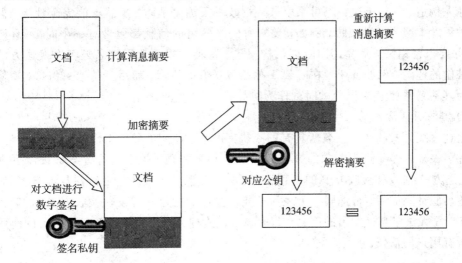

图 4-3　数字签名过程示意图

(1) 使用单向散列算法对原始信息进行计算,得到一个固定长度的消息摘要(Message Digest,实际上是一个固定长度的字符串)。当然,不同的信息所得到的消息摘要各不相同,但对相同的信息生成的消息摘要却是唯一的。同时,单向散列算法还保证了只要改动信息中的任何一位,重新计算出来的消息摘要与原先的值是不同的,这样实际上就保证了信息的不可更改性。

(2) 发送方用自己的私钥加密生成的消息摘要,生成发送方的数字签名。

(3) 发送方把这个数字签名作为要发送信息的附件和明文信息一同发送给接收方。

(4) 接收方首先用发方的公钥对数字签名进行解密,随后使用相同的单向散列函数来计算明文信息,得到消息摘要。

(5) 如果计算出来的消息摘要和发方发送给他的消息摘要(通过解密数字签名得到的)相同,接收方就能确认数字签名确实是发送方的,否则就认为收到的信息是伪造的或中途被篡改的。

3. 数字签名的分类

目前有多种数字签名体制,但所有这些体制都可以归结为两类:直接方式的数字签名和具有仲裁方式的数字签名。

1) 直接方式的数字签名

直接方式的数字签名只有通信双方参与,并假定接收一方知道发方的公钥。数字签名的形成方式可以用发送方的私钥加密信息。如果发送方用收方的公钥(公钥或非对称密码技术)或收发双方共享的密钥(单钥或对称密码技术)对整个信息及签名进一步加密,则又提供了保密性。而此时的外部保密方式(即数字签名是直接对需要签名的信息生成而不是对已加密的信息生成，否则称为内部保密方式）则对解决争议十分重要，因为第三方在处理争议时，需要得到明文信息及其数字签名。但如果采用内部保密方式，第三方必须得到信息的解密密钥后才能得到明文信息。如果采用外部保密方式，接收方就可将明文信息及其数字签名存储下来以备以后万一出现争议时使用。

直接方式的数字签名有一公共弱点，即方案的有效性取决于发送方密钥的安全性。如果发送方想对已发出的信息予以否认，就可声称自己的密钥已丢失或被盗，声称自己的签名是他人伪造的。对于这一点可采取某些行政手段加以预防，虽然不能完全杜绝，但可以在某种程度上减弱这种威胁。例如，要求每一被签名的信息都包含有一个时戳（日期和时间），并要求密钥丢失后立即向管理机构报告。这种方式的数字签名还存在发送方的私钥真的被偷的危险，例如破坏者在时刻 T 偷得发送方的私钥，然后可伪造一信息，用偷得的私钥为其签名并加上 T 以前的时刻作为时戳。

2）具有仲裁方式的数字签名

上述直接方式的数字签名所具有的威胁都可通过使用仲裁者得以解决。和直接方式的数字签名一样，具有仲裁方式的数字签名也有很多实现方案，这些方案都按以下方式运行：发送方 A 对发往接收方 B 的信息签名后，将信息及其签名先发给仲裁者 C，C 对信息及其签名验证完成后，再连同一个表示已通过验证的指令一起发往接收方 B。此时由于 C 的存在，A 无法对自己发出的信息予以否认。在这种方式中，仲裁者起着重要的作用并应取得所有用户的信任。

4.2.2　数字证书

数字证书（Digital Certificate）又称为数字标识（Digital ID），它提供了一种在网络上验证身份的方式，是用来标志和证明网络通信双方身份的数字信息文件，与我们日常生活中的身份证相似。在网上进行电子商务活动时，交易双方需要使用数字证书来表明自己的身份，并使用数字证书来进行有关的交易操作。通俗地讲，数字证书就是个人或单位在网络通讯中的身份证。数字证书将身份绑定到一对可以用来加密和签名数字信息的电子密钥，它能够验证一个人使用给定密钥的权利，这样有利于防止利用假密钥冒充其他用户的人。数字证书与加密一起使用，可以提供一个更加完整的信息安全技术方案，确保交易中各方的身份。

数字证书是由权威公正的第三方机构即 CA（第 5 章将讲解）签发的，以数字证书为核心的加密技术可以对网络上传输的信息进行加密和解密、数字签名和签名验证，确保网上传递信息的机密性、完整性，以及交易实体身份的真实性，签名信息的不可否认性，从而保障网络应用的安全性。

数字证书采用公钥密码体制，即利用一对互相匹配的密钥进行加密、解密。每个用户拥有一把仅为本人所掌握的私钥，用它进行解密和签名；同时拥有一把公钥，并可以对外公开，用于加密和验证签名。当发送一份保密文件时，发送方使用接收方的公钥对数据加密，而接收方则使用自己的私钥解密，这样，信息就可以安全无误地到达目的地了，即使被第三方截获，由于没有相应的私钥，也无法进行解密。通过数字的手段保证加密过程是一个不可逆过程，即只有用私钥才能解密。在公钥密码技术中，常用的一种是 RSA 密码体制。

公钥密码技术解决了密钥的分配与管理问题（第 3 章已经讨论过）。在电子商务技术中，商家可以公开其公钥，而保留其私钥。购物者可以用人人皆知的公钥对发送的消息进行加密，然后安全地发送给商家，商家用自己的私钥进行解密。而用户也可以用自己私钥对信息进行加密，由于私钥仅为本人所有，这样就产生了别人无法生成的文件，即形成了数字证书。采用数字证书，能够确认以下两点：

(1) 保证信息是由签名者自己签名发送的，签名者不能否认或难以否认。

(2) 保证信息自签发后到收到为止未曾做过任何修改，签发的文件是真实文件。

一般来说，数字证书主要包括三方面的内容：证书所有者的信息、证书所有者的公开密钥和证书颁发机构的签名。数字证书的格式一般采用 X.509 国际标准。目前的数字证书类型主要包括：个人数字证书、单位数字证书、单位员工数字证书、服务器证书、VPN 证书、WAP 证书、代码签名证书和表单签名证书。

目前，数字证书主要用于发送安全电子邮件、访问安全站点、网上证券、网上招标采购、网上签约、网上办公、网上缴费、网上税务等网上安全电子事务处理和安全电子交易活动。

4.2.3 数字签名标准与算法

一般来说，数字签名算法主要由包括两个相对独立的算法：签名算法和验证算法。签名者使用一个签名算法(一般来说是保密的)签名一个消息，所签的名通过一个公开的验证算法来验证。给定一个签名，验证算法根据签名是否真实来判断"真"或"伪"。目前，已经提出了大量的数字签名算法。例如 RSA 数字签名算法、EIGamal 数字签名算法、Fiat - Shamir 数字签名算法、Guillou - Quisquarter 数字签名算法、Schnorr 数字签名算法、Ong - Schnorr - Shamir 数字签名算法、美国的数字签名标准/算法(DSS/DSA)、椭圆曲线数字签名算法和有限自动机数字签名算法等。

美国国家标准技术研究所(NIST)于 1994 年 12 月通过了一个签名方案作为数字签名标准(Digital Signature Standard，DSS)，这就是众所周知的数字签名算法(Digital Signature Algorithm，DSA)。DSS 规范说明书于 1998 年做了修改，并于 1998 年 12 月 15 日公布为 FIPS PUB 186 - 1[NIST98]。FIPS PUB 186 - 1 规定 DSA 或者 RSA 签名方案都可以用于美国各机构生成数字签名。2000 年 2 月 15 日，NIST 又给 DSS 颁布了一个新标准 FIPS PUB 186 - 2，规定除了 DSA 和 RSA 之外，椭圆曲线数字签名算法(ECDSA)也可以用于美国各机构生成数字签名。下面将分别说明这两种 DSS 签名方案。

1. 基于公钥密码技术(RSA)的数字签名算法

RSA 公钥密码体制可以用于生成数字签名。如前面所述 RSA 密码体制是基于大数因子分解的困难性。RSA 数字签名方案可以描述如下：

(1) 产生两个大素数 p 和 q；

(2) 计算这两个素数的乘积 $n = pq$；

(3) 计算小于 n 并且与 n 互素整数个数，即欧拉函数 $\varphi(n) = (p-1)(q-1)$；

(4) 选取一个随机数满足 $1 < b < \varphi(n)$ 并且 b 和 $\varphi(n)$ 互素，即 $\gcd(b, \varphi(n)) = 1$；

(5) 计算 $a = b^{-1} \bmod \varphi(n)$；

(6) 公开 n 和 b，而保密 a、p 和 q。

1) 签名

信息 m 的签名 $\text{sig}(m)$ 通过 $\text{sig}(m) = (h(m))^a \bmod n$ 来生成。其中 $h(m)$ 为生成的消息

摘要，它由信息 m 通过密码学中的单向散列或杂凑函数（如 SHA 或 MD5）得到。

2）验证

验证算法 $\mathrm{ver}(m, y)$ 以信息 m 和签名 y 为输入，定义为

$$\mathrm{ver}(m, y) = 真(\mathrm{TRUE}) \to h(m) \equiv y^b (\bmod\ n)$$

验证算法使用了签名者的公钥，所以任何人都可以验证一个签名；然而由于签名需要签名者的私钥，故只有签名者本人才能产生有效的签名。

2. 数字签名标准算法（DSA）

DSA 是 ElGamal 签名方案[ElG85]的一种变形，DSA 签名方案描述如下：

（1）p 是素数满足 $2^{L-1} < p < 2^L$，其中 $512 \leqslant L \leqslant 1024$，$L$ 是 64 的倍数；

（2）q 是一个 160 bit 的素数并且能够整除 $p-1$；

（3）$g = h^{(p-1)/q} \bmod p$，其中 h 是任意满足 $1 < h < p-1$ 的整数，并且使得 $h^{(p-1)/q} \bmod p > 1$；

（4）$b = g^a \bmod p$，其中 a 是随机或者伪随机生成的整数且满足 $0 < a < q$；

（5）k 是随机或者伪随机生成的整数且满足 $0 < k < q$。

把 p、q、g 和 b 公开而保密 a 和 k。对每一次签名都应该生成一个新的 k 值。对于给定的 k，信息 m 的签名定义为：$\mathrm{sig}(m, k) = (y, s)$。其中：$y = (g^k \bmod p) \bmod q$，$s = (k^{-1}(\mathrm{SHA}(m) + ay)) \bmod q$。杂凑函数 SHA（这里不做讨论）用于把可变长的信息 m 转变为一个 160 bit 的消息摘要，然后用数字签名方案对它进行签名。

设 $\mathrm{ver}(m, y, s)$ 是验证算法，它以上述定义的信息 m 和 y、s 为输入。签名的验证过程通过下面的计算式来完成：

$$d1 = (\mathrm{SHA}(m)) s^{-1} \bmod q, \quad d2 = (y) s^{-1} \bmod q。$$

$$\mathrm{ver}(m, y, s) = 真(\mathrm{TRUE}) \to ((g^{d1} b^{d2}) \bmod p) \bmod q = y$$

信息 m 的签名是有效的当且仅当 $\mathrm{ver}(m, y, s)$ 的输出为真。如果 $\mathrm{ver}(m, y, s)$ 的输出为假，则说明或者信息 m 被篡改，或者该签名不是签名者的合法签名。

此外，还有许多专用数字签名方案。前面介绍的 DSA 和 RSA 等数字签名方案属于所谓"常规数字签名方案"，这类方案具有这样一些特点：

（1）签名者知道他签署信息的内容。

（2）任何人只要知道签名者的公钥，就可以在任何时候验证签名的真实性，不需要签名者的"同意"信号或来自其他方面的信号。

（3）具有基于某种单向函数运算的安全性。

但在电子货币、电子商业和其他网络安全通信的实用中，可能要放宽或加强上述特征中的一个或几个，或添上其他安全性特征，以适应各种不同的需要。例如，在互联网上购买商品或服务，要向供应商（由银行）付款，顾客发出包含有他的银行账号或别的重要信息的付款信息，由收款者作出（电子）签名才能生效，但账号之类的信息又不宜泄露给签名者，以保证安全。这种情况，就要使用"专用数字签名方案"中的一种"盲签名方案"（Blind Signature Scheme）。

盲签名方案的工作原理是这样的：用户 A 有信息 m 要求用户 B 签署，但又不能让 B 知道关于信息 m 的任何一点信息。设 (n, e) 是 B 公钥，(n, d) 是他的私钥。A 用安全通信软件生成一个与 n 互质的随机数 r，将 $m' = r^e m \bmod n$ 发送给 B，这样 B 收到的是被 r 所

"遮盖"的 m 值，即 m'，他不可能从 m' 中获取有关 m 的信息。接着，B 发回签名值：$s' = (m')^d \bmod n = (r^e m)^d \bmod n = r^{ed} m^d \bmod n = r m^d \bmod n$（由于 $ed \equiv 1 \bmod n$），A 对收到的 s' 计算 $s' r^{-1} \bmod n = r\, m^d\, r^{-1} \bmod n = m^d \bmod n$，就得到了真正来自 B 对 m 的签名 $s = m^d \bmod n$。

可见，运用盲签名方案，A 无法代替或冒充 B 的签名，而 B 则不知道他自己所签署的信息的真实内容。除了盲签名方案以外，另外还有几种专用数字签名方案：

(1) 指定批准人签名方案（Designated Confirmer Signature Scheme）：某个指定的人员可以自行验证签名的真实性，其他任何人除非得到该指定人员或签名者的帮助，不能验证签名。

(2) 小组（群）签名方案（Group Signature Scheme）：一个小组的任何成员可以签署文件，验证者可以确认签名来自小组，但不知道是小组的那一名成员签署了文件。

(3) 一次性签名方案（One-time Signature Scheme）：仅能签署单个信息的签名方案。

(4) 不可抵赖签名方案（Undeniable Signature Scheme）：在签名和验证的常规成分之外添上"抵赖协议"（Disavowal Protocol），则仅在得到签署者的许可信号后才能进行验证。

(5) 带有"数字时间标记系统"签名方案（Digital Time Stamping System Signature Scheme）：将不可篡改的时间信息纳入数字签名方案。

4.3　认 证 技 术

身份认证技术是在计算机网络中确认操作者身份而使用的技术。

计算机网络世界中一切信息包括用户的身份信息都是用一组特定的数据来表示的，计算机只能识别用户的数字身份，所有对用户的授权也是针对用户数字身份的授权。

如何保证以数字身份进行操作的操作者就是这个数字身份的合法拥有者，即保证操作者的物理身份与数字身份相对应，这就是身份认证技术所需要解决的问题。作为防护网络资产的第一道关口，身份认证起着举足轻重的作用。数字签名和鉴别技术的一个最主要的应用领域就是身份认证。

4.3.1　认证技术的相关概念

1. 标识和鉴别

认证就是一个实体向另外一个实体证明其所具有的某种特性的过程。在认证过程中，要用到两种基本安全技术，即标识（identification）技术和鉴别（authentication）技术。下面分别叙述。

(1) 标识。标识用来代表实体的身份，确保实体在系统中的唯一性和可辨认性，一般用名称和标识符（ID）来表示。通过唯一标识符，系统可以识别出访问系统的每个用户。例如，在网络环境中，网络管理员常用 IP 地址、网卡地址作为计算机用户的标识。

(2) 鉴别。鉴别是指对实体身份的真实性进行识别。鉴别的依据是用户所拥有的特殊信息或实物，这些信息是秘密的，其他用户都不能拥有。系统根据识别和鉴别的结果，来决定用户访问资源的能力。例如，通过 IP 地址的识别，网络管理员可以确定 Web 访问是内部用户访问还是外部用户访问。

2. 认证信息类型

常用的鉴别信息主要有四种：

（1）所知道的秘密，如用户口令、PIN（Personal Identification Number）。

（2）所拥有的实物，一般是不可伪造的设备，如智能卡、磁卡等。

（3）生物特征信息，如指纹、声音、视网膜等。

（4）上下文信息，就是认证实体所处的环境信息、地理位置、时间等，例如 IP 地址等。

3. 认证的用途

认证的主要用途有三方面：

（1）验证网络资源访问者的身份，给网络系统访问授权提供支持服务。

（2）验证网络信息的发送者和接收者的真实性，防止假冒。

（3）验证网络信息的完整性，防止篡改、重放或延迟。

4.3.2　认证方法的分类

1. 单向认证

单向认证是指在网络服务认证过程中，服务方对客户方进行单方面的鉴别，而客户方不需要识别服务方的身份。例如，假设一个客户需要访问某台服务器，单向认证只是由客户向服务器发送自己的 ID 和密码，然后服务器根据收到的密码和 ID，进行比对检验，鉴别客户方的身份真实性。单向认证过程如图 4-4 所示，认证过程由六步构成：

第一步，客户方向服务器发出访问请求；

第二步，服务器要求客户方输入 ID；

第三步，客户方向服务器输入 ID；

第四步，服务器要求客户方输入密码；

第五步，客户方向服务器输入密码；

第六步，服务器验证 ID 和密码，如果匹配则允许客户进入系统访问。

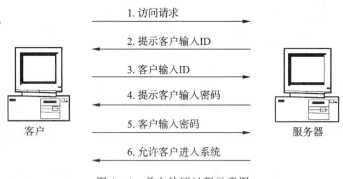

图 4-4　单向认证过程示意图

2. 双向认证

双向认证是指在网络服务认证过程中，不仅服务方对客户方要进行鉴别，而且客户方也要鉴别服务方的身份。双向认证增加了客户方对服务方的认证，这样就可以解决服务器的真假识别安全问题。双向认证过程如图 4-5 所示，认证过程由九步构成：

第一步，客户方向服务器发出访问请求；

第二步，服务器要求客户方输入 ID；

第三步，客户方向服务器输入 ID；

第四步，服务器要求客户方输入密码；

第五步，客户方向服务器输入密码；

第六步，服务器验证 ID 和密码，如果匹配则允许客户进入系统访问；

第七步，客户提示服务器输入密码；

第八步，服务器按客户要求输入密码；

第九步，客户验证服务器。

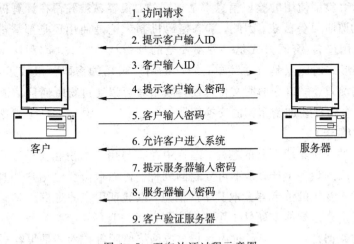

图 4 – 5　双向认证过程示意图

　　在实际应用中，双向认证的代价要比单向认证高。例如，一个拥有 50 个用户的网络，每个用户都可以和其他任何用户通信，所以每个用户都必须有能力对其他任一用户进行认证。另外，出于保密角度考虑，我们希望每个用户都有自己的个人密码。在这种情况下，每个用户必须存储所有其他用户的密码，也就是说每个工作站需要存储 49 个密码。如果新添加了一个用户，或者有用户被删除了，则每个人都要修改自己的密码表。由此可见，双向认证需要的代价高。

3. 第三方认证

　　第三方认证是指在网络服务认证过程中，服务方和客户方的身份鉴别通过第三方来实现。第三方不仅负责维护认证信息，而且还负责验证双方的身份。每个用户都把自己的 ID 和密码发送给可信第三方，由第三方负责认证过程。此方法兼顾了安全性和密码存储的简单易行性。

4.3.3　认证实现技术

　　在真实世界，对用户身份认证的基本方法可以分为三种：

　　(1) 根据你所知道的信息来证明你的身份(what you know，你知道什么)；

　　(2) 根据你所拥有的东西来证明你的身份(what you have，你有什么)；

　　(3) 直接根据独一无二的身体特征来证明你的身份(who you are，你是谁)，例如指纹、面貌等。

　　在网络世界中采用的手段与真实世界中一致，为了达到更高的身份认证安全性，某些场景会从以上三种方法中挑选两种混合使用，即所谓的双因素认证。

下面是几种常见的认证形式。

1. 静态密码

用户的密码是由用户自己设定的。在网络登录时输入正确的密码，计算机就认为操作者就是合法用户。实际上，由于许多用户为了防止忘记密码，经常采用诸如生日、电话号码等容易被猜测的字符串作为密码，或者把密码抄在纸上放在一个自认为安全的地方，这样很容易造成密码泄漏。如果密码是静态的数据，在验证过程中需要在计算机内存中和网络中传输，而每次验证使用的验证信息都是相同的，很容易被驻留在计算机内存中的木马程序或网络中的监听设备截获。因此，静态密码机制无论是使用还是部署都非常简单，但从安全性上讲，用户名/密码方式是一种不安全的身份认证方式。它利用 what you know 方法。这种认证形式的优点是方法简单；缺点是用户采用的密码一般较短，且容易猜测，容易受到口令猜测攻击；口令的明文传输使得攻击者可以通过窃听通信信道等手段获得用户口令；加密口令还存在加密密钥的交换问题。

2. 智能卡(IC 卡)

智能卡是一种内置集成电路的芯片，芯片中存有与用户身份相关的数据，智能卡由专门的厂商通过专门的设备生产，是不可复制的硬件。智能卡由合法用户随身携带，登录时必须将智能卡插入专用的读卡器读取其中的信息，以验证用户的身份。

智能卡认证是通过智能卡硬件不可复制来保证用户身份不会被仿冒。然而由于每次从智能卡中读取的数据是静态的，通过内存扫描或网络监听等技术还是很容易截取到用户的身份验证信息，因此仍存在安全隐患。

3. 短信密码

短信密码以手机短信形式请求包含 6 位随机数的动态密码，身份认证系统以短信形式发送随机的 6 位密码到客户的手机上。客户在登录或者交易认证时输入此动态密码，从而确保系统身份认证的安全性。它利用 what you have 方法。

短信密码具有以下优点：

(1) 安全性。由于手机与客户绑定比较紧密，短信密码生成与使用场景是物理隔绝的，因此密码在通路上被截取几率降至最低。

(2) 普及性。只要会接收短信即可使用，大大降低短信密码技术的使用门槛，学习成本几乎为 0，所以在市场接受度上不会存在阻力。

(3) 易收费。由于移动互联网用户长期以来已养成了付费的习惯，这是和 PC 互联网时代截然不同的理念，而且收费通道非常发达。网银、第三方支付、电子商务可将短信密码作为一项增值业务，每月通过 SP 收费不会有阻力，因此也可增加收益。

(4) 易维护。由于短信网关技术非常成熟，大大降低了短信密码系统上马的复杂度和风险，短信密码业务后期客服成本低。稳定的系统在提升安全性的同时也营造了良好的口碑效应，这也是目前银行也大量采纳这项技术很重要的原因。

4. 动态口令牌

动态口令牌是目前最为安全的身份认证方式，也利用 what you have 方法，也是一种动态密码。

动态口令牌如图 4-6 所示，是客户手持用来生成动态密码的终端。主流的动态口令牌是基于时间同步方式的，每 60 秒变换一次动态口令，口令一次有效，它产生 6 位动态数字进行一次一密的方式认证。

动态口令牌使用起来非常便捷，85% 以上的世界 500 强企业运用它保护登录安全，广泛应用在 VPN、网上银行、电子政务、电子商务等领域。

图 4-6　动态口令牌

5. USB Key

基于 USB Key 的身份认证方式是近几年发展起来的一种方便、安全的身份认证技术。它采用软、硬件相结合，一次一密的强双因子认证模式，很好地解决了安全性与易用性之间的矛盾。如图 4-7 所示，USB Key 是一种 USB 接口的硬件设备，它内置单片机或智能卡芯片，可以存储用户的密钥或数字证书，利用 USB Key 内置的密码算法实现对用户身份的认证。USB Key 身份认证主要有两种应用模式：一是基于冲击/响应的认证模式；二是基于 PKI 体系的认证模式，目前运用在电子政务、网上银行。

图 4-7　USB Key

6. 数字签名

数字签名又称电子加密，可以区分真实数据与伪造、被篡改过的数据。这对于网络数据传输，特别是电子商务是极其重要的，一般要采用一种称为摘要的技术。摘要技术主要是采用 Hash 函数（Hash（哈希）函数提供了这样一种计算过程：输入一个长度不固定的字符串，返回一个固定长度的字符串，又称 Hash 值）将一段任意长度的报文通过函数变换转换为一段定长的报文，即摘要。

7. 生物识别技术

生物识别技术是运用 who you are 方法，通过可测量的身体或行为等生物特征进行身份认证的一种技术。生物特征是指唯一的可以测量或可自动识别和验证的生理特征或行为方式。生物特征分为身体特征和行为特征两类。身体特征包括：指纹、掌型、视网膜、虹膜、人体气味、脸型、手的血管和 DNA 等；行为特征包括：签名、语音、行走步态等。目前部分学者将视网膜识别、虹膜识别和指纹识别等归为高级生物识别技术；将掌型识别、脸型识别、语音识别和签名识别等归为次级生物识别技术；将血管纹理识别、人体气味识别、DNA 识别等归为"深奥的"生物识别技术。指纹识别技术目前应用广泛的领域有门禁系统、微型支付等。

不过，生物特征认证是基于生物特征识别技术的，受到目前生物特征识别技术成熟度的影响，采用生物特征认证还具有较大的局限性：首先，生物特征识别的准确性和稳定性还有待提高；其次，由于研发投入较大而产量较小的原因，生物特征认证系统的成本非常高。

8. 双因素身份认证

所谓双因素就是将两种认证方法结合起来，进一步加强认证的安全性，目前使用最为广泛的双因素有：动态口令牌 ＋ 静态密码、USB Key ＋ 静态密码、二层静态密码等。

9. 身份的零知识证明

通常的身份认证都要求传输口令或身份信息，但如果能够不传输这些信息身份也得到认证就好了。零知识证明就是这样一种技术。

被认证方 A 掌握某些秘密信息，A 想方设法让认证方 B 相信他确实掌握那些信息，但又不想让认证方 B 知道那些信息。

4.4　Kerberos 技术

Kerberos 是由美国麻省理工学院(MIT)研制实现的一种身份鉴别服务，已经历了五个版本的发展。"Kerberos"的本意是希腊神话中地狱之门的守护者。Kerberos 协议实现的源程序可以从网站 http://web.mit.edu/kerberos/下载。Kerberos 认证系统可以用来对网络上通信的实体进行相互身份认证，并且能够阻止旁听和重放等攻击。

Kerberos 提供了一个集中式的认证服务器结构，认证服务器的功能是实现用户与其访问的服务器间的相互鉴别，并在用户和服务器之间建立安全信道。Kerberos 建立的是一个实现身份认证的框架结构，其实现采用的是对称密钥加密技术，而未采用公开密钥加密。

例如，Alice 和 Bob 分别都与可信第三方共享密钥，如果用户 Alice 想要获取 Bob 提供的服务，那么 Alice 首先向可信第三方申请一个用于获取 Bob 服务的票据 TGT(Ticket Granting Ticket)，然后可信第三方给 Alice 提供一个 Bob 的服务票据 TGS(Ticket Granting Server)及用于 Alice 和 Bob 之间安全会话的密钥，最后 Alice 利用可信第三方提供的服务票据和会话密钥，访问 Bob 服务并进行安全通信。

1. Kerberos 的设计目标

(1) 安全性。能够有效防止攻击者假扮成另一个合法的授权用户。

(2) 可靠性。分布式服务器体系结构，提供相互备份。

(3) 对用户透明性。

(4) 可伸缩。能够支持大数量的客户和服务器。

2. Kerberos 的设计思路

一个 Kerberos 系统涉及四个基本实体：

(1) Kerberos 客户机：用户用来访问服务器的设备。

(2) 认证服务器(Authentication Server)：为用户分发 TGT(Ticket Granting Ticket)的服务器。用户使用 TGT 向 TGS 证明自己的身份。

(3) 票据许可服务器(Ticket Granting Server，TGS)：为用户分发到最终目的票据的服务器，用户使用这个票据向自己要求提供服务的服务器证明自己的身份。

(4) 应用服务器(Application Server)：为用户提供特定服务。

在 Kerberos 系统中，票据(Ticket)是安全传递用户身份所需要的信息的集合。它不仅包含该用户的身份，而且还包含其他一些相关的信息。一般来说，它主要包括客户方 Principal、目的服务方 Principal、客户方 IP 地址、时间戳(分发该 Ticket 的时间)、Ticket 的生存期以及会话密钥等内容。通常将 AS 和 TGS 统称为 KDC(Key Distribution Center)。

Kerberos 的基本设计思路如下：

(1) 使用一个(或一组)独立的认证服务器(Authentication Server，AS)来为网络中的客户提供身份认证服务；

(2) 用户口令由认证服务器(AS)保存在数据库中；

(3) AS 与每个服务器共享一个唯一保密密钥(已被安全分发)。

例如 C 要与服务器 V 发起会话，其过程如下：

$$C \rightarrow AS: ID_C \| P_C \| ID_V$$
$$A \rightarrow SC: Ticket$$
$$C \rightarrow V: ID_C \| Ticket$$
$$Ticket = E_{K_V} [ID_C \| AD_C \| ID_V]$$

在实际使用中，会遇到如下问题：

(1) 用户希望输入口令的次数最少。

(2) 口令以明文传送会被窃听。

对于这样的问题，Kerberos 的解决办法是：

(1) 票据重用(Ticket Reusable)。

(2) 引入票据许可服务器(TGS)。用于向用户分发服务器的访问票据；认证服务器 (AS)并不直接向客户发放访问应用服务器的票据，而是由 TGS 来向客户发放。

Kerberos 中有两种票据：

(1) 服务许可票据(Service Granting Ticket)。它是客户访问服务器时需要提供的票据 用 $Ticket_V$ 表示访问应用服务器 V 的票据，$Ticket_V$ 定义为 $E_{K_V} [ID_C \| AD_C \| ID_V \| TS_2 \| LT_2]$。

(2) 票据许可票据(Ticket Granting Ticket)。它是客户访问 TGS 需要提供的票据，目 的是申请某一个应用服务器的"服务许可票据"。票据许可票据由 AS 发放。用 $Ticket_{tgs}$ 表 示访问 TGS 的票据。$Ticket_{tgs}$ 在用户登录时向 AS 申请一次，可多次重复使用。$Ticket_{tgs}$ 定 义为 $E_{K_{tgs}} [ID_C \| AD_C \| ID_{tgs} \| TS_1 \| LT_1]$。

Kerberos V4 认证过程示意图如图 4-8 所示。

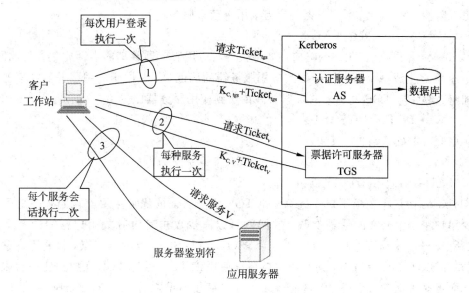

图 4-8 Kerberos V4 认证过程示意图

图中显示 Kerberos V4 认证过程分为三个阶段：

第一阶段，认证服务器的交互，用于获取票据许可票据：

$$C \rightarrow AS：ID_C \parallel ID_{tgs} \parallel TS_1$$

Kerberos 客户向认证服务器(AS)申请 TGT：

$$AS \rightarrow C：E_{K_C}[K_{C,\,tgs} \parallel ID_{tgs} \parallel TS_2 \parallel LT_2 \parallel Ticket_{tgs}]$$

当认证服务器(AS)收到 Kerberos 客户发来的消息后，AS 在认证数据库检查、确认 Kerberos 客户，并产生一个会话密钥，同时使用 Kerberos 客户的秘密密钥对会话密钥进行加密，然后生成一个 TGT。TGT 由 Kerberos 客户实体名、地址、时间戳、限制时间及会话密钥组成。AS 生成 TGT 后，把 TGT 发送给 Kerberos 客户。其中：$Ticket_{tgs} = E_{K_{tgs}}[K_{C,\,tgs} \parallel ID_C \parallel AD_C \parallel ID_{tgs} \parallel TS_2 \parallel LT_2]$

第二阶段，票据许可服务器的交互，用于获取服务许可票据：

$$C \rightarrow TGS：ID_V \parallel Ticket_{tgs} \parallel AU_C$$

Kerberos 客户收到 AS 发来的 TGT 后，使用自己的秘密密钥进行解密，得到会话密钥，然后利用解密的信息重新构造认证请求单，向 TGS 发送请求，申请访问应用服务器(AP)所需要的票据(Ticket)：

$$TGS \rightarrow C：E_{K_{C,\,tgs}}[K_{C,\,v} \parallel ID_V \parallel TS_4 \parallel Ticket_V]$$

TGS 使用其秘密密钥对 TGT 进行解密，同时使用 TGT 中的会话密钥对 Kerberos 客户的请求认证单信息进行解密，并将解密后的认证单信息与 TGT 中的信息进行比较。然后，TGS 生成新的会话密钥以供 Kerberos 客户和应用服务器使用，并利用各自的秘密密钥加密会话密钥。最后，生成一个票据，它由 Kerberos 客户实体名、地址、时间戳、限制时间、会话密钥组成。TGS 生成 TGT 完毕后，把 TGT 发送给 Kerberos 客户。其中：

$$Ticket_{tgs} = E_{K_{tgs}}[K_{C,\,tgs} \parallel ID_C \parallel AD_C \parallel ID_{tgs} \parallel TS_2 \parallel LT_2]$$
$$Ticket_V = E_{K_V}[K_{C,\,v} \parallel ID_C \parallel AD_C \parallel ID_V \parallel TS_4 \parallel LT_4]$$
$$AU_C = E_{K_{C,\,tgs}}[ID_C \parallel AD_C \parallel TS_3]$$

第三阶段，客户与应用服务器的交互，用于获得服务：

$$C \rightarrow V：Ticket_V \parallel AU_{C'}$$

Kerberos 客户收到 TGS 的响应后，将获得与应用服务器共享的会话密钥。与此同时，Kerberos 客户生成一个新的用于访问应用服务器的认证单，并用于应用服务器共享的会话密钥加密，然后与 TGS 发送来的票据一并传送到应用服务器：

$$V \rightarrow C：E_{K_{C,\,v}}[TS_5 + 1]$$

应用服务器确认请求。其中：

$$Ticket_V = E_{K_V}[K_{C,\,v} \parallel ID_C \parallel AD_C \parallel ID_V \parallel TS_4 \parallel LT_4]$$
$$AU_{C'} = E_{K_{C,\,v}}[ID_C \parallel AD_C \parallel TS_5]$$

Kerberos 协议中要求用户经过 AS 和 TGS 两重认证的优点主要有两点：一是可以显著减少用户密钥中密文的暴露次数，这样就可以减少攻击者对有关用户密钥中密文的积累；二是 Kerberos 认证过程具有单点登录 SSO(Single Sign-On)的优点，只要用户拿到了 TGT 并且该 TGT 没有过期，那么用户就可以使用该 TGT 通过 TGS 完成到任一台服务器的认证而不必重新输入密码。但是，Kerberos 也存在不足之处。例如，Kerberos 认证系统需要解决各主机节点时间同步和抗拒绝服务攻击问题。如果某台主机的时间被更改，那么这台主机就无法使用 Kerberos 认证协议了。一旦服务器的时间发生了错误，则整个 Kerberos 认证系统将会瘫痪。

━━━━━ 本 章 小 结 ━━━━━

在本章中先介绍了什么是消息摘要，使用消息摘要的目的是保证信息的完整性，防止信息的篡改，因此结合公钥密码技术，形成了数字签名，保证不可否认性。本章讲解了数字签名的原理和工作机制以及数字证书的运用技术。本章还讲解了认证技术以及身份认证技术的类型，并且对 Kerberos 技术进行了详细讲解。

★ 思 考 题 ★

1. 简要描述数字签名的基本原理及过程。
2. 什么是数字证书？为什么要用数字证书？它主要包含哪些内容？
3. 前面章节介绍公钥密码算法时，针对公钥的可信性提出问题，即如何保证该公钥就是所宣称者的公钥，而不是伪造的，本章提出了解决方法，这个解决方法是什么？
4. 如果有多于两个人同时对数字摘要进行签名，就称为双签名。在安全电子交易协议（SET）中就使用到了这种签名。想一想，这有什么意义，对于我们的实际生活有什么作用？
5. 本章讲了几种身份识别技术，你能从实际生活中找到它们的具体实现的对照吗？是否能想到更新、更好的例子？
6. 结合本章介绍的 Kerberos 系统，请用 Linux 系统实现，并在同学间展开讨论，讨论用 Windows、UNIX 和 Linux 三种系统实现的具体区别。

第5章 PKI 技术

与现实世界相比，网络的迷人之处就在于其开放性和匿名性，但也正是这两点给网络世界带来了巨大的安全风险，而 PKI 技术正是解决此问题的一把钥匙。本章从 PKI(公钥基础设施)技术的含义、PKI 技术研究的主要内容、PKI 技术的实现目标及作用等方面简单介绍了当前广泛用于解决电子商务中安全问题的 PKI 技术。

5.1 PKI 的基本概念和作用

5.1.1 PKI 技术概述

随着网络技术和信息技术的发展，电子商务已逐步被人们所接受并不断普及。但由于各种原因，电子商务的安全性仍不能得到有效的保障。通过网络进行电子商务交易时，由于交易双方并不是面对面交易，因此，无法确认双方的有效的合法身份，同时交易信息是交易双方的商业秘密，在网上传输时必须保证安全性，防止信息被窃取；另外，双方的交易是非现场交易，一旦发生纠纷，必须能够提供仲裁。

因此，在电子商务中，必须从技术上保证在交易过程中能够实现身份认证、安全传输、不可否认性、数据完整性。在采用数字证书认证体系之前，交易安全问题一直未能真正得到解决。由于数字证书认证技术采用了加密传输和数字签名，能够实现上述要求，因此在电子商务中得到了广泛的应用。PKI 正是利用了非对称密码的优势，以数字证书为核心技术，通过基础设施的工程理念利用标准的接口为用户提供除可用性以外的全面的安全服务。

所谓 PKI(Pubic Key Infrastructure)即公钥基础设施，是指用公开密钥的概念和技术来实施和提供安全服务的具有普适性的安全基础设施，是一种遵循标准的公钥加密技术为电子商务的开展提供一套安全基础平台的技术和规范。

X.509 标准中为了使 PKI 有别于权限管理基础设施(Privilege Management Infrastructure，PMI)，将 PKI 定义为支持公开密钥管理并能支持认证、加密、完整性和可追究性服务的基础设施。这个定义不仅指出了 PKI 能提供安全服务，更强调 PKI 必须支持公开密钥的管理。因为 PMI 仅仅使用了公钥技术，所以不能称作 PKI，但可以看作是 PKI 的一部分。

美国国家审计总署在 2001 年和 2003 年的报告中都把 PKI 定义为由硬件、软件、策略和人构成的系统，当完善设施后，能够为敏感通信和交易提供一套安全保障，包括保密性、完整性、真实性和不可否认性。这个定义隐含了公钥技术，因为目前只有公钥技术才能满足所有的要求。

综上所述，PKI 是用公钥技术实施的，支持公开密钥的管理，并提供保密性、完整性、真实性以及可追究性安全服务的具有普适性的安全基础设施。

5.1.2　PKI 的主要研究对象及主要服务

PKI 在公开密钥基础上，主要解决密钥属于谁即密钥认证的问题。PKI 提供公钥加密和数字签名服务的系统或平台，目的是管理密钥和证书。通过数字证书，PKI 很好地证明了公钥属于谁（前面章节提出的问题，在这里得到解决）。

PKI 技术的研究对象包括：数字证书、颁发数字证书的证书认证中心（Certificate Authority，CA）、持有证书的证书持有者和使用证书服务的证书用户以及为了更好地成为基础设施而必须具备的证书注册机构、证书存储和查询服务器、证书状态查询服务器、证书验证服务器等。

作为基础设施，两个或多个 PKI 管理域的互联十分重要。PKI 域和域间如何互联是建立一个无缝的、大范围的网络应用的关键。在 PKI 互联过程中，信任关系的建立亦非常重要。

一般认为 PKI 提供了以下几种主要安全服务：

（1）认证——向一个实体确认另一个实体确实是他自己。PKI 的认证服务采用数字签名这一密码技术。

（2）完整性—— 向一个实体确保数据没有被有意或无意地修改。PKI 的完整性服务采用了两种技术：第一种技术是数字签名；第二种技术是消息认证码或 MAC，这项技术通常采用对称分组密码或密码杂凑函数。

（3）机密性——向一个实体确保除了接收者，无人能读懂数据的关键部分。PKI 的机密性服务采用类似于完整性服务的机制，即：首先，A 生成一个对称密钥（也许是使用他的密钥交换私钥和 B 的密钥交换公钥）；其次，用对称密钥加密数据（使用对称分组密码加密数据）；最后，将加密后的数据以及 A 的密钥交换公钥或用 B 的加密公钥加密后的对称密钥发送给 B。为了在实体（A 和 B）间建立对称密钥，需要建立密钥交换和密钥传输机制。

（4）不可否认性——通过数字签名机制来提供该服务。一个实体不能否认自己所做的数字签名及其签名的消息，即不可抵赖性。

5.1.3　PKI 的基本结构

PKI 作为一组在分布式计算系统中利用公钥技术和 X.509 证书所提供的安全服务，企业或组织可利用相关产品建立安全域，并在其中发布密钥和证书。在安全域内，PKI 管理加密密钥和证书的发布，并提供诸如密钥管理（包括密钥更新、密钥恢复和密钥委托等）、证书管理（包括证书产生和撤销等）和策略管理等。PKI 产品也允许一个组织通过证书级别或直接交叉认证等方式来同其他安全域建立信任关系。这些服务和信任关系不能局限于独立的网络之内，而应建立在网络之间和 Internet 之上，为电子商务和网络通信提供安全保障，所以具有互操作性的结构化和标准化技术成为 PKI 的核心。

PKI 在实际应用中是一套软硬件系统和安全策略的集合，它提供了一整套安全机制，使用户在不知道对方身份或分布地很广的情况下，以证书为基础，通过一系列的信任关系进行通信和电子商务交易。

在 PKI 技术支持下，一个获取其他用户公钥的简化过程大致如下：

（1）Bob 生成自己的公私钥对，向注册机构（Register Authority，RA）提出公钥注册申请。

（2）在决定给 Bob 签发数字证书之前，RA 首先审查用户的申请资格，并决定是否同意 CA 给其签发数字证书。一旦用户通过 RA 的审查，则 RA 向 CA 提出证书请求。

（3）CA 为 Bob 签发证书，证书包含 Bob 的身份信息和公钥，以及 CA 对证书的签名结果。

（4）当 Alice 需要与 Bob 进行保密通信时，就可以在证书发布系统查找 Bob 的证书，然后使用 CA 的公钥来验证证书上的数字签名是否有效，确保证书不是攻击者伪造的。

（5）验证证书后，Alice 就可以使用证书上所包含的公钥与 Bob 进行保密通信和身份鉴别等。

一个典型的 PKI 系统如图 5-1 所示，其中包括 PKI 策略、软硬件系统、证书认证中心 CA、注册机构 RA、证书发布系统和 PKI 应用等。

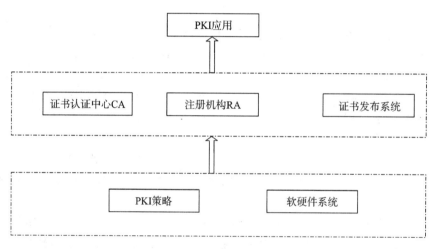

图 5-1　PKI 组成框图

PKI 安全策略建立和定义了一个组织信息安全方面的指导方针，同时也定义了密码系统使用的处理方法和原则。它包括一个组织怎样处理密钥和有价值的信息，根据风险的级别定义安全控制的级别。一般情况下，在 PKI 中有两种类型的策略：一是证书策略，用于管理证书的使用，例如，可以确认某一 CA 是在 Internet 上的公有 CA，还是某一企业内部的私有 CA；另外一个就是 CPS（Certificate Practice Statement）。一些由商业证书发放机构或者可信的第三方操作的 PKI 系统需要 CPS。这是一个包含如何在实践中增强和支持安全策略的一些操作过程的详细文档。它包括 CA 是如何建立和运作的，证书是如何发行、接收和废除的，密钥是如何产生、注册的，以及密钥是如何存储的，用户是如何得到它的等。

证书认证中心 CA 是 PKI 的信任基础，它管理公钥的整个生命周期，其作用包括：发放证书、规定证书的有效期和通过发布证书废除列表（CRL）确保必要时可以废除证书。后面将会对 CA 进行详细介绍。

注册机构 RA 提供用户和 CA 之间的一个接口，它获取并认证用户的身份，向 CA 提出证书请求。它主要完成收集用户信息和确认用户身份的功能。这里用户指的是订户，是指将要向认证中心(即 CA)申请数字证书的客户,可以是个人,也可以是集团或团体、某政府机构等。注册管理一般由一个独立的注册机构(即 RA)来承担。它接受用户的注册申请,审查用户的申请资格,并决定是否同意 CA 给其签发数字证书。注册机构并不给用户签发证书,而只是对用户进行资格审查。因此,RA 可以设置在直接面对客户的业务部门,如银行的营业部、机构人事部门等。当然,对于一个规模较小的 PKI 应用系统来说,可把注册管理的职能由认证中心 CA 来完成,而不设立独立运行的 RA。但这并不是取消了 PKI 的注册功能,而只是将其作为 CA 的一项功能而已。PKI 国际标准推荐由一个独立的 RA 来完成注册管理的任务,可以增强应用系统的安全性。

证书发布系统负责证书的发放,如可以通过用户自己,或是通过目录服务。目录服务器可以是一个组织中现存的,也可以是 PKI 方案中提供的。常见的信息发布技术有 X.500 目录、WWW 服务器、FTP 服务器、LDAP 协议、HTTP 协议等,甚至可以是普通的电子邮件。

除了上述三种最基本的实体组件外,为了能够更好地提供服务,PKI 系统中还经常包括密钥管理系统、OCSP(Online Certificate Status Protocol)服务器、CRL Issuer 等各种辅助组件。

1) 证书撤销列表(CRL)

认证机构 CA 签发证书来为用户的身份和公钥进行捆绑,可是在现实物理世界中,因种种原因,还必须存在一种机制来撤销这种捆绑关系,将现行的证书撤销。这种撤销的原因通常有:用户身份姓名的改变、私钥被窃或泄露、用户与其所属企业关系变更等。这样就必须存在一种方法警告其他用户不要再使用这个公钥。在 PKI 中,这种警告机制被称作证书撤销,所使用的手段为证书撤销列表或称 CRL。

在这里,证书撤销信息更新和发布的频率是非常重要的。一定要确定合适的间隔频率来发布证书撤销信息,并且要将这些信息及时地散发给那些正在使用这些证书的用户。在某些情况下,这种间隔可能相当长,如几个小时甚至几天一次;而在某些场合,即便几分钟的间隔都是不能接受的。两次证书撤销信息发布之间的间隔被称为撤销延迟。撤销延迟必须作为证书策略的一部分来规定,在给定一个应用领域中,其撤销措施必须遵照相应的策略。

实现证书撤销的另外一种方法是在线查询机制,如采用在线证书状态协议(OCSP)。与 CRL 下载后离线验证的工作方式不一样,OCSP 是一种“请求—响应”协议。证书验证者向 OCSP 服务器查询某一张特定证书是否被撤销,服务器返回的响应消息表明该证书的撤销状态(正常、撤销或者未知)。OCSP 响应消息也必须由服务器进行数字签名,防止传输过程中的替换或篡改攻击。OCSP 能够提供实时的、无延迟的证书撤销信息。而且,OCSP 的响应消息短,传输带宽小,处理更容易。

2) 密钥管理系统

密钥管理过程包括密钥的生成、备份、托管和恢复。

(1) 密钥的生成。在生成密钥时,一般都需要有可靠的随机数产生源,但是有些用户并不具备专用的随机数产生设备,PKI 系统应该能为用户安全地生成密钥。

(2) 密钥的备份和恢复。利用 PKI 来加密存储文件、实现机密性时,就应该考虑密钥的备份和恢复。否则当密钥被错误地销毁、人员调动、忘记口令时,被加密的重要资料就无法解密。

（3）密钥托管。在基于获取犯罪证据、保障公共安全的考虑下，在不触犯法律前提下，获得许可的执法机构就可以利用托管的密钥解密用户的通信数据。

5.1.4 PKI 国内外研究现状

PKI 是建立在公钥加密技术基础之上的，是随着加密技术的普遍应用而发展起来的。1976 年，美国的密码学专家 Diffie 和 Hellman 提出了著名的 D-H 密钥分发体制，第一次解决了不依赖秘密信道的密钥分发问题，允许双方在不安全的媒体上交换信息，安全地获取相同的用于对称加密的密钥，公钥则在电话簿中公布。1978 年 Kohnfelder 提出了 Certificate Agency（认证机构，简称 CA）的概念，在 CA 集中式管理的模式下，公钥以 CA 证书形式公布于目录库，私钥仍以秘密（物理）信道分发。1991 年相继出现了 PGP、PEM，第一次提出密钥由个人生成的分散式体制，以不传递私钥的方式避开了秘密信道。1996 年出现 SPKI 解决方案。PKI 设立了 CA 认证中心，以第三方证明的方式将公钥和标识绑定，并创立了层次化 CA 架构。

1. PKI 国外发展现状

美国作为最早提出 PKI 概念的国家，于 1996 年成立了美国联邦 PKI 筹委会，其 PKI 技术在世界上处于领先地位，与 PKI 相关的绝大部分标准都由美国制定。2000 年 6 月 30 日，美国总统克林顿正式签署美国《全球及全国商业电子签名法》，给予电子签名、数字证书法律上的保护，这一决定使电子认证问题迅速成为各国政府关注的热点。

加拿大在 1993 就已经开始了政府 PKI 体系雏形的研究工作，到 2000 年已在 PKI 体系方面获得重要的进展，已建成的政府 PKI 体系为联邦政府与公众机构、商业机构等进行电子数据交换时提供信息安全的保障，推动了政府内部管理电子化的进程。加拿大与美国代表了发达国家 PKI 发展的主流。

欧洲在 PKI 基础建设方面也成绩显著。为了解决各国 PKI 之间的协同工作问题，它采取了一系列措施：积极资助相关研究所、大学和企业研究 PKI 相关技术；资助 PKI 互操作性相关技术研究，并建立 CA 网络及其顶级 CA。并于 2000 年 10 月成立了欧洲桥 CA 指导委员会，于 2001 年 3 月 23 日成立了欧洲桥 CA。

在亚洲，韩国是最早开发 PKI 体系的国家。韩国的认证架构主要分为三个等级：最上一层是信息通讯部，中间是由信息通讯部设立的国家 CA 中心，最下一级是由信息通讯部指定的下级授权认证机构（LCA）。日本的 PKI 应用体系按公众和私人两大领域来划分，而且在公众领域的市场还要进一步细分，主要分为商业、政府与公众管理内务、电信邮政三大块。PKI 技术在整个亚洲虽然有了一定的发展，但处于一个相对落后的水平，还存在着许多亟待解决的问题。

此外，许多国外的企业开展了 PKI 的研究。较有影响力的企业有 Baltimore 和 Entrust，其产品如 Entrust/PKI 5.0 已经能较好地满足商业企业的实际需求。VeriSign 公司也已经开始提供 PKI 服务，Internet 上很多软件的签名认证都来自 VeriSign 公司。

2. PKI 国内发展现状

我国的 PKI 技术从 1998 年开始起步，政府和各有关部门近年来对 PKI 产业的发展给予了高度重视。2001 年 PKI 技术被列为"十五"863 计划信息安全主题重大项目，并于同年

10 月成立了国家 863 计划信息安全基础设施研究中心。原国家计委也在制定新的计划来支持 PKI 产业的发展，在国家电子政务工程中明确提出了要构建 PKI 体系。目前，我国已全面推动 PKI 技术研究与应用。2004 年 8 月 28 日，十届全国人大常委会第十一次会议表决通过了电子签名法，规定电子签名与手写签名或者盖章具有同等的法律效力。这部法律的诞生将极大地推动我国的 PKI 建设。

自从 1998 年国内第一家以实体形式运营的上海 CA 中心(SHECA)成立以来，PKI 技术在我国的商业银行、政府采购以及网上购物中得到广泛应用。目前，国内的 CA 机构分为区域型、行业型、商业型和企业型四类。截至 2002 年底，前三种 CA 机构已有 60 余家，58%的省市建立了区域 CA，部分部委建立了行业 CA。其中全国性的行业 CA 有中国金融认证中心(CFCA)、中国电信认证中心(CTCA)等，区域性 CA 有上海 CA 中心、广东电子商务认证中心等。

我国正在拟订全面发展国内 PKI 建设的规则，其中包括国家电子政务 PKI 体系和国家公共 PKI 体系。从 2003 年 1 月 7 日在京召开的中国 PKI 战略发展与应用研讨会可知，我国将组建一个国家 PKI 协调管理委员会来统管国内的 PKI 建设，由它来负责制定国家 PKI 管理政策、国家 PKI 体系发展规划，监督、指导国家电子政务 PKI 体系和国家公共 PKI 体系的建设、运行和应用。据有关机构预测，电子政务的外网 PKI 体系建设即将展开，在电子政务之后，将迎来电子商务这个 PKI 建设的更大商机，中国的 PKI 建设即将迎来大发展。

3. PKI 应用前景

由于 PKI 是重大国家利益和网络经济发展的制高点，也是推动互联网发展、保障事务处理安全、推动电子政务和电子商务的支撑点，因此，建立健全的国家 PKI 体系，将有力地促进我国电子政务以及整个国家信息化的发展。政府和企业都十分重视 PKI 建设，PKI 应用有着巨大的发展前景。

5.2　数字证书

数字证书是 PKI 最基本的元素，也是承载 PKI 安全服务的最重要的载体。本节通过对数字证书的产生、使用、更新、撤销的整个生命周期的描述，给读者提供一个形象的 PKI。

5.2.1　数字证书的概念

数字证书也叫电子证书(简称证书)。在很多场合下，数字证书、电子证书和证书都是 X.509 公钥证书的同义词，它符合 ITU - TX.509V3 标准。证书是随 PKI 的形成而新发展起来的安全机制，它实现身份的鉴别与识别(认证)、完整性、保密性及不可否认性安全服务(安全需求)。

数字证书是电子商务中各实体的网上身份的证明，它证明实体所声明的身份与其公钥的匹配关系，使得实体身份与证书上的公钥相绑定。从公钥管理的机制来讲，数字证书是公钥体制密钥管理的媒介，即在公钥体制中，公钥的分发、传送是靠证书机制来实现的，所以有时也将数字证书称为公钥证书。数字证书是一种权威性的电子文档，它是由具有权威性、可信任性及公正性的第三方机构(CA)所颁发的。

1. 数字证书的表示

认证机构通过对一组信息进行签名来产生用户证书，这些信息包括用户的可辨别名（Distinguished Name，DN）和公钥，以及该用户附加信息的唯一标识符。例如，由名为 CA 且具有唯一标识符 UCA 的认证机构所产生的带有可辨别名 A 和唯一标识符 UA 的用户证书具有下列形式：

$$CA《A》＝CA\{V, SN, AI, CA, UCA, A, UA, A_P, T^A\}$$

符号说明如下：

V——证书版本号；

SN——证书序列号；

AI——用于对证书进行签名的算法的标识符；

UCA——CA 可选的唯一标识符；

UA——用户 A 可选的唯一标识符；

A_P——用户 A 的公钥；

T^A——证书的有效期，它包含两个日期，只有处于这两个日期之间才有效。证书有效期是指 CA 担保维持证书状态信息的时间间隔。T^A 的取值范围不少于 24 小时。证书中的签名的有效性可被任何知道 A_P 的用户所验证。

2. 数字证书的内容

X.509 V1 和 V2 证书所包含的主要内容如下：

证书版本号(Version)：版本号指明 X.509 证书的格式版本，现在的值可以为 0、1、2，也为将来的版本进行了预定义。

证书序列号(Serial Number)：序列号指定由 CA 分配给证书的唯一的数字型标识符。当证书被取消时，实际上是将此证书的序列号放入由 CA 签发的 CRL 中，这也是序列号唯一的原因。

签名算法标识符(Signature)：签名算法标识符用来指定由 CA 签发证书时所使用的公开密钥算法和 Hash 算法，需向国际知名标准组织(如 ISO)注册。

签发机构名(Issuer)：此域用来标识签发证书的 CA 的 X.500 DN。包括国家、省市、地区、组织机构、单位部门和通用名。

有效期(Validity)：指定证书的有效期，包括证书开始生效的日期和时间以及失效的日期和时间。每次使用证书时，需要检查证书是否在有效期内。

证书用户名(Subject)：指定证书持有者的 X.500 唯一名字。包括国家、省市、地区、组织机构、单位部门和通用名，还可包含 E-mail 地址等个人信息等。

证书持有者公开密钥信息(Subject Public Key Info)：证书持有者公开密钥信息域包含两个重要信息：证书持有者的公开密钥的值；公开密钥使用的算法标识符。此标识符包含公开密钥算法和 Hash 算法。

签发者唯一标识符(Issuer Unique Identifier)：签发者唯一标识符在第 2 版的标准中加入 X.509 证书定义。此域用在当同一个 X.500 名字用于多个认证机构时，用一比特字符串来唯一标识签发者的 X.500 名字(可选)。

证书持有者唯一标识符(Subject Unique Identifier)：证书持有者唯一标识符在第 2 版的标准中加入 X.509 证书定义。此域用在当同一个 X.500 名字用于多个证书持有者时，用一比特字符串来唯一标识证书持有者的 X.500 名字(可选)。

签名值(Issuer's Signature)：证书签发机构对证书上述内容的签名值。

X.509 V3 证书是在 V2 的基础上以标准形式或普通形式增加了扩展项,以使证书能够附带额外信息。

5.2.2　数字证书/密钥的生命周期

数字证书在 PKI 系统中就如人体在大自然界中一样,存在一个生命由诞生到死亡的过程。本小节主要内容包括：数字证书的"诞生",数字证书的"生命活动"——数字证书的"工作"和相应的"功用",以及数字证书"死亡"乃至最终"归宿",即生成、使用、存储、更新和撤销。

图 5-2 显示了数字证书在 PKI 系统中的"生命轮回"。一个证书的生命周期主要包括三个阶段,即证书初始化注册阶段、颁发使用阶段和撤销阶段。而证书密钥的备份与恢复就发生在初始注册阶段和证书的颁发使用阶段。

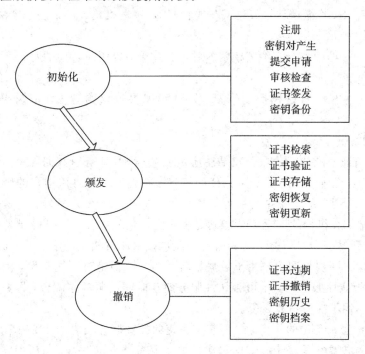

图 5-2　证书/密钥的生命周期

在终端用户实体使用 PKI 支持的服务之前,它们必须初始化以进入 PKI。初始化阶段由以下几步所组成：

终端实体注册——终端实体向 RA 或 CA 注册该域的用户；

密钥对产生——用户本身或者由可信 CA 为用户生成公私钥对；

提交申请——用户向 CA 或 RA 提交申请材料；

审核检查——CA 或被授权的 RA 对材料进行审核,目的是判别材料的真实性和申请的数字签名的类型；

证书签发——CA 按照数字证书的标准格式(一般为 X.509 格式)签名并发布；

密钥备份(可选)——数据加密用密钥则可以备份,签名用密钥一定不能备份,否则一旦纠纷发生,不满足不可否认性。

一旦私钥和公钥证书产生,密钥/证书生命周期管理的颁发阶段即开始。这一阶段主要包括:

证书检索——远程资料库的证书检索;

证书验证——确定一个证书的有效性;

证书存储——CA给用户发送的证书存放在本地,同时本地也存放着CA根证书和其他实体的证书;

密钥恢复——不能正常解读加密文件时,从CA中恢复;

密钥更新——当一个合法的密钥对将要过期时,新的公/私密钥自动产生并颁发。

撤销阶段是密钥/证书生命周期管理的结束。它包括如下内容:

证书过期——证书的自然过期;

证书撤销——当用户身份发生变化或私钥泄露等情况发生时,用户向CA/RA申请撤销,审查通过后RA将撤销请求发给CA或者CRL签发机构,宣布一个合法证书(及相关私钥)不再有效;

密钥历史——维护一个有关密钥资料的连续记录,以便对过期的密钥所加密的数据进行解密;

密钥档案——出于对密钥历史恢复、审计和解决争议的考虑,密钥历史档案由CA储存。

1. 密钥的备份

用户在申请证书的初始阶段,如果注册声明公/私钥对是用数据加密,出于对数据的机密性安全需求,在初始化阶段,可信任的第三方机构CA可对该用户的密钥和证书进行备份。当然,一个用户的密钥是否由可信任的第三方机构CA来备份,这是一个安全管理策略问题。一般CA机构的安全策略能满足用户的可信任的需求。备份设备的位置可以从一个PKI域变到另一个PKI域,密钥备份功能可以由颁发相应证书的CA机构执行。

在此,必须再一次强调用户用于数据签名目的的私钥绝对不能备份,因为数字签名是用于支持不可否认性服务的,不可否认性服务要与时间戳服务相配合,即数字签名有时间性要求,所以私钥不能备份和恢复。

在这里讨论密钥备份的概念时,不应与密钥的托管概念相混淆,在一个综合PKI系统中,密钥备份的必要性是基于合理的和实际的商业需求为出发点,与法律强制或政府对加密数据的管理无关。而密钥托管是出于对法律强制或政府对加密数据的访问控制的要求而设置的。密钥备份只是为了在需要时恢复,进一步得到被加密的数据,免遭严重的经济损失。

2. 密钥的恢复

密钥恢复发生在密钥管理生命周期的颁发阶段,它的功能就是将终端用户因为某种原因而丢失的加密密钥予以恢复。这种恢复由可信任的密钥恢复中心或CA来完成。密钥可以从远程设备恢复,也可由本地设备恢复。为了实现可扩展性并将PKI管理员和终端用户的负担减到最小,这个恢复过程必须尽可能最大限度地自动化、透明化。任何综合的生命周期管理协议都必须包括对这一功能的支持。

密钥的恢复和密钥备份一样，只适用于用户的加密密钥，签名私钥不应备份，因为这样将影响提供不可否认性的能力。

3. 自动更新密钥

一个证书的有效期是有限的，这样规定既有理论上的原因，又有实际操作的因素。在理论上诸如关于当前非对称算法和密钥长度的可破译性分析，同时在实际应用中，证明密钥必须有一定的更换频度，才能得到密钥使用的安全性。因此，在很多 PKI 环境中，一个已颁发的证书需要有过期的措施，以便更换新的证书。这个过程被称为"密钥更新或证书更新"，它与证书作废撤销是两个概念。

对 PKI 用户来说，用手工操作的方式定期更新自己的证书是一件令人头痛的事情。因为用户常常会忘记自己的证书已过期，他们往往是在实际使用中，遭遇认证失败时才发现问题，这时为时已晚。为此，用户必须完成密钥更新过程，否则他们无法继续获取 PKI 的相关服务。

为解决密钥更新的复杂性和人工干预的麻烦，应由 PKI 本身自动完成密钥或证书的更新，完全不需要用户的干预。它的指导思想是：无论用户的证书用于何种目的，在认证时，都会在线自动检查有效期，在失效日期到来之前的某时间间隔内，自动启动更新程序，生成一个新证书来代替旧证书，新旧证书的序列号也不一样。

在很多环境中，对可操作的 PKI 来说，自动密钥更新十分重要，它也是 PKI 定义的一个组成部分。

请参照图 5-2，密钥更新发生在证书的颁发阶段。当证书被颁发时，它就被赋予了一个固定的生存期，这种证书的有效期限是由证书的安全策略或 CPS（证书运作规范）所规定。当证书"接近"过期，就必须颁发一个新的公/私密钥和相关证书，这被称为密钥更新。

所谓"接近"过期，一般是指在证书到达有效期之前的时间"提前量"，这个提前量通常规定为整个密钥生存期的 20% 左右，即一旦密钥生存周期被用到 80% 时，密钥更新就应发生。然后，新的密钥资料应该被用到随后所有的密码操作中。实践证明，这是一个合理的转变时间，可以防止证书过期而得不到安全服务。

我们强调密钥和证书更新应该在当前证书过期之前发生，这是为了避免任何延时和间隔可能使终端实体在处理交易时产生不必要的中断。

在此，我们应指出用于签名目的的私钥也可以有一个给定的有效生存期。这个给定的有效期可以小于或等于相关认证证书的过期时间。如果签名私钥是在它的相关联的认证证书之前过期，为密钥更新所建立的阈值应该基于签名私钥的过期时间，而不是认证证书的过期时间，以便使终端实体总是持有一个有效的签名密钥。

因为扩展性的要求，这个过程必须是自动的，对终端用户而言，也应该是透明的。

4. 证书更新与证书恢复

证书更新的概念与证书恢复是不相同的，这一点很重要。不同点在于：证书恢复是保持最初的公钥/私钥对，而密钥/证书更新是在证书中产生了一个新的公钥/私钥对。证书之所以能够恢复，是考虑到与最初证书的颁发有关的环境没有变化，这时才使用恢复，并且还认为这个公/私钥对仍然被认为是可信的。很显然，证书恢复的这些概念与证书更新是不相同的。

5.2.3　数字证书的认证过程

以上我们介绍了证书表示、内容及用途，那么证书是如何相互认证的呢？互相的身份是如何识别的？为什么应用证书机制就是安全的呢？下面介绍证书的认证过程（也称验证过程）。

1. 证书拆封

所谓证书的拆封，是验证发行者 CA 的公钥能否正确解开客户实体——证书中的"发行者的数字签名"。两个证书在交换传递之后，要进行拆封，看是否能够拆封，即证明该证书是否为可信任的第三方 CA 机构所签发。一个证书或证书链的拆封操作，是为了从中获得一个公钥。如果能正确解开，输出结果即为用户的公钥。那么，这个签名被验证是正确的。因为它证明了这个证书是由权威的、可信任的认证机构所签发。因此，这个实体证书是真实可信的。

2. 序列号验证

序列号的验证，是指检查实体证书中的签名实体序列号是否与签发者证书的序列号相一致，从而验证证书的真伪。验证操作过程是：用户实体证书中的签发证书的序列号，与 CA 证书中的证书序列号，二者应该相一致，否则证书不是可信任的认证机构 CA 所签发。

3. 有效期验证

有效期验证就是检查用户证书使用的日期是否合法，有无过期。具体做法为：

用户实体证书的有效期及私钥的有效期应在 CA 证书的有效日期之内。若超过 CA 证书有效期，交易是不安全的，实体证书应作废。

用户实体证书有效期中的截止日期应在 CA 证书的私钥有效期日期之内，否则证书是不安全的。

4. 撤销列表查询

所谓撤销列表查询，是检查用户的证书是否已经作废，并发布在证书撤销列表中。一般称 CRL 查询，俗称"黑名单查询"。一个实体证书因私钥泄密等原因需要废止时，应及时向 CA 声明作废。CA 实体及时地通过 LDAP 标准协议向证书库中以 X.500 的格式进行发布，以供访问时实体间进行开放式查询。

除上述证书认证外还包括证书使用策略的认证、证书链认证以及最终用户实体证书的确认。

5.3　PKI 互联

随着互联网技术的飞速发展，世界范围内将出现多种多样的证书管理体系。所以，PKI 体系的互通性也不可避免地成为 PKI 体系建设时必须考虑的问题，PKI 体系中采取的算法的多样性更加深了互通操作的复杂程度。

PKI 的互通性首先必须建立在网络互通的基础上，才能保证在全球范围内任何终端用户之间数据的传送；其次是用户必须借助于 X.500 目录服务获得对方签名使用的算法。

PKI 在全球互通可以有两种实现途径：

· 各 PKI 体系的根 CA 交叉认证。

- 建立一个全球性的统一根 CA，为各 PKI 体系颁发证书。

5.3.1　建立一个全球性的统一根 CA

这种方式是将不同的 PKI 体系组织在同一个全球根 CA 之下，这个全球 CA 可由一个国际组织，如联合国等来建设。考虑到各个 PKI 体系管理者一般都希望能保持本体系的独立自治性，全球统一根 CA 实现起来有一些具体的困难，所以 PKI 体系之间的互通性一般用交叉认证来实现。

5.3.2　交叉认证

交叉认证是 PKI 中信任模型的概念。它是一种把以前无关的 CA 连接在一起的有用机制，从而使得它们在各自主体群之间实现安全通信。交叉认证的实际构成方法就是具体的交换协议报文。

交叉认证从 CA 所在的域来分有两种形式：

如果两个 CA 属于相同的域，即在同一个 CA 层次中，某一层的一个 CA 认证它下面一层的一个 CA，这种处理被称作域内交叉认证。

如果两个 CA 属于不同的域，这种处理被称为域间交叉认证。

5.4　PKI 应用实例

作为一种基础设施，PKI 的应用范围非常广泛，并且在不断发展之中。这里主要介绍当前技术领域里 PKI 技术的几个比较典型的应用实例。

5.4.1　虚拟专用网络(VPN)——PKI 与 IPSec

在过去几年中，VPN 越来越为企业所青睐。它是一种架构在公用通信基础设施上的专用数据通信网络，利用网络层安全协议(尤其是 IPSec)和建立在 PKI 上的加密与签名技术来获得私有性。同租用线路等方法相比，VPN 既节省开销又易于安装和使用，已经成为企业架构 Intranet 和 Extranet 的首选。

通常，企业在架构 VPN 时都会利用防火墙和访问控制技术来提高 VPN 的安全性，这只解决了很少一部分问题，而一个现代 VPN 所需要的安全保障，如认证、机密、完整性、不可否认性以及易用性等都需要采用更完善的安全技术。具体来说，口令用来防止未授权的个人直接访问敏感数据，防火墙用来防止公司以外的未授权个人访问公司内部信息，然而这种安全技术也存在很多漏洞。首先，它对来自内部的攻击根本束手无策，而且在公司内部，口令又是如此的脆弱(统计结果表明，世界范围内的安全损失绝大部分来自内部攻击)。其次，访问控制并不能保证传输数据的安全性，数据在网络上传播时，无论是内部网还是外部网，任何一个人都可以进行截取或篡改，甚至通信的双方对这种截取或篡改可能根本一无所知。另外，如果要进行网上交易，必然会遇到更多的安全问题，如不可否认性，这类问题也不是防火墙和口令所能解决的。

在过去的十几年中，公钥密码学的发展使得以上安全要求可以被很好地满足。从广义上讲，这就是 PKI 技术，它帮助企业在开放网络上实现现实世界里的安全机制，甚至可以极大地改进其安全特性。信封和专门的信使被成熟的数据加密技术所替代，这可以保证其内容只有接收方能读取；手写签名和印章被数字签名所替代，这不仅能保证信息是来自某个实体，而且能保证信息在传递过程中没有被修改过；身份证明，如护照、身份证、执照等可以被数字证书所替代，这也就是所谓的数字 ID；最后，各种用于集中化控制、审计和授权的机制，如由政策机构、行业协会或会计师事务所提供的审计和授权，都可以被数字世界里负责管理加密、签名和数字 ID 的基础设施所替代。

基于 PKI 技术的 IPSec 协议现在已经成为架构 VPN 的基础，它可以为路由器之间、防火墙之间或者路由器和防火墙之间提供经过加密和认证的通信。虽然它的实现会复杂一些，但其安全性比其他协议都完善得多。由于 IPSec 是 IP 层上的协议，因此很容易在全世界范围内形成一种规范，具有非常好的通用性，而且 IPSec 本身就支持面向未来的协议——IPv6。总之，IPSec 还是一个发展中的协议，随着成熟的公钥密码技术越来越多地嵌入到 IPSec 中，相信在未来几年内，该协议会在 VPN 世界里扮演越来越重要的角色。

5.4.2　安全电子邮件—— PKI 与 S/MIME

作为 Internet 上最有效的应用，电子邮件凭借其易用、低成本和高效已经成为现代商业中的一种标准信息交换工具。随着 Internet 的持续增长，商业机构或政府机构都开始用电子邮件交换一些秘密的或是有商业价值的信息，这就引出了一些安全方面的问题，包括：消息和附件可以在不为通信双方所知的情况下被读取、篡改或截取；没有办法可以确定一封电子邮件是否真的来自某人，也就是说，发信者的身份可能被人伪造。

前一个问题是安全，后一个问题是信任，正是由于安全和信任的缺乏使得公司、机构一般都不用电子邮件交换关键的商务信息，虽然电子邮件本身有着如此之多的优点。

其实，电子邮件的安全需求也是机密、完整、认证和不可否认，而这些都可以利用 PKI 技术来获得。具体来说，利用数字证书和私钥，用户可以对他所发的邮件进行数字签名，这样就可以获得认证、完整性和不可否认性，如果证书是由其所属公司或某一可信第三方颁发的，收到邮件的人就可以信任该邮件的来源，无论他是否认识发邮件的人；另一方面，在政策和法律允许的情况下，用加密的方法就可以保障信息的保密性。

现实中，PGP 加密已经在电子邮件通信中得到了一定范围内的应用，这也是一种公钥加密体制，但所使用的范围比较狭窄，需要通信双方事先沟通。而基于 PKI 的安全电子邮件则具有普遍意义，因为 PKI 的用户群可以是开放的。

目前发展很快的安全电子邮件协议是 S/MIME (The Secure Multipurpose Internet Mail Extension)，这是一个允许发送加密和有签名邮件的协议。该协议的实现需要依赖于 PKI 技术。

5.4.3　Web 安全——PKI 与 SSL

浏览 Web 页面或许是人们最常用的访问 Internet 的方式。一般的浏览也许并不会让人产生不妥的感觉，可是当您填写表单数据时，您有没有意识到您的私人敏感信息可能被一些居心叵测的人截获？而如果您或您的公司要通过 Web 进行一些商业交易，您又如何保证交易的安全呢？

　　为了透明地解决 Web 的安全问题，最合适的入手点是浏览器。现在，无论是 IE 还是其他浏览器，都支持 SSL 协议（The Secure Sockets Layer）。这是一个在传输层和应用层之间的安全通信层，在两个实体进行通信之前，先要建立 SSL 连接，以此实现对应用层透明的安全通信。利用 PKI 技术，服务器和客户端都对对方的证书进行验证，同时客户端生成会话密钥和选择消息摘要算法，利用服务器端的公钥加密会话密钥，传送给服务器，这样 SSL 协议就允许在浏览器和服务器之间进行加密通信。SSL 利用数字证书保证通信安全，服务器端和浏览器端分别由可信的第三方颁发数字证书，这样在交易时，双方可以通过数字证书确认对方的身份。需要注意的是，SSL 协议本身并不能提供对不可否认性的支持，这部分工作必须由数字证书完成。

　　结合 SSL 协议和数字证书，PKI 技术可以保证 Web 交易多方面的安全需求，使 Web 上的交易和面对面的交易一样安全。

5.4.4　更广泛的应用

　　电子商务这个词对我们来说早已不再陌生，然而它的发展有哪些技术上的障碍呢？硬件、软件或者带宽？其实，电子商务的核心问题是安全问题，虽然它有潜在的巨大市场和廉价的成本，但出于对风险的考虑，一个谨慎的商家也不会在一个开放和匿名的环境里进行有一定规模和效益的商业行为。

　　PKI 技术正是解决电子商务安全问题的关键，综合 PKI 的各种应用，我们可以建立一个可信任和足够安全的网络。在这里，我们有可信的认证中心，典型的如银行、政府或其他第三方。在通信中，利用数字证书可消除匿名带来的风险，利用加密技术可消除开放网络带来的风险，这样，商业交易就可以安全可靠地在网上进行。

　　网上商业行为只是 PKI 技术目前比较热门的一种应用，必须看到，PKI 还是一门处于发展中的技术。例如，除了对身份认证的需求外，现在又提出了对交易时间戳的认证需求。PKI 的应用前景也决不仅限于网上的商业行为，事实上，网络生活中的方方面面都有 PKI 的应用天地，不只在有线网络，甚至在无线通信中，PKI 技术都已经得到了广泛的应用。

■——— **本 章 小 结** ———■

　　本章介绍了什么是 PKI 以及 PKI 的组成和作用。PKI 的作用是为公钥提供可信的数字证书，这样就保证了互联网用户提供的数字证书的可信性。本章还介绍了一些 PKI 的应用。

★　**思 考 题**　★

1. 什么是 PKI，简述 PKI 的基本概念。
2. PKI 主要提供哪几种服务？
3. 什么是数字证书？
4. 数字证书的生命周期包括哪几个阶段？数字证书失效，CA 就会提供证书撤销列表，由于证书撤销列表不是针对一个证书的，必须等到规定数目的撤销证书，才会公布证书撤销列表，这是 CA 一个无法回避的问题。思考一下，旧证书失效，新证书才生成，撤销列表还没有公布，如何解决这个问题？

5. 证书的认证过程是怎么样的？

6. 简述 PKI 互联采用的技术。

第6章 网络攻击与防御技术

网络攻击与防御技术是信息安全领域的核心内容。本章主要介绍常见的网络攻击和防御技术。首先依序介绍了网络攻击的手段，即从最开始的信息收集、网络欺骗到口令攻击，然后介绍了缓冲区溢出攻击和拒绝服务攻击两种高级技术，针对每一种攻击，都提出了防范的思路。

6.1 漏洞与信息收集

漏洞(Vulnerability，也称脆弱性)是指计算机系统安全方面的缺陷，使得系统或其应用数据的保密性、完整性、可用性、访问控制等面临威胁。

在《GB/T 25069—2010 信息安全技术 术语》中，将脆弱性定义为"资产中能被威胁所利用的弱点。"

许多安全漏洞是程序错误导致的，此时可称为安全缺陷(Security Bug)，但并不是所有的安全隐患都是程序安全缺陷导致的。

POC (Proof Of Concept)是对某些想法的一个较短而不完整的实现，以证明其可行性，示范其原理，其目的是验证一些概念或理论。概念验证通常被认为是一个有里程碑意义的实现的原型。

在计算机安全术语中，概念验证经常被用来作为 0day、exploit 的别名。(通常指并没有充分利用这个漏洞的 exploit。)

零日漏洞 (Zero-Day Vulnerability、0-day Vulnerability)通常是指还没有补丁的安全漏洞，而零日攻击(Zero-Day Exploit、Zero-Day Attack)则是指利用这种漏洞进行的攻击。

提供该漏洞细节或者利用程序的人通常是该漏洞的发现者。零日漏洞的利用程序对网络安全具有巨大威胁，因此零日漏洞不但是黑客的最爱，掌握多少零日漏洞也成为评价黑客技术水平的一个重要参数。

零日攻击及其利用代码不仅对犯罪黑客而言具有极高的利用价值，而且一些国家间谍和网军部队(例如美国国家安全局和美国网战司令部)也非常重视这些信息。

漏洞与信息收集是进行网络攻击的第一步，在收集了目标系统的相关信息之后才能有的放矢，提高攻击成功率。信息收集可以利用扫描技术和嗅探技术，也可以利用网络现有资源及社会工程学来获得相关信息。

6.1.1 漏洞挖掘的定义和分类

漏洞挖掘是指查找目标系统中可能存在的漏洞。在这个过程中，需要运用多种计算机技术和工具。根据挖掘对象的不同，漏洞挖掘一般可以分为两大类，即基于源代码的漏洞挖掘和基于目标代码的漏洞挖掘。

对于基于源代码的漏洞挖掘来说，首先要获取系统或软件的源代码程序，采取静态分析或动态调试的方式查找其中可能存在的安全隐患。但大多数商业软件的源代码很难获得，一般只有一些开源系统能为挖掘者提供源代码，如 Linux 系统，所以目前基于源代码的挖掘一般都是 Linux 系统及其开源软件。对于不能提供源代码的系统或软件而言，只能采用基于目标代码的漏洞挖掘方法。该方法一般涉及程序编译器、计算机硬件指令系统、可执行文件格式等方面的分析技术，实现难度较大。

Web 漏洞通常是指网站程序上的漏洞，可能是由于代码编写者在编写代码时考虑不周全等原因而造成的漏洞。常见的 Web 漏洞有 SQL 注入、XSS 漏洞、上传漏洞等。

XSS（Cross-Site Scripting）即跨站脚本，因为缩写和 CSS 重叠，所以只能叫 XSS。跨站脚本是指通过存在安全漏洞的 Web 网站注册用户的浏览器内运行非法的 HTML 标签或 JavaScript 进行的一种攻击。

SQL 注入就是指 Web 应用程序对用户输入数据的合法性没有判断，前端传入后端的参数是攻击者可控的，并且参数代入数据库查询，攻击者可以通过不同的 SQL 语句来实现对数据库的任意操作。

CSRF（Cross-Site Request Forgery）的中文意思为跨站请求伪造，通常缩写为 CSRF 或者 XSRF，是一种对网站的恶意利用。CSRF 通过伪装成受信任用户请求受信任的网站。CSRF 难以防范，危险性比 XSS 更高。

SSRF（Server-Site Request Forgery）中文为服务器端请求伪造，是一种由攻击者构造请求，由服务端发起请求的安全漏洞。一般情况下，SSRF 攻击的目标是外网无法访问的内部系统。

文件上传漏洞是指在上传文件时，如果服务器代码未对客户端上传的文件进行严格的验证和过滤，则很容易造成可以上传任意文件的情况，包括上传脚本文件（asp、aspx、php、jsp 等格式的文件）。非法用户可以利用上传的恶意脚本文件控制整个网站，甚至控制服务器。这个恶意的脚本文件又被称为 WebShell，也可将 WebShell 脚本称为一种网页后门。WebShell 脚本具有非常强大的功能，例如查看服务器目录、服务器中的文件和执行系统命令等。

命令执行应用程序有时需要调用一些执行系统命令的函数，如在 PHP 中，使用 system、exec、shell_exec、passthru、popen、proc_popen 等函数可以执行系统命令。当黑客能控制这些函数中的参数时，就可以将恶意的系统命令拼接到正常命令中，从而造成命令执行攻击，这就是命令执行漏洞。

逻辑漏洞就是指攻击者利用业务的设计缺陷，获取敏感信息或破坏业务的完整性，一般出现在密码修改、越权访问、密码找回、交易支付金额等功能处。其中越权访问又分为水平越权和垂直越权。

6.1.2　漏洞挖掘的常用方法和工具

漏洞挖掘有两种基本方法：黑盒测试和白盒审计。下面对两种方法进行详细介绍。

1. 黑盒测试

漏洞挖掘采用黑盒测试，即把被测试目标看做一个黑盒子，对其内部结构、运作情况是不可见的，然后模拟黑客的攻击行为，找出目标点存在的漏洞。

在黑盒漏洞挖掘中，必须要做的事就是对目标资产的收集。收集的资产越多，越容易挖出漏洞。

对目标资产信息收集，这里列出需要收集的内容如下：

（1）查询网站 whois 信息，从 whois 和网站中获取注册者的电话、姓名、邮箱等信息，方便后期社工钓鱼生成专属密码字典等。

（2）可以利用 shadon、fofa 等网络资产搜索引擎和天眼查网站的相关产权获得一些资产信息；还可以利用 github 获得敏感信息以及利用各种网盘搜索引擎、微信公众号、服务号、小程序、App 等获取相关信息。

（3）由于主站一般防护都挺严，所以可以查看网站旁站和子域名，网站可以查询网站指纹是不是存在通用 CMS 漏洞。

（4）查看服务器操作系统版本、Web 中间件、网站开发语言等，查找有没有可以利用的漏洞，如 Web 中间件漏洞。

（5）利用网站目录扫描，查看有没有敏感信息和接口泄露，如网站管理后台、网站源码备份、git 泄露、phpinfo 等相关信息。

（6）用 JSFinder 从网站 JS 里面提取信息，看有没有敏感接口和链接，顺便再收集一下子域名，看有没有之前漏掉的。

（7）使用全球 Ping 查看网站是否存在 CDN（CDN 是指内容分发网络）。

（8）利用端口扫描，查看有没有可以利用的端口，如 ftp、ssh 的弱口令、rsync、Redis、docker 等的未授权访问等信息。

下面介绍一些工具的使用。

（1）利用 whois 查询域名注册者的信息，如图 6 - 1 所示，可以查询 qianxin.com 的注册商信息、联系邮箱和联系电话等信息。

图 6 - 1　利用 whois 查询域名注册者的信息

（2）利用 Dirbuster 和御剑这两款网站目录扫描工具，可以扫描敏感信息及接口，如图 6-2 和图 6-3 所示。

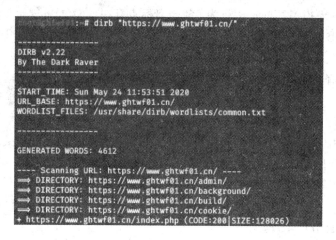

图 6-2　利用 Dirbuster 扫描网站目录信息

图 6-3　利用御剑扫描网站目录信息

（3）利用 Google hacking 可以指定搜索语法，搜索自己想要的内容，如网站后台搜索、子域名搜集及其他信息的收集，如图 6-4 和图 6-5 所示。

图 6-4　利用 Google hacking 获得后台相关信息

图 6 - 5　利用 Google hacking 获得子域名相关信息

（4）利用 whatweb 可以获取目标网站 Web 容器、操作系统、IP 地址以及是否有某 CMS 指纹等信息，如图 6 - 6 所示。

```
root@ghtwf01:~# whatweb "https://www.ghtwf01.cn"
https://www.ghtwf01.cn [200 ok] Apache, Country[CANADA][CA], HTML5, HTTPServer[Apache], IP[47.102.115.202], JQuery, MetaGenerator[Typecho 1.1/17.10.30], Script[text/javascript], Strict-Transport-Security[
max-age=63072000; includesubdomains; preload], Title[ghtwf01 - Welcome to ghtwf01's blog], X-Frame-Options[SAMEORIGIN], X-UA-Compatible[IE=edge], x-pingback[https://www.ghtwf01.cn/index.php/action/xmlrpc]
root@ghtwf01:~#
```

图 6 - 6　利用 whatweb 获得网站 Web 容器、操作系统、IP 地址相关信息

（5）利用 JSFinder 可以从网站 JS 里面提取敏感接口和子域名等相关信息，如图 6 - 7 所示。

```
C:\Users\Administrator\Desktop>python JSFinder.py -u https://www.ximalaya.com/
url:https://www.ximalaya.com
Find 494 URL:
https://mermaid.ximalaya.com/collector/web-pl/v1
https://mermaid.test.ximalaya.com/collector/web-pl/v1
https://mermaid.uat.ximalaya.com/collector/web-pl/v1
https://test.ximalaya.com/xmcaptcha-service
https://www.ximalaya.com/revision/time
https://test.ximalaya.com               Find 43 Subdomain:
https://uat.ximalaya.com                mermaid.ximalaya.com
https://www.ximalaya.com                mermaid.test.ximalaya.com
https://adse.ximalaya.com               mermaid.uat.ximalaya.com
https://adse.test.ximalaya.com          test.ximalaya.com
https://m.ximalaya.com                  www.ximalaya.com
https://m.test.ximalaya.com             uat.ximalaya.com
https://mobile.test.ximalaya.com  adse.test.ximalaya.com
https://mobile.uat.ximalaya.com         m.ximalaya.com
https://mobile.ximalaya.com             m.test.ximalaya.com
                                        mobile.test.ximalaya.com
                                        mobile.uat.ximalaya.com
                                        mobile.ximalaya.com
                                        search.ximalaya.com
                                        search.test.ximalaya.com
                                        studio.test.ximalaya.com
                                        studio.uat.ximalaya.com
                                        studio.ximalaya.com
                                        passport.test.ximalaya.com
                                        passport.uat.ximalaya.com
                                        passport.ximalaya.com
                                        m.uat.ximalaya.com
                                        mobile.tx.ximalaya.com
                                        upload.test.ximalaya.com
```

图 6 - 7　利用 JSFinder 获得敏感接口和子域名等相关信息

（6）利用 nmap 可以进行端口扫描以及探测存活主机，如图 6 - 8 所示，显示 192.168. 80.1/24 相应网段有多少存活主机和 192.168.80.1 主机开放多少端口。

（7）利用 awvs 可以进行漏洞扫描，如图 6 - 9 所示。

（8）利用 xray 可以直接进行漏洞扫描，如图 6 - 10 所示，图中扫描出 crossdomain. xml 和 readme.txt 两个文件。其中 crossdomain.xml 可以用于发现 XSS、CSRF 等漏洞信息，而 readme.txt 文件里一般会有 CMS 的版本、开发环境等信息。

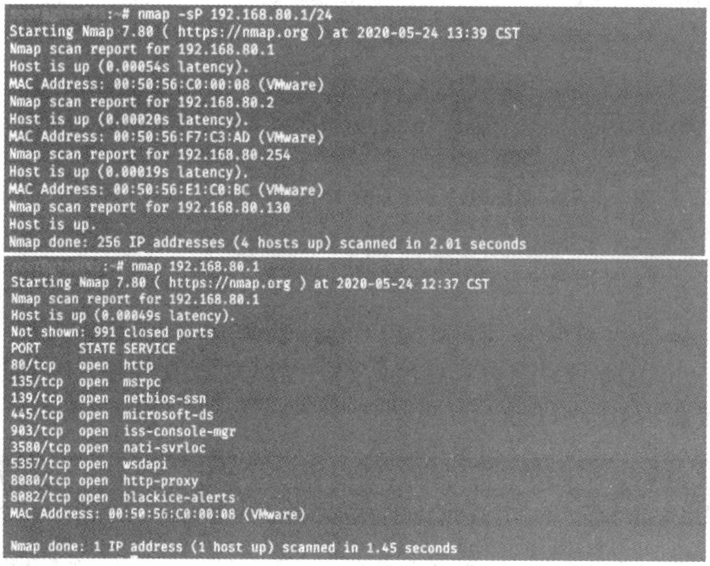

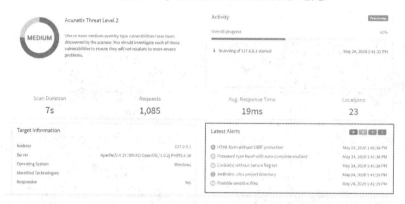

图 6 - 8　利用 nmap 获得存活主机和开放端口信息

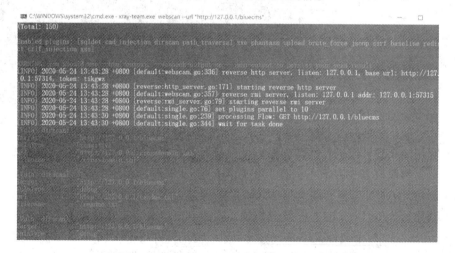

图 6 - 9　利用 awvs 获得漏洞相关信息

图 6 - 10　利用 xray 进行漏洞扫描，获得相关信息

2. 白盒审计

白盒审计是已知源代码，根据源代码审计漏洞。常见的审计方法有三种：

(1) 定位敏感关键字，回溯参数传递过程；

(2) 定位敏感功能点，通读功能点代码（系统重装、文件上传、文件功能管理、登录认证、密码找回、订单支付）；

(3) 通读全文。

这三种方法各有优缺点。方法(1)优势在于能快速审计，代码量小，容易找到漏洞点，但是也容易忽略很多漏洞，如逻辑漏洞无法这样审计得到；方法(2)优势在于阅读代码量比通读全文小，能审计出逻辑漏洞；方法(3)不会出现忽略漏洞的情况，但是代码量大，耗费时间长。

既然要审计代码，那么要有一款好的 ide，如 phpstorm、vscode 等，结合 Xdebug 方便跟踪调试代码。下面结合具体工具进行介绍：

(1) 利用 phpstorm 审计代码，可以快速锁定漏洞，并进行标记，如图 6-11 所示。

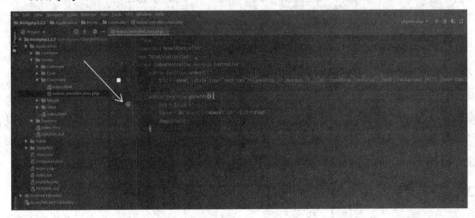

图 6-11　利用 phpstorm 审计代码，发现漏洞

(2) 利用 rips 能够自动审计，给出一些可能存在漏洞的地方以及漏洞类型，然后人为去验证判断，能减少很多审计时间，如图 6-12 所示，发现 SQL 注入漏洞。

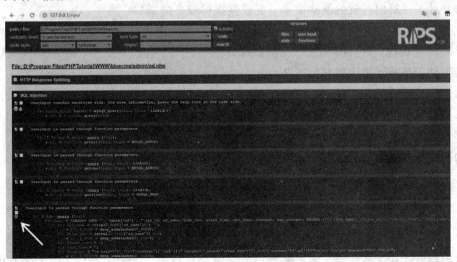

图 6-12　利用 rips 发现漏洞

（3）利用 Seay 源代码审计系统。该系统类似 rips 能够自动审计，并且能发现漏洞和给出说明，如图 6-13 所示。

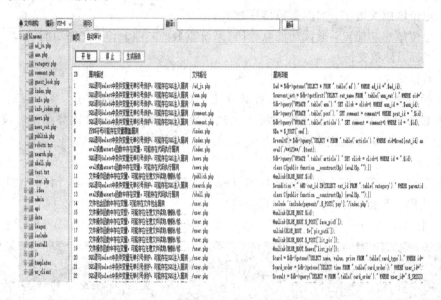

图 6-13　利用 Seay 源代码审计系统，发现漏洞

利用白盒审计工具，在代码自动审计时会减少很多时间，但是实际上自动审计会忽略很多漏洞，例如业务逻辑漏洞是不会被发现的，其余的漏洞也会有误判、漏判，所以自动审计结果一般仅作为审计的参考，如果深入地挖掘漏洞，还是需要利用前面说到的审计方法，自己利用 ide 去读代码并跟踪调试。

6.1.3　关于漏洞与信息收集的防范

若要防范网络扫描，进而防范进一步的网络攻击，则要做到以下三点：

（1）在防火墙及过滤设备上采用严格的过滤规则，禁止扫描的数据包进入系统。

（2）主机系统除了必要的网络服务外，禁止其他的网络应用程序。

（3）对于只对内开放的网络服务，更改其提供服务的端口。

此外，网络扫描时发送的数据或多或少都会含有扫描者自身相关信息，从而也可以抓取扫描时的数据包，对扫描者进行反向追踪。

若要防范嗅探，则应做好以下几点：

（1）及时打补丁。

（2）开启本机监控。

（3）监控本地局域网的数据帧。

（4）对敏感数据加密。

（5）使用安全的拓扑结构。

6.2　网络欺骗

在网络攻击中，经常需要利用各种协议漏洞进行欺骗。欺骗成功后，攻击者可以以其他主机的身份进行攻击活动。本节将介绍各种欺骗的原理和实现步骤。

6.2.1　IP 欺骗

IP 欺骗就是以其他主机 IP 作为源 IP 向目标主机发送数据包。IP 欺骗在很多种网络攻击技术中都有应用，例如：进行拒绝服务攻击、伪造 TCP 连接、会话劫持、隐藏攻击主机地址等。IP 欺骗的危害主要直接表现在：以可信任的身份与服务器建立连接和伪造源 IP 地址，隐藏攻击者身份，消除攻击痕迹。

1. IP 欺骗形式

IP 欺骗有两种表现形式：

(1) 攻击者伪造的 IP 地址不可达或者根本不存在。这种形式的 IP 欺骗，主要用于迷惑目标主机上的入侵检测系统，或者是对目标主机进行 DOS 攻击。

(2) 攻击者通过在自己发出的 IP 包中填入被目标主机所信任的主机的 IP 来进行冒充。一旦攻击者和目标主机之间建立了一条 TCP 连接(在目标主机看来，是它和它所信任的主机之间的连接。事实上，它是把目标主机和被信任主机之间的双向 TCP 连接分解成了两个单向的 TCP 连接)，攻击者就可以获得对目标主机的访问权，并可以进一步进行攻击，如图 6-14 所示。

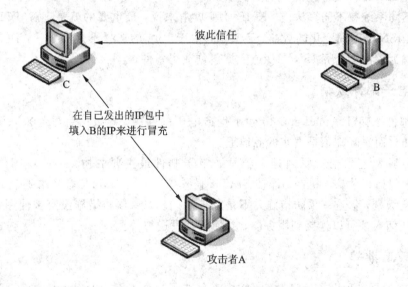

图 6-14　IP 欺骗原理

2. IP 欺骗步骤

IP 欺骗的步骤如下：

(1) 找到一个被目标主机信任的主机；

(2) 使被信任的主机丧失工作能力；

(3) 伪装成被信任的主机，向目标主机发送 SYN；

(4) 猜测或嗅探得到 SYN+ACK 的值；

(5) 再向目标主机发送 ACK，连接建立，如图 6-15 所示。

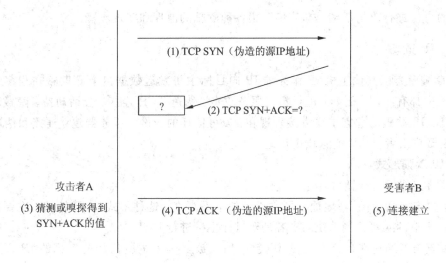

图 6-15 IP 欺骗示意图

其中最难的一步就是猜测序列号，TCP 使用的数据包序列号是一个 32 位的计数器，计数范围为 0～4 294 967 295。TCP 为每一个连接选择一个初始序列号 ISN(Initial Sequence Number)，为了防止因为延迟、重传等事件对三次握手过程的干扰，ISN 不能随便选取，不同系统有不同算法。对于 IP 欺骗攻击来说，最重要的就是理解 TCP 如何分配 ISN，以及 ISN 随时间变化的规律。事实上，由于 ISN 的选择不是随机的，而是有规律可循的，这就为攻击者计算 ISN 和伪造数据包创造了条件。

6.2.2 电子邮件欺骗

电子邮件欺骗(E-mail spoofing)是伪造电子邮件头，导致信息看起来来源于某个人或某个地方，而实际却不是真实的源地址。

这种欺骗发生的主要原因是由于发送电子邮件最主要的协议：简单邮件传输协议(SMTP)不包括某种认证机制。即使 SMTP 服务扩展允许 SMTP 客户端通过邮件服务器来商议安全级别，但这一预防措施并不是总被使用。如果预防措施没有被使用，则具备必要知识的任何人都可以连接到服务器，并使用其发送邮件。

6.2.3 Web 欺骗

Web 欺骗是一种电子信息欺骗，攻击者创造了一个表面上看起来与真实网站完全相同的网站，它们拥有相同的网页和链接。然而，攻击者控制着假冒的 Web 站点，这样被攻击者浏览器和 Web 服务器之间的所有网络信息完全被攻击者所截获。

1. Web 欺骗实现的基本原理

在受攻击者和提供真正服务的 Web 服务器之间设立攻击者的 Web 服务器，这种攻击种类在安全问题中称为"来自中间的攻击"。为了建立起这样的中间 Web 服务器，黑客往往进行以下工作：

首先，攻击者改写 Web 页中的所有 URL 地址，使 URL 指向攻击者的 Web 服务器而不是真正的 Web 服务器。假设攻击者所处的 Web 服务器是 www.org，攻击者通过在所有链接前增加 http://www.www.org 来改写 URL。例如，http://home.xxx1.com 将变为 http://

www. www. org/http://home. xxx1. com。当用户点击改写过的 http://home. xxx1. com（可能它仍然显示的是 http://home. xxx1），将进入的是 http://www. www. org，然后由 http://www. www. org 向 http://home. xxx1. com 发出请求并获得真正的文档，然后改写文档中的所有链接，最后经过 http://www. www. org 返回给用户的浏览器。

2. Web 欺骗的工作流程与方法

工作流程如下所示：

（1）用户点击经过改写后的 http://www. www. org/http://home. xxx1. com ；

（2）http://www. www. org 向 http://home. xxx1. com 请求文档；

（3）http://home. xxx1. com 向 http://www. www. org 返回文档；

（4）http://www. www. org 改写文档中的所有 URL；

（5）http://www. www. org 向用户返回改写后的文档。

修改过的文档中的所有 URL 都指向了 www. org ，当用户点击任何一个链接都会直接进入 www. org ，而不会直接进入真正的 URL。

开始攻击之前，攻击者必须以某种方式引诱受攻击者进入攻击者所创造的错误的 Web。黑客往往使用下面三种方法：

（1）把错误的 Web 链接放到一个热门 Web 站点上；

（2）如果受攻击者使用电子邮件，那么可以将它指向错误的 Web；

（3）创建错误的 Web 索引，指示给搜索引擎。

在 Web 欺骗攻击的过程中，攻击者会在 HTML 源文件中留下痕迹，攻击者无法清除。通过使用浏览器中"viewsource"命令，用户能够阅读当前的 HTML 源文件。通过阅读 HTML 源文件，可以发现被改写的 URL，因此可以觉察到攻击；通过使用浏览器中"view document information"命令，用户能够阅读当前 URL 地址的一些信息。这里提供的是真实的 URL 地址，因此用户能够很容易判断出 Web 欺骗。

6.2.4　ARP 欺骗

ARP 协议的基本功能就是通过目标设备的 IP 地址询问目标设备的 MAC 地址，实现网络层 IP 地址与网络接口层物理地址的动态转换。

1. ARP 原理

主机 A 要向主机 B 发送报文，会查询本地的 ARP 缓存表，找到 B 的 IP 地址对应的 MAC 地址后，就会在网络接口层进行数据传输。如果未找到，则广播 A 一个 ARP 请求报文（携带主机 A 的 IP 地址 Ia——物理地址 Pa），请求 IP 地址为 Ib 的主机 B 回答物理地址 Pb。局域网内所有主机包括 B 都收到 ARP 请求，但只有主机 B 识别自己的 IP 地址，于是向 A 主机发回一个 ARP 响应报文，其中就包含 B 的 MAC 地址。A 接收到 B 的应答后，就会更新本地的 ARP 缓存，接着使用这个 MAC 地址发送数据。因此，本地高速缓存的这个 ARP cache 表是本地网络通讯的基础，这个缓存表是动态更新的。

2. ARP 欺骗原理

典型的 ARP 欺骗分为两种：一种是对路由器 ARP cache 表的欺骗；另一种是对内网 PC 的网关欺骗。

第一种 ARP 欺骗的原理是截获网关数据。它通知路由器一系列错误的内网 MAC 地址，并按照一定的频率不断进行，使真实的地址信息无法通过更新保存在路由器的 ARP cache 中，结果路由器的所有数据只能发送给错误的 MAC 地址，造成正常 PC 无法收到信息。如图 6 - 16 所示。

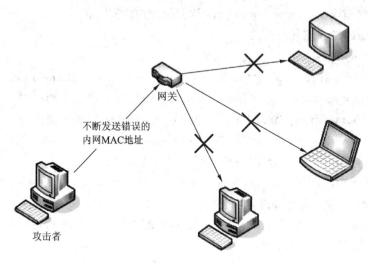

图 6 - 16　对路由器 ARP cache 表的欺骗

第二种 ARP 欺骗的原理是伪造网关。它的原理是建立假网关，让被它欺骗的 PC 向假网关发数据，而不是通过正常的网关连接到 Internet。从被骗 PC 的角度看，就是上不了网了，"网络掉线了"。如图 6 - 17 所示。

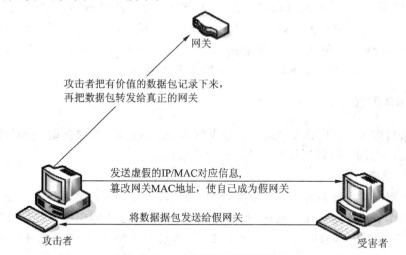

图 6 - 17　对内网 PC 的网关欺骗

ARP 欺骗能够得以实现的主要原因有：ARP 协议设计之初没有考虑安全问题，所以任何计算机都可以发送虚假的 ARP 数据包；ARP 协议的无状态性，响应数据包和请求数据包之间没有什么关系，如果主机收到一个 ARP 响应，则却无法知道是否真的发送过对应的 ARP 请求；ARP 缓存未进行定时更新，给攻击者以可乘之机。但是 ARP 欺骗的主要环境必须是局域网，也就是说攻击者必须先取得进入局域网的合法身份才能进行 ARP 欺骗。

3. 网络执法官原理

网络执法官是一款网管软件，可用于管理局域网，能禁止局域网任何机器连接网络。

在网络执法官中，要想限制某台机器上网，只要点击"网卡"菜单中的"权限设置"，选择指定的网卡号或在用户列表中点击该网卡所在行，从右键菜单中选择"权限"，如图 6-18 所示。在弹出的对话框中即可限制该用户的权限，如图 6-19 所示。对于未登记网卡，可以这样限定其上线：只要设定好所有已知用户（登记）后，将网卡的默认权限改为禁止上线即可阻止所有未知的网卡上线。使用这两个功能就可限制用户上网。其原理是通过 ARP 欺骗发给被攻击的电脑一个假的网关 IP 地址对应的 MAC，使其找不到网关真正的 MAC 地址，这样就可以禁止其上网。

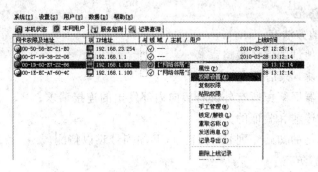

图 6-18　对用户列表中的计算机进行管控

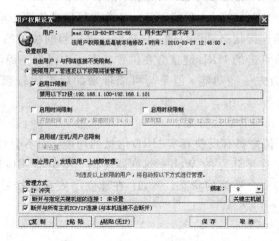

图 6-19　用户权限设置对话框

6.2.5　非技术类欺骗

1. 社会工程学

社会工程学其实是一种黑客心理学应用，它利用的并不是系统、软件或者各种网络协议的漏洞，而是人。系统入侵可以安装防火墙软件来防范，可是心理上的入侵却是防不胜防。社会工程学虽然看似简单，其实涉及非常多领域的知识。从某种意义上来说，"用户比软件还要脆弱。"

社会工程学最典型的例子就是利用身份掩饰，从而更好地入侵目标。例如，想要获得某个人账号的密码，除了暴力破解等纯技术手段，黑客们往往喜欢从另外的角度入手，例如伪造一个身份，然后以这个身份来和目标人物在现实生活中交流，获取目标的信任，最终找个借口（例如借用账号做什么事情之类），让目标人物心甘情愿地将密码交出来。

一般来说，社会工程学可以渗透到生活中的每一个角落，经常被人们认为是防不胜防的一种攻击手段。

2. 垃圾搜索

攻击者通过搜索被攻击者的废弃物，得到与攻击系统有关的信息。如果用户将口令写在纸上又随便丢弃，则很容易成为垃圾搜索的攻击对象。

6.2.6 关于网络欺骗的防范

1. IP 欺骗的防范

防止 IP 欺骗的方法有：

(1) 抛弃基于地址的信任策略；

(2) 进行包过滤，只信任内部主机；

(3) 利用路由器屏蔽掉所有外部希望向内部发出的连接请求；

(4) 使用加密传输和验证的方法；

(5) 使用随机化的初始序列号，使得 TCP 序列号难以猜测。

2. Web 欺骗的防范

为了取得短期的效果，最好从下面三方面来预防 Web 欺骗：

(1) 禁止浏览器中的 javascript 功能，那么各类改写信息将原形毕露；

(2) 确保浏览器的连接状态是可见的，它将给你提供当前位置的各类信息；

(3) 时刻注意你所点击的 URL 链接会在位置状态行中得到正确的显示。

这样做，用户将损失一些功能，但是与可能带来的后果比较起来，这些牺牲是很值得的。

防止 Web 欺骗的长期的解决方案：

(1) 改变浏览器，使之具有反映真实 URL 信息的功能，而不会被蒙蔽；

(2) 对于通过安全连接建立的 Web—浏览器对话，浏览器还应该告诉用户谁在另一端，而不只是表明一种安全连接的状态。例如：在建立了安全连接后，给出一个提示信息"NetscapeInc"等。

3. ARP 欺骗的防范

防止 ARP 欺骗的方法有：

(1) 网关建立静态 IP/MAC 对应关系，各主机建立 MAC 数据库；

(2) 建立 DHCP 服务器；

(3) IDS 监听网络安全。

6.3 口 令 攻 击

6.3.1 常见系统口令机制

1. 口令的存储

操作系统一般不存储明文口令，只保存口令散列。可以在以下几个地方找到 Windows 系统的口令散列：

注册表，HKEY_LOCAL_MACHINE\SAM\SAM；

SAM 文件，位置在％SystemRoot％system32\config\SAM；

恢复盘，位置在％SystemRoot％repair。

2. 口令的管理

Windows NT/2000 系统使用安全账号管理器的机制来管理用户账号。安全账号管理器对账号的管理是通过安全标识进行的；安全标识在账号创建时就同时创建，一旦账号被删除，安全标识也同时被删除。安全标识是唯一的，即使是相同的用户名，在每次创建时获得的安全标识也完全不同。因此，一旦某个账号被删除，它的安全标识也就不存在了。即使重建相同的用户名账号，也会有不同的安全标识，不会保留原来的权限。

在 SAM 文件中保存的并不是口令的明文，而是经过加密处理后的结果。Windows 使用两种算法来处理明文口令，即 LM 算法和 NTLM 算法。

1) LM 算法

口令转换为 Hash 值，其方法如下：

(1) 口令变成大写；

(2) 把口令变成 14 个字符，或截断或补齐；

(3) 这 14 个字符分成两个 7 个字符；

(4) 用 7 个字符和 DES 算法加密一个 64 位"Magic "；

(5) 把两个 64 位结果拼起来，得到 128 位值；

(6) 服务器保存该 128 位值。

2) NTLM 算法

口令转换为 Hash 值，其方法如下：

(1) 把口令变成 Unicode 编码；

(2) 使用 MD4 散列算法；

(3) 保存得到的 128 位散列值。

3. 口令技术的缺点

(1) 大多数系统的口令是明文传送到验证服务器的，容易被截获。某些系统在建立一个加密链路后再进行口令的传输以解决此问题，如配置链路加密机。

(2) 口令维护的成本较高。为保证安全性，口令应当经常更换。另外，为避免对口令的字典攻击，口令应当保证一定的长度，并且尽量采用随机的字符；但缺点是难于记忆。

(3) 口令容易在输入的时候被攻击者偷窥，而且用户无法及时发现。

6.3.2　口令攻击技术

口令泄露可以有多种途径：如登录时被他人窥探；攻击者从计算机中存放口令的文件中读到；口令被在线攻击猜测出；也可能被离线攻击搜索到。

根据口令攻击是否以网络连接的交互方式进行，可以将攻击分为在线口令攻击和离线口令攻击：

(1) 在线口令攻击：在线状态下攻击者对用户口令进行的猜测试探攻击。

(2) 离线攻击：攻击者通过某些手段进行任意多次的口令猜测，采用攻击字典和攻击程序，最终获得口令。离线攻击方法是 Internet 上常用的攻击手段。

根据攻击手段是否参与实际的身份认证过程，可以将攻击分为主动口令攻击和被动口令攻击。

主动口令攻击又可以分为以下三种形式：

(1) 字典攻击：把常见的、使用概率较高的口令集中存放在字典文件中，利用字典库中的数据不断地进行用户名和口令的反复测试；缺点是只能发现字典里存在的单词口令。

(2) 强力攻击：尝试所有的字符组合方式，逐一去模拟口令验证过程；缺点是速度慢。

(3) 组合攻击：综合了以上两种方法；这种攻击介于字典攻击和强力攻击之间。

被动口令攻击又可以分为以下三种形式：

(1) 网络数据流窃听：由于认证信息要通过网络传递，且很多认证系统的口令是未经加密的明文，攻击者通过窃听网络数据，就很容易分辨出某种特定系统的认证数据，并提取出用户名和口令。

(2) 重放(Record/Replay)：有的系统会将认证信息简单加密后进行传输，如果攻击者无法用第一种方式推算出口令，可以使用截取/重放方式。攻击者仍可以采用离线方式对口令密文实施字典攻击。

(3) 钓鱼攻击：其英文名 Phishing 来源于两个词，Phishing＝Fishing＋Phone。黑客始祖起初是以电话作案，所以用"Ph"来取代"F"，创造了"Phishing"。钓鱼攻击多通过下述三种方式实现：

- 通过攻陷的网站服务器钓鱼；
- 通过端口重定向钓鱼；
- 通过伪装的网站钓鱼。

6.3.3　关于口令攻击的防范

口令猜中概率公式：$P=LR/S$，其中：L 是口令生命周期，S 是所有可能口令的数目，R 是进攻者单位时间内猜测不同口令的次数。为了降低 P，就应该减小 L 和 R，增大 S。

下面介绍几种口令攻击的防范措施。

(1) 选择安全密码。一方面口令应该足够长，另一方面口令中应混合使用大小写字母、数字和特殊符号。

(2) 防止口令猜测攻击。采取以下措施防止口令猜测攻击：硬盘分区采用 NTFS 格式；正确设置和管理账户；禁止不需要的服务；关闭不用的端口；禁止建立空连接。

(3) 设置安全策略。

① 强制密码历史。确定唯一新密码的个数，在重新使用旧密码之前，用户必须使用这些密码。

② 密码最长使用期限。确定在要求用户更改密码之前，用户可以使用该密码的天数。其值介于 0 和 999 之间；如果该值设置为 0，则密码从不过期。

③ 密码最短使用期限。确定用户可以更改新密码之前，这些新密码必须保留的天数。此设置被设计为与"强制密码历史"设置一起使用，这样用户就不能很快地重置有次数要求的密码并更改回旧密码。

④ 密码长度最小值。确定密码最少可以有多少个字符。尽管 Windows 2000、Windows XP 和 Windows Server 2003 最多可支持 28 个字符的密码，但是该设置值只能介

于 0 和 4 个字符之间。如果设置为 0，则允许用户使用空白密码。

（4）采用加密的通信协议。例如在使用 Web 邮箱时，可以采用更加安全的 HTTPS。

（5）使用软键盘输入口令，降低键盘记录攻击的威胁。另外，访问网站时，注意区分是否是虚假站点。

6.4　缓冲区溢出攻击

近些年来，缓冲区溢出漏洞攻击事件频繁发生。因为这类攻击可以使攻击者获得系统主机的完全控制权，所以它代表了一类十分严重的攻击。

缓冲区溢出攻击十分常见且易于实现，这完全是软件发展史上不可避免的问题。缓冲区漏洞是程序员在编写程序时未检查内存空间，导致内存泄漏而引起的。

6.4.1　缓冲区溢出的概念

1. 相关概念

缓冲区：从程序的角度来说，缓冲区就是应用程序用来保存用户输入数据和代码的临时数据的内存空间。

缓冲区溢出：如果用户输入的数据长度超出了程序为其分配的内存空间，这些数据就会覆盖程序为其他数据分配的内存空间，形成所谓的缓冲区溢出。

2. 缓冲区溢出的危害

缓冲区溢出是一种非常普遍、非常危险的漏洞，在各种操作系统和应用软件中广泛存在。利用缓冲区溢出攻击，可以导致程序运行失败、系统死机和重新启动等后果。更为严重的是，可以利用它执行非授权指令，甚至可以取得系统特权，进而进行各种非法操作。

在当前网络与分布式系统安全中，被广泛利用的漏洞 50％以上都是缓冲区溢出，其中最著名的例子是 1988 年利用 fingerd 漏洞的蠕虫。第一个缓冲区溢出攻击——Morris 蠕虫，发生在二十多年前，它曾造成了全世界 6000 多台网络服务器瘫痪。而缓冲区溢出中，最为危险的是堆栈溢出；因为入侵者可以利用堆栈溢出，在函数返回时改变返回程序的地址，让其跳转到任意地址，带来的危害一种是程序崩溃导致拒绝服务，另外一种就是跳转并且执行一段恶意代码，例如得到 shell，然后为所欲为。

6.4.2　缓冲区溢出的基本原理

通过往程序的缓冲区写超出其长度的代码造成缓冲区的溢出，从而破坏其堆栈，使程序执行攻击者在程序地址空间中早已安排好的代码，以达到攻击的目的。

例如，下面一个简单的程序：

```
#include"stdio.h"
int main(int argc, char * argv[])
{
    char name[8];
    strcpy(name, argv[1]);
    printf("Hello, %s\n", name);
    return 0;
```

　　}

　　由于 name 只有 8 字节大小，在进行 strcpy 前，并没有检测 argv[1] 的长度，如果 argv[1] 的长度大于 8，则复制时就会覆盖 name 数组后面的 ebp 的内容及 main 函数的返回地址，如图 6 - 20 所示。等函数返回时，程序就会跳转到修改后的地址去执行。

... ...
name 数组（8字节）
ebp
返回地址

图 6 - 20　缓冲区存储的数据结构

　　现今的大多数溢出都和 C 语言有关，C 语言中有可能产生溢出的函数有：char s[n]，strlen(s)，strcpy(dst，src)，malloc(n)，strcat(s，suffix)等，所以使用时要严格检查或尽可能避免使用这些危险函数。

　　缓冲区溢出攻击的目的在于扰乱那些以特权身份运行的程序的功能。这样可以使得攻击者取得程序的控制权，如果该程序具有足够的权限，那么整个主机就被控制了。以下介绍几种实现缓冲区攻击的方法。

　　1. 在程序的地址空间里安排适当的代码

　　(1) 植入法。攻击者向被攻击的程序输入一个字符串，程序会把这个字符串放到缓冲区里。这个字符串包含的资料是可以在这个被攻击的硬件平台上运行的指令序列。攻击者用被攻击程序的缓冲区来存放攻击代码。

　　(2) 利用已经存在的代码。当攻击者想要的代码已经在被攻击的程序中的时候，攻击者所要做的只是对代码传递一些参数。

　　2. 通过初始化寄存器和内存改变地址

　　通过适当地初始化寄存器和内存，让程序跳转到攻击者安排的地址空间执行。具体方法如下：

　　(1) 通过 Activation Records(活动记录)改变地址。在程序中，每一个函数调用发生时，在堆栈中会留下一个 Activation Records，其包括函数结束时返回的地址。攻击者通过溢出这些自动变量，使地址指向攻击程序代码。通过改变程序的返回地址，当调用结束时，程序就会跳到攻击者设定的地址而不是原地址。

　　(2) 通过 Function Pointers(函数指针)改变地址。Function Pointers 可用来定位任何地址空间，例如 void(* foo)()定义了一个返回函数指针的变量 foo。所以只需在任何空间内的 Function Pointers 附近找到一个能溢出的缓冲区，然后使它溢出来改变 Function Pointers。当程序通过 Function Pointers 调用函数时，攻击者的意图就实现了。

　　(3) 通过 Longjmp buffers(长跳转缓冲区)改变地址。在 C 语言中，包含了一个简单的检验/恢复系统，称为 setjmp/longjmp，即在检验点设定 setjmp(buffer)，用 longjmp(buffer)恢复。但若攻击者能够进入缓冲区空间，则 longjmp(buffer)实际上跳转到攻击者的程序代码。像 Function Pointers 一样，longjmp 缓冲区能指向任何地方，所以攻击者要做的就是找到一个可供溢出的 buffer。

6.4.3　缓冲区溢出的类型

按照溢出缓冲区所在的区域类型来划分，可分为栈溢出和堆溢出。

1. 栈溢出

栈是一块连续的内存空间，特点是先入后出，生长方向与内存的生长方向正好相反，从高地址向低地址生长。每一个线程有自己的栈，提供一个暂时存放数据的区域，使用 POP/PUSH 指令来对栈进行操作，使用 ESP 寄存器指向栈顶，EBP 指向栈底。

栈溢出特点：缓冲区在栈中分配；拷贝的数据过长；覆盖了函数的返回地址以及其他一些重要数据结构或函数指针。

2. 堆溢出

在程序运行时，申请的堆内存是动态分配和释放的，会有频繁的节点插入、删除操作，所以操作系统在实现堆的时候采用"数组＋双链表"的数据结构。

堆的特点是生长方向与内存的生长方向相同，在编码中使用时，一般调用 malloc 和 free 函数。堆与栈的区别在于内存的动态分配还是静态分配。

堆溢出特点是：缓冲区在堆中分配；拷贝的数据过长；覆盖了堆管理结构。

3. 其他溢出类型

其他溢出类型中，最典型的就是整型溢出。整型溢出是针对不同的系统中，对整型数定义的漏洞提出的。例如最容易出问题的是由用户提交的用作长度变量的整型数，对其他部分数据的安全要求往往集中在上面。用作长度的变量一般要求使用无符号整型数。在 32 位系统中，无符号整型数（unsigned int）的范围是 $0\sim 0xffffffff$。不仅要保证用户提交的数据在此范围内，还要保证对用户数据进行运算并存储后仍然在此范围内。

整型数溢出从造成溢出原因的角度来说可以分为三大类：存储溢出、计算溢出和符号问题。

1）存储溢出

存储溢出是使用不同的数据类型来存储整型数造成的。例如下面程序：

```
int len1 = 0x10000;
short len2 = len1;
```

由于变量 len1 和 len2 的数据类型长度不一样，len1 是 32 位，而 len2 是 16 位，因此进行赋值操作后，len2 无法容纳 len1 的全部位，导致了与预期不一致的结果，即 len2 等于 0。

把短类型变量赋给长类型变量也同样存在问题，例如如下代码：

```
short len2 = 1;
int len1 = len2;
```

上面代码的执行结果并非总是如预期的那样使 len1 等于 1，在很多编译器编译的程序中结果是使 len1 等于 0xffff0001，实际上就是一个负数。这是因为当 len1 的初始值等于 0xffffffff 时，把 short 类型的 len2 赋值给 len1 时只能覆盖掉其低 16 位，这就造成了安全隐患。

2）运算溢出

整型数变量运算过程中没有考虑到其边界范围，造成运算后的数值超出了其存储空间。例如下面伪代码：

```
Bool func(char * userdata, short datalength)
{
    char * buff;
    …
    if(datalength ! = strlen(userdata))
    return false;
    datalength = datalength * 2;
    buff = malloc(datalength);
    strncpy(buff, userdata, datalength)
    …
}
```

其中，userdata 是用户提交的字符串，datalength 是用户提交的字符串长度。func()函数所做的就是首先保证用户提交的字符串长度和字符串的实际长度一样，然后分配一块 2 倍于用户提交字符串大小的缓冲区，再把用户字符串数据拷贝到这个缓冲区当中。这看起来应该是没有任何安全问题的。实际上，程序员仅仅考虑了对字符串数据的安全要求，却没有考虑对作为整型数的长度变量的数据类型的表示范围。也就是 datalength * 2 以后可能会超出 16 位 short 整型数的表示范围，造成 datalength * 2＜datalength。假如用户提交的 datalength＝0x8000，正常情况下 0x8000×2＝0x10000，但是当把 0x10000 赋值给 short 类型变量时，最高位的 1 会因为溢出而无法表示，这时 0x8000×2＝0。也就是说，在上面例子程序中，如果用户提交的 datalength＞＝0x8000，那么就会发生溢出。

3) 符号问题

整型数是分为有符号整型数和无符号整型数的，符号的问题也可能引发安全方面的隐患。一般对长度变量都要求使用无符号整型数，如果程序员忽略了符号的话，在进行安全检查判断的时候就可能出现意想不到的情况。由符号引起溢出的最典型的例子是eEye发现的 Apache HTTP Server 分块编码漏洞。

下面分析这个漏洞的成因。分块编码(chunked encoding)传输方式是 HTTP 1.1 协议中定义的 Web 用户向服务器提交数据的一种方法，当服务器收到 chunked 编码方式的数据时会分配一个缓冲区存放之。如果提交的数据大小未知，客户端则会以一个协商好的分块大小向服务器提交数据。Apache 服务器默认提供了对分块编码的支持。Apache 使用了一个有符号变量储存分块长度，同时分配了一个固定大小的堆栈缓冲区来储存分块数据。出于安全考虑，在将分块数据拷贝到缓冲区之前，Apache 会对分块长度进行检查，如果分块长度大于缓冲区长度，Apache 则将最多只拷贝缓冲区长度的数据，否则，将根据分块长度进行数据拷贝。然而在进行上述检查时，没有将分块长度转换为无符号型进行比较。因此，如果攻击者将分块长度设置成一个负值，就会绕过上述安全检查，Apache 会将一个超长(至少＞0x80000000 字节)的分块数据拷贝到缓冲区中，这会造成缓冲区溢出。

6.4.4　缓冲区溢出的防范

常见的对缓冲区溢出的防范方法主要有以下几种。

(1) 编写严格的代码。人们开发了许多工具和技术来帮助经验不足的程序员编写安全的程序，例如高级查错工具 Fault injection 等。这些工具的目的在于通过人为随机地产生一些缓冲区溢出来寻找代码的安全漏洞。

（2）不可执行堆栈数据段。通过操作系统时数据段地址空间不可执行，从而使得攻击者不能执行被植入的攻击代码。

（3）利用程序编译器的边界检查。缓冲区溢出的一个目的是植入代码，另一个目的是改变程序执行流程。而编译器边界检查则使得缓冲区溢出不可能实现，从而完全消除了缓冲区溢出的威胁。

（4）指针完整性检查。程序指针完整性检查在程序指针被改变之前进行。即便攻击者成功改变了程序的指针，也会因先前检测到指针的改变而失效，这样虽然不能解决所有问题，但它的确阻止了大多数的缓冲区攻击，而且这种方法在性能上有很大的优势，兼容性也很好。

6.5　拒绝服务攻击

拒绝服务攻击是指攻击者想办法让目标机器停止提供服务或资源访问，是攻击者常用的攻击手段之一。这些被利用的目标资源包括磁盘空间、内存、进程甚至网络带宽，从而阻止正常用户的访问。

6.5.1　拒绝服务攻击的概念

关于拒绝服务攻击的一些基本概念：

（1）服务：系统提供的，用户需求的一些功能。

（2）拒绝服务（DoS）：DoS 是 Denial of Service 的简称，即拒绝服务，任何对服务的干涉，使得其可用性降低或者失去可用性均称为拒绝服务。例如一个计算机系统崩溃或其带宽耗尽或其硬盘被填满，导致其不能提供正常的服务，就构成拒绝服务。

（3）拒绝服务攻击：造成 DoS 的攻击行为被称为 DoS 攻击，其目的是使计算机或网络无法提供正常的服务。

最常见的 DoS 攻击有计算机网络带宽攻击和连通性攻击。带宽攻击指以极大的通信量冲击网络，使得所有可用网络资源都被消耗殆尽，最后导致合法的用户请求无法通过。连通性攻击指用大量的连接请求冲击计算机，使得所有可用的操作系统资源都被消耗殆尽，最终计算机无法再处理合法用户的请求。

（4）分布式拒绝服务（DDoS）攻击：处于不同位置的多个攻击者同时向一个或数个目标发起攻击，或者一个或多个攻击者控制了位于不同位置的多台机器并利用这些机器对受害者同时实施攻击。由于攻击的发出点是分布在不同地方的，因此这类攻击称为分布式拒绝服务攻击。

图 6-21 所示为典型的 DDoS 的示意图，其中的攻击者有多个。DDoS 攻击也是 DoS 攻击的特殊情况，只是把多个攻击主机（一个或者多个攻击者控制下的分处于不同网络位置的多个攻击主机）发起的协同攻击特称为 DDoS 攻击。DDoS 具有攻击来源的分散性和攻击力度的汇聚性，而攻击力度比单一的 DoS 攻击大很多。DDoS 攻击一般用于一些需要靠规模才能奏效的攻击种类，如 SYN 风暴、UDP 风暴等，对于只需少数几个数据包即可奏效的攻击没必要应用 DDoS。

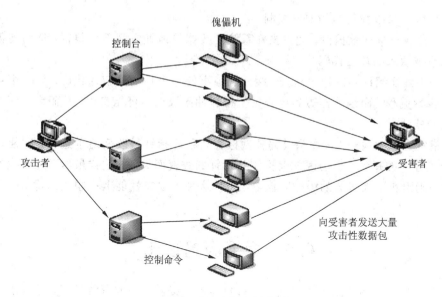

图 6 - 21　DDoS 示意图

6.5.2　利用系统漏洞进行拒绝服务攻击

　　系统漏洞是包含在操作系统或应用程序中与安全相关的系统缺陷。这些缺陷大多是由于错误的编程、粗心的源代码审核或一些不当的绑定所造成的，常被攻击者利用。

　　例如在微软的 Windows Vista 操作系统中曾发现了一个安全漏洞。这个安全漏洞允许 Rootkits 在使用 Vista 操作系统的计算机上隐藏起来或者实施拒绝服务器攻击，可以造成系统崩溃。这个安全漏洞存在于 Vista 的网络输入/输出子系统中。某些发给 iphlpapi. dll 应用程序编程接口的请求能够引起缓存溢出故障，破坏 Vista 内核内存，导致系统蓝屏死机。攻击者可以利用这个缓存溢出故障注入代码，从而破坏客户机的安全。攻击者能够利用这个安全漏洞实施拒绝服务攻击，关闭用户的计算机。这个安全漏洞出现在 Vista 的 Netio. sys 组件中，它很可能允许隐藏 Rootkits。

　　Windows GDI Plus library 存在处理畸形图像漏洞，可能引起远程拒绝服务。微软公司 Windows 操作系统的 GDI Plus library(Gdiplus. dll)在处理畸形图像时存在零错误，攻击者可以通过构建一个包含特殊图像的恶意 Web 页诱骗用户点击，导致引起远程拒绝服务。Windows 存在处理畸形 SMB 网络报文漏洞，可能引起远程拒绝服务。Windows 操作系统的 Server 驱动(srv. sys)在处理某些 SMB 数据时存在空指针引用错误，远程攻击者可能利用此漏洞进行攻击导致 Windows 系统崩溃死机。如果远程攻击者向有漏洞的系统发送了恶意构造的畸形 SMB 网络报文的话，就可能导致系统蓝屏死机。

　　解决这类攻击的方法只能是不停地修复漏洞，同时加强管理人员对这类问题的重视程度。

6.5.3　利用协议漏洞进行拒绝服务攻击

　　数据链路层的拒绝服务攻击受协议本身限制，只能发生在局域网内部，这种类型的攻击比较少见。针对 IP 层的攻击主要是针对目标系统处理 IP 包时所出现的漏洞进行的，如 IP 碎片攻击。针对传输层的攻击在实际中出现较多，SYN 风暴、ACK 风暴等都是这类攻击。面向应用层的攻击也较多，剧毒包攻击中很多利用了应用程序漏洞的都属于此类型。以下介绍几种典型的利用协议漏洞进行的拒绝服务攻击。

1. SYN Flood

SYN Flood 是一种利用 TCP 协议缺陷，发送大量伪造的 TCP 连接请求，使被攻击方资源耗尽（CPU 满负荷或内存不足）的攻击方式。SYN Flood 拒绝服务攻击是通过三次握手实现的。

假设一个用户向服务器发送了 SYN 报文后突然死机或掉线，那么服务器在发出 SYN＋ACK 应答报文后是无法收到客户端的 ACK 报文的（第三次握手无法完成）。这种情况下服务器端一般会重试（再次发送 SYN＋ACK 给客户端）并等待一段时间后丢弃这个未完成的连接。这段时间的长度被称为 SYN Timeout，一般来说，这个时间单位以分钟为数量级（约为 30 秒～2 分钟）。一个用户出现异常导致服务器的一个线程等待 1 分钟并不是什么很大的问题，但如果有一个恶意的攻击者大量模拟这种情况（伪造 IP 地址），服务器端将为了维护一个非常大的半连接列表而消耗非常多的资源。即使是简单的保存并遍历也会消耗非常多的 CPU 时间和内存，何况还要不断对这个列表中的 IP 进行 SYN＋ACK 的重试。实际上如果服务器的 TCP/IP 栈不够强大，最后的结果往往是堆栈溢出崩溃——即使服务器端的系统足够强大，服务器端也将忙于处理攻击者伪造的 TCP 连接请求而无暇理睬客户的正常请求。此时从正常客户的角度看来，服务器失去响应，这种情况就称作服务器端受到了 SYN Flood 攻击（SYN 洪水攻击）。

2. UDP Flood 拒绝服务攻击

由于 UDP 协议是一种无连接的服务，在 UDP Flood 攻击中，攻击者可发送大量伪造源 IP 地址的小 UDP 包。但是，由于 UDP 协议是无连接性的，所以只要开了一个 UDP 的端口提供相关服务的话，就可针对相关的服务攻击。如 QQ 就是基于 UDP 协议的，网上有种工具能发送大量的包对目标进行攻击，从而让对方 QQ 被下线，如果是对其他服务进行的话，严重的可能会导致服务器死机。

3. Land 攻击

这是利用系统漏洞，发送大量源地址与目的地址相同的包，从而造成服务器解析 Land 包时占用大量的处理资源，当收到的包达到一定程度时，就会形成拒绝服务攻击。

4. 死 Ping

Ping 是通过发送 ICMP 报文来判断主机是否存活。利用这个命令就能发动一次攻击，当发送超大型这种包时，也就是发送的包超过 65 535 字节会造成服务器重组包时发生缓冲区溢出，从而让服务器崩溃发生拒绝服务。

6.5.4　对拒绝服务攻击的防范

防范拒绝服务攻击通常有以下做法：

（1）确保所有服务器采用最新系统，并打上安全补丁。计算机紧急响应协调中心发现，几乎每个受到 DoS 攻击的系统都没有及时打上补丁。对一些重要的信息（例如系统配置信息）建立和完善备份机制。对一些特权账号（例如管理员账号）的密码设置要谨慎。通过这样一系列的举措可以把攻击者的可乘之机降低到最小。

（2）删除多余的网络服务。在网络管理方面，要经常检查系统的物理环境，禁止那些不必要的网络服务。建立边界安全界限，确保输出的包受到正确限制。经常检测系统配置信息，并注意查看每天的安全日志。如果是一个单机用户，可去掉多余不用的网络协议，完全禁止 NetBIOS 服务，从而堵上这个危险的"漏洞"。

（3）自己定制防火墙规则，利用网络安全设备（例如硬件防火墙）来加固网络的安全性，配置好这些设备的安全规则，过滤掉所有可能的伪造数据包。

（4）确保从服务器相应的目录或文件数据库中删除未使用的服务，如 FTP 或 NFS。Wu-ftpd 等守护程序存在一些已知的漏洞，黑客通过根攻击就能获得访问特权系统的权限，并能访问其他系统。

（5）禁止内部网通过 Modem 连接至 PSTN 系统。否则，攻击者能通过电话线发现未受保护的主机，即刻就能访问极为机密的数据。

（6）禁止使用网络访问程序如 Telnet、FTP、RSH、Rlogin 和 RCP，以基于 PKI 的访问程序如 SSH 取代。SSH 不会在网上以明文格式传送口令，而 Telnet 和 Rlogin 则正好相反，攻击者能搜寻到这些口令，从而立即访问网络上的重要服务器。

（7）限制在防火墙外与网络文件共享。这会使黑客有机会截获系统文件，并以特洛伊木马替换它，文件传输功能将陷入瘫痪。

（8）在防火墙上运行端口映射程序或端口扫描程序。大多数事件是由于防火墙配置不当造成的，使 DoS/DDoS 攻击成功率很高，所以一定要认真检查特权端口和非特权端口。

（9）检查所有网络设备和主机/服务器系统的日志。如果日志出现漏洞或时间出现变更，则很可能使相关的主机安全受到威胁。

（10）确保管理员对所有主机进行检查，而不仅针对关键主机。这是为了确保管理员知道每个主机系统在运行什么，谁在使用主机，哪些人可以访问主机。否则，即使攻击者侵犯了系统，也很难查明。

◆—— 本 章 小 结 ——◆

本章较全面地介绍了各种网络攻击手段和技巧，要求读者了解黑客实施攻击的思维和行为模式，同时关注网络、操作系统、应用系统的各种典型漏洞和问题，并利用典型案例的分析来理解黑客挖掘漏洞而展开攻击的实际过程。

本章还针对具体攻击手段，提出相应的防护策略和解决方案。通过本章的学习，可以提高读者的安全意识，加强对信息安全的认识程度，了解常见的安全漏洞，识别黑客的攻击手法，熟悉提高系统抗攻击能力的安全配置和维护方法。

★ 思 考 题 ★

1. 常见的扫描技术有哪些？请举例说明。

2. 嗅探技术与扫描技术的主要区别是什么？

3. 在 6.2 节中所介绍的网络欺骗类型中，你遇见最多的是哪种？

4. 结合自己身边的操作系统，研究防范口令攻击的方法。

5. 缓冲区溢出主要分哪几类？各自的特点是什么？

6. 拒绝服务攻击主要利用哪几种漏洞？它们是如何产生的？

第7章　恶意代码及防范技术

恶意代码(Malicious code)是指故意编制或设置的、对网络或系统会产生威胁或潜在威胁的计算机代码。最常见的恶意代码有计算机病毒、木马、蠕虫、后门、逻辑炸弹、内核套件、勒索软件、间谍软件等。本章将介绍恶意代码的基本概念、生存原理、分析检测以及清除和防范等技术。

7.1　恶意代码的概念

代码是程序员用开发工具所支持的语言写出来的源文件,是一组有序的数字或字母的排列,是代表客观实体及其属性的符号。种类繁多的代码给我们提供了各种方便的功能,帮我们解决平时生活和工作中的各种需求,但是也同样存在着大量给我们带来不便和具有破坏性的代码——恶意代码。

7.1.1　常见术语

计算机病毒是一种计算机程序代码,它可以递归地复制自己或其演化体。病毒通过感染宿主文件或者某个系统区域,或者仅仅是修改这些对象的引用,来获得控制权并不断地繁殖产生新的病毒体。

(1) 蠕虫病毒:蠕虫是网络病毒,主要在网络上进行复制。通常,蠕虫会在某台远程机器上自动运行,而不需要用户的任何干预。然而,有些蠕虫,如邮件投递者蠕虫和邮件群发蠕虫,如果没有用户的干预,并不总是可以自动运行的。蠕虫病毒通过网络、电子邮件以及 U 盘、移动硬盘等移动存储设备进行传播。例如 2006 年以来危害极大的"熊猫烧香"病毒就是充分应用各种传播方式的蠕虫病毒的代表。

(2) 逻辑炸弹:通常是合法应用程序在编程时写入的一些"恶意功能"。在特定逻辑条件满足时,会出现一些意想不到的现象。例如,作为某种版权保护方案,某个应用程序有可能会在运行几次后就在硬盘中将其自身删除。

(3) 特洛伊木马:特洛伊木马是指隐藏在一个合法的躯壳下的恶意代码,表面上是在执行一项任务,但实际上却在执行另一个任务。完整的木马程序一般由两个部分组成:一个是服务器端,一个是控制器端。最著名的特洛伊木马是 AIDS Trojan Disk,它被装载在磁盘上发送到了大约 7000 个研究机构。当系统中植入了此木马后,它会加密所有文件(除了少数几个)的名字并填充所有的空闲磁盘空间。这个木马程序提供了一种恢复方案,而作为交换就是要交纳一定的费用。

(4) 漏洞利用:漏洞利用代码(exploit code)针对某一特定漏洞或一组漏洞,它的目的是在系统上（有可能是远程的、网络上的系统）自动运行某一程序，或者提供对目标系统的某种其他形式的更高级别的访问权限。

（5）下载器：下载器病毒是近年来新出现的一种病毒类型。该类型病毒与木马不同，它本身并不具备盗取用户信息等行为，而是通过破坏杀毒软件，然后再从指定的地址下载大量其他病毒、木马进入用户电脑，进而通过其他病毒、木马实现其经济目的。"机器狗""渠道商"就是典型的下载器病毒。

（6）玩笑程序：玩笑程序（joke program）并不是恶意的。然而，就如同 Alan Solomon 曾经提到的那样："一个程序该划分为玩笑程序还是特洛伊木马，主要取决于受害者的幽默感。"玩笑程序改变或者打断了计算机的正常行为，一般会创建一个令人分心或者令人讨厌的东西。例如：可以随机将系统锁定的屏幕保护程序变成屏幕上突然出现一个恐怖的女鬼的声音和图像。

7.1.2　恶意代码的危害

恶意代码（Malicious Code）主要是指故意执行危害信息安全的恶意任务的代码，它们一般潜伏在受害计算机系统中实施破坏或窃取信息等不良活动，本书将 7.1.1 节中提到的所有类型的代码统称为恶意代码。它们尝试以各种方式侵入计算机或网络系统，干扰或阻碍系统的正常工作，甚至对重要信息进行窃取和篡改。

恶意代码的危害主要包括下面几点：

（1）破坏数据：很多恶意代码在发作时直接破坏计算机的重要数据，所利用的手段有格式化硬盘、改写文件分配表和目录区、删除重要文件或者用无意义的数据覆盖文件等。例如：磁盘杀手病毒（Disk Killer）在硬盘感染后累计开机时间 48 小时内发作，发作时屏幕上显示"Warning！！Don't turn off power or remove diskette while Disk Killer is Processing！"，并改写硬盘数据。

（2）占用磁盘存储空间：引导型病毒的侵占方式通常是用病毒本身占据磁盘引导扇区，被覆盖的扇区的数据将永久性丢失且无法恢复。文件型的病毒利用一些 DOS 功能进行传染，检测出未用空间把病毒的传染部分写进去，所以一般不会破坏原数据，但会非法侵占磁盘空间，文件会不同程度地加长。

（3）抢占系统资源：大部分恶意代码在动态下都是常驻内存的，必然抢占一部分系统资源，致使一部分软件不能运行。恶意代码总是修改一些有关的中断地址，在正常中断过程中加入病毒体，干扰系统运行。

（4）影响计算机运行速度：恶意代码不仅占用系统资源，覆盖存储空间，还会影响计算机运行速度。例如，恶意代码会监视计算机的工作状态，伺机传染激发；还有些恶意代码会为了保护自己，对磁盘上的恶意代码进行加密，CPU 要为多执行解密和加密过程而额外执行上万条指令。

7.1.3　恶意代码的命名规则

恶意代码的爆发使得为计算机病毒使用统一的公用名称命名已经成为一个非常难以完

成的任务。各个反病毒机构仍然试着通过尽量使用统一的公用名来减少混乱。在各个反病毒机构内部都有一个类似的命名机制：

＜病毒前缀＞.＜病毒名＞.＜病毒后缀＞

病毒前缀是指一个病毒的种类，它是用来区别病毒的种族分类的。不同种类的病毒，其前缀也是不同的。例如常见的木马病毒的前缀是 Trojan，蠕虫病毒的前缀是 Worm 等。

常见的病毒前缀如下：

(1) 系统病毒：系统病毒的前缀为：Win32、PE、Win95、W32、W95 等。这些病毒的一般公有的特性是可以感染 Windows 系统的 ∗.exe 和 ∗.dll 文件，并通过这些文件进行传播，如 CIH 病毒。

(2) 蠕虫病毒：蠕虫病毒的前缀为 Worm。如：Worm.Blaster(冲击波)。

(3) 木马病毒：木马病毒的前缀为 Trojan。如：Trojan.LMir.PSW.60。

(4) 脚本病毒：脚本病毒的前缀为 Script。脚本病毒的公有特性是使用脚本语言编写，通过网页进行传播，如：Script.Redlof(红色代码)。脚本病毒还会有如下前缀：VBS、JS，表示使用何种脚本编写的，如：VBS.Happytime(欢乐时光)。

(5) 宏病毒：宏病毒是一种特殊的脚本病毒。宏病毒的前缀是：Macro。第二前缀是：Word、Word97、Excel、Excel97 等，代表能够感染的 Office 版本。如：著名的 Macro.Melissa(美丽莎)。

(6) 后门病毒：后门病毒的前缀是：Backdoor。该类病毒的公有特性是通过网络传播，给系统开后门。如：Backdoor.IRCBot(IRC 后门)。

(7) 病毒种植程序病毒：病毒种植程序病毒的前缀为：Dropper。这类病毒的公有特性是运行时会从体内释放出一个或几个新的病毒到系统目录下。如：Dropper.BingHe2.2C (冰河播种者)、Dropper.Worm.Smibag(MSN 射手)等。

(8) 破坏性程序病毒：破坏性程序病毒的前缀是：Harm。这类病毒的公有特性是本身具有好看的图标来诱惑用户点击，当用户点击时，病毒便会直接对用户计算机产生破坏。如：Harm.formatC.f(格式化 C 盘)、Harm.Command.Killer(杀手命令)等。

(9) 玩笑病毒：玩笑病毒的前缀是：Joke，也称恶作剧病毒。这类病毒的公有特性是本身具有好看的图标来诱惑用户点击，当用户点击时，病毒会做出各种破坏动作来吓唬用户，其实病毒并没有对用户电脑进行任何破坏。如：Joke.Girlghost(女鬼病毒)。

(10) 捆绑机病毒：捆绑机病毒的前缀是：Binder。这类病毒的特性是病毒作者会使用特定的捆绑程序将病毒与一些应用程序如 QQ、IE 捆绑起来，表面上看是一个正常的文件，当用户运行这些文件时，隐藏运行捆绑在一起的病毒。如：Binder.QQPass.QQBin(捆绑 QQ)、Binder.killsys(系统杀手)等。

病毒名是指一个病毒的家族特征，是用来区别和标识病毒家族的，如以前著名的 CIH 病毒的家族名都是统一的" CIH "，振荡波蠕虫病毒的家族名是" Sasser "。

病毒后缀是指一个病毒的变种特征，是用来区别具体某个家族病毒的某个变种的。一般都采用英文字母来表示，如 Worm.Sasser.B 就是指振荡波蠕虫病毒的变种 B，因此一般称为"振荡波变种 B"。

7.2　恶意代码的生存原理

7.2.1　恶意代码的生命周期

每个恶意代码都拥有一个生命周期,从生成开始到完全消亡结束。恶意代码的生命周期主要包括:程序设计—传播—感染—触发—运行—消亡等环节。

下面我们描述恶意代码生命周期的各个时期:

· 程序设计期:这个阶段就是用编程语言制造一个恶意代码的时期。

· 传播期:这个时期恶意代码通过不同的途径散布和侵入受害系统。例如:先侵入一个流行的程序,再将其放入 BBS 站点、校园和其他大型组织当中分发其复制物。

· 感染期:在这个时期恶意代码要找到自己依附或隐藏的宿主,并实施依附或隐藏。在触发期之前恶意代码就会依附、隐藏于这个宿主中。恶意代码的潜伏时间越长,越可能延长其传播期,给恶意代码的传播带来更多的时间。

· 触发期:当系统各方面条件满足恶意代码的触发条件时,恶意代码进入运行期。

· 运行期:运行期中恶意代码的恶意目的会得以展现。

· 消亡期:在这个时期,恶意代码被检测出来,并运用相应的手段进行处理,可能是直接删除或者隔离。

7.2.2　恶意代码的传播机制

所谓传播是指恶意代码由一个载体传播到另一个载体,由一个系统进入另一个系统的过程。这就包括恶意代码自我复制和传播或被复制和被传播。恶意代码传播主要是通过复制文件、传送文件、运行程序等方式进行。主要传播机制有以下几种。

1. 互联网

互联网的日益普及,也给我们带来了越来越多的安全隐患。恶意代码可以通过以下途径传播:通过电子邮件传播,木马、病毒等有害程序隐藏在电子邮件中;通过浏览网页和下载软件传播,当浏览一些不安全网页的同时,用户本地的浏览器会被自动安装上间谍程序或脚本病毒;通过即时通信软件也可以传播,即时通信软件的用户众多,如 QQ、MSN 都已经成为很多病毒的利用对象,如求职信病毒 Worm. Klez 是通过 ICQ 传播的。

2. 局域网

局域网的组成结构和相互信任的关系成为局域网内病毒快速蔓延的原因。如 ARP 病毒就曾经在短时间内造成局域网的瘫痪。

3. 移动存储设备

移动存储设备包括软盘、光盘、移动硬盘、U 盘、存储卡(如 SD 卡等)等。现在移动存储设备的广泛应用(如 U 盘、移动硬盘)也成为恶意代码寄生和传播的主要方式。

4. 无线设备和点对点通信系统

随着手机上网的普及,手机病毒也成为病毒发展的新趋势,3G 网络发展的同时,手机病毒的传播速度和危害程度也加大了,将来还会继续发展。

7.2.3　恶意代码的感染机制

恶意代码的感染机制是指恶意代码依附于宿主或隐藏于系统中的方法，实施它的前提是恶意代码已经进入受害系统。

1. 感染执行文件

这类恶意代码主要感染 .exe 和 .dll 等可执行文件和动态链接库文件。根据恶意代码感染文件的方式不同，可以分为外壳型恶意代码、嵌入型恶意代码、源代码型恶意代码、覆盖型恶意代码和填充型恶意代码等。外壳型恶意代码是将病毒依附于宿主的头部或尾部，不改变被攻击宿主文件的主体，恶意代码将在程序开始或结束时截获系统控制权；嵌入型恶意代码寄生在宿主文件中间，隐蔽性比外壳型强；源代码型恶意代码专门攻击开发语言，能够与开发的代码一起编译；覆盖型恶意代码替换全部或部分宿主文件，从而对宿主造成直接破坏；填充型代码仅填充空闲区域，不直接破坏宿主文件，且不改变宿主的长度，隐蔽性更强。

- 例如：CIH 病毒。

CIH 病毒感染 Windows 95/98 系统下的 EXE 文件，当一个染毒的 EXE 文件被执行，CIH 病毒驻留内存，当其他程序被访问时对它们进行感染。当 CIH 病毒发作时它会覆盖掉硬盘中的绝大多数数据。

该病毒还有另一种破坏方式，即试图覆盖 Flash BIOS 中的数据。一旦 Flash BIOS 被覆盖，那么机器将不能启动。Flash BIOS 存在于多种类型的 Pentium 机器中，如 Intel 430TX，在大多数机器中 Flash BIOS 通过一个跳线保护，通常情况下，保护是关闭的。

2. 感染引导区

每次计算机启动时，BIOS 首先被执行，之后主引导记录和分区引导记录中的代码被依次执行。计算机通电后，内存是空的，首先从 BIOS 中读取一些启动参数到内存中，这些命令控制计算机去做下一步工作：自检。然后发现硬盘，读取硬盘主引导程序到内存中，再读取 C 盘的引导程序到内存中，再读取操作系统文件到内存中，然后开始由操作系统文件控制计算机开始启动。启动完毕后，读入各种自动运行的文件，例如天网防火墙、QQ、病毒监测软件等。如果恶意代码感染了引导区，开机后，它被读入内存时，杀毒软件还没有读入内存，恶意代码就获得了系统控制权，改写操作系统文件，隐藏自己。

- 例如：小球病毒。

该病毒的发作条件是当系统时钟处于半点或整点，而系统又在进行读盘操作。发作时屏幕出现一个活蹦乱跳的小圆点，作斜线运动，当碰到屏幕边沿或者文字就立刻反弹。被碰到的文字中，英文会被整个削去，中文会削去半个或整个削去，也可能留下制表符乱码。

3. 感染结构化文档

所谓宏，就是一些命令组织在一起，作为一个单独命令完成一个特定任务。宏病毒是一种寄存在文档或模板的宏中的恶意代码。一旦打开这样的文档，其中的宏就会被执行，于是宏病毒就会被激活，转移到计算机上，并驻留在 Normal 模板上。从此以后，所有自动保存的文档都会"感染"上这种宏病毒，而且如果其他用户打开了感染病毒的文档，宏病毒又会转移到其计算机上。

一旦病毒宏侵入 Word 系统，它就会替代原有的正常宏，如 FileOpen、FileSave、

FileSaveAs 和 FilePrint 等，并通过这些宏所关联的文件操作功能获取对文件交换的控制。当某项功能被调用时，相应的病毒宏就会篡夺控制权，实施病毒所定义的非法操作，包括传染操作、表现操作以及破坏操作等。宏病毒在感染一个文档时，首先要把文档转换成模板格式，然后把所有病毒宏（包括自动宏）复制到该文档中。被转换成模板格式后的染毒文件无法转存为任何其他格式。含有自动宏的宏病毒染毒文档当被其他计算机的 Word 系统打开时，便会自动感染该计算机。例如：如果病毒捕获并修改了 FileOpen，那么，它将感染每一个被打开的 Word 文件。宏病毒主要寄生于 AutoOpen、AutoClose 和 AutoNew 三个宏中，其引导、传染、表现或破坏均通过宏指令来完成。

· 例如：Nuclear 宏病毒。

这是一个对操作系统文件和打印输出有破坏功能的宏病毒。该宏病毒中包含以下病毒宏：AutoExec、AutoOpen、DropSuriv、FileExit、FilePrint、FilePrint、Default、FileSaveAs、Insert Payload，这些宏是只执行宏。

Nuclear 宏病毒造成的破坏现象为：

（1）打开一个染毒文档并打印的时候，它会在打印的最后一页加上字符串"STOP ALL FRENCH NUCLEAR TESTING IN THE PACIFIC!"，该现象是在每分钟的 55 秒～60 秒之间操作打印时发生。

（2）如果在每天 17:00～18:00 之间打开一个染毒文档，Nuclear 病毒会将 PH33R 病毒传染到计算机上，这是个驻留型病毒。

（3）在每年的 4 月 5 日，该病毒会将计算机上 IO. SYS 和 MSDOS. SYS 文件清零，并且删除 C 盘根目录上的 COMMAND. COM 文件。一旦病毒发作，MSDOS 就不可能被引导，计算机将陷入瘫痪。

7.2.4　恶意代码的触发机制

恶意代码的触发机制是指使已经侵入或感染到受害系统中的恶意代码得到执行的方法、条件或途径。

恶意代码在传染和发作之前，往往要判断某些特定条件是否满足，满足则传染或发作，否则不传染或不发作或只传染不发作，这个条件就是恶意代码的触发条件。实际上病毒采用的触发条件花样繁多，主要有以下几种：

（1）日期触发：许多病毒采用日期作为触发条件。日期触发大体包括：特定日期触发、月份触发、前半年/后半年触发等。

（2）时间触发：时间触发包括特定时间触发、染毒后累计工作时间触发、文件最后写入时间触发等。

（3）键盘触发：有些病毒监视用户的击键动作，当发现病毒预定的键入时，病毒被激活，进行某些特定操作。键盘触发包括击键次数触发、组合键触发、热启动触发等。

（4）感染触发：许多病毒的感染需要某些条件触发，而且相当数量的病毒又以与感染有关的信息反过来作为破坏行为的触发条件，称为感染触发。它包括：运行感染文件个数触发、感染序数触发、感染磁盘数触发、感染失败触发等。

（5）启动触发：病毒对机器的启动次数计数，并将此值作为触发条件，称为启动触发。

（6）访问磁盘次数触发：病毒对磁盘 I/O 访问的次数进行计数，以预定次数作为触发条件，称为访问磁盘次数触发。

（7）调用中断功能触发：病毒对中断调用次数计数，以预定次数作为触发条件。

（8）CPU 型号/主板型号触发：病毒能识别运行环境的 CPU 型号/主板型号，以预定 CPU 型号/主板型号作为触发条件，这种病毒触发方式奇特罕见。

被恶意代码使用的触发条件是多种多样的，而且往往不只是使用上面所述的某一个条件，而是使用由多个条件组合起来的触发条件。大多数病毒的组合触发条件是基于时间的，再辅以读/写盘操作、按键操作以及其他条件。如"侵略者"病毒的激发时间是开机后机器运行时间和病毒传染个数成某个比例时，刚好按下 Ctrl＋Alt＋Del 组合键试图重新启动系统则病毒发作。

7.3　恶意代码的分析与检测技术

7.3.1　恶意代码的分析方法

对恶意代码进行分析的目的是为了了解恶意代码的感染或运行特征，为确定检测方法提供帮助，有针对性地制定清除与预防策略。一般说来，在分析阶段，我们希望可以做到判断恶意代码的名称或种类，以及具体出现的位置。但是根据具体的分析方法不同，有时我们仅仅能够判断出是否有恶意代码出现，但是不能判断具体恶代的名称或种类。在进行恶代分析时，我们经常会应用到用于跟踪、反汇编、调试程序的专业工具软件，如 Debug 和 ProView。

恶意代码的分析方法有多种，按照分析时目标程序是否在内存中拥有私有空间，可以分为静态分析法和动态分析法。

静态分析法指在不执行恶意代码的情况下进行分析的方法，可以分为源代码分析、反汇编分析、二进制统计分析三种情况。其中对反汇编后的程序进行分析，可以发现恶意代码的模块组成、编程技巧、感染方法、可用于表示恶意代码的特征码序列等。

动态分析法指通过检测恶意代码执行的过程，通过分析执行过程中的操作进行分析的方法。一般通过应用程序调试工具对恶意代码实施跟踪和观察，检测执行过程中的系统调用或者检测执行前、后系统变化，对静态分析的结果进行验证。

在实际应用中，一般我们将恶意代码分析方法分成三类：基于代码特征的分析方法、基于代码语义的分析方法和基于代码行为的分析方法。

1. 基于代码特征的分析方法

通常情况下，提取特征码是按照以下思路进行的：

首先，获取一个病毒程序的长度，根据长度可以将文件分为几份，份数根据样本长度而定，可以是 3～5 份，也可以更多。分成几段获取特征码的方法可以很大程度上避免采用单一特征码造成的误报病毒现象，也可以避免特征码过于集中造成的误报。

然后，每份中选取通常为 16 或 32 个字节长的特征串。在选取时，应该遵循如下的原则：

（1）如果选出来的信息是通用信息，即很多文件该位置都是一样的信息，那么舍弃，调整偏移量后重新选取。

（2）如果选取出来的信息是全零的字节。那么也要调整偏移后重新选取。当然调整的偏移量多少可以人为事先规定，也可以自动随机调节。

最后，将选取出来的几段特征码及它们的偏移量存入病毒库，标示出病毒的名称即可。为了方便选取特征码，通常根据以上的思路编写出特征码提取程序，自动提取特征码并作为病毒记录存入病毒库。

2. 基于代码语义的分析方法

第一步，通过各种渠道收集到最新的未知恶意代码样本，进行文件格式分析。通过工具进行文件格式检查，分析样本是否进行加壳处理，样本是何种语言编写的，以及是否有其他附加的数据等。样本经过加壳的程序，需要对其进行查壳，确定程序的加壳类型，并通过脱壳工具或手段进行脱壳，分析出程序的编程语言。如果无法查出加壳类型，则认为是一个未知的壳，可以结合动态脱壳进行分析。另外通过 PE 文件的区段来确定是否有附加进去的数据。

第二步，对样本文件的属性进行查看分析。查看样本的数字签名，排除伪造签名的情况。对于持有那些大公司数字签名的样本，可以通过查看文件属性中的相关信息进行分析。另外查看文件的属性，可以对文件是否正常或是否已被修改做进一步的分析。

第三步，对样本的行为进行分析，分析它的本地感染行为以及网络传播行为。本地行为分析过程需要使用文件监视工具、注册表监视工具来确定恶意代码对系统做了哪些行为。通常情况下样本会释放出病毒体，并把它拷贝到系统目录下，通过添加到注册表的系统启动项、系统服务启动项、注入系统进程中等方式激活。另外通过网络抓包工具（Sniffer、IRIS 等）分析其与哪个网站进行连接，打开哪个端口，下载哪些文件，执行哪些操作命令等。

第四步，通过静态反汇编工具（IDA 等）对恶意代码程序的 PE 文件进行反汇编。通过分析静态反汇编后的文件中所使用的字符串、API 函数等信息，来判断此样本的基本功能和特点。

第五步，通过动态调试对恶意代码加载调试，进一步分析代码的操作。用动态调试器（OD 等工具）载入病毒后，在程序进程的各个可疑的地方设置断点，根据代码来确定恶意代码的有害操作。当然最后还要形成相关的恶意代码分析报告，并对恶意代码进行命名规范，而且还需要对样本使用 MD5 进行完整性校验。

3. 基于代码行为的分析方法

基于代码行为的分析方法是基于以下理论展开的：

软件行为 = API + 参数

以感染系统文件的恶意代码的行为为例，包括两部分条件：调用了写文件的 Win32 API，包括 WriteFile 或 WriteFileEx；另一个是 API 所写的文件为系统可执行文件，需要判断所写文件是否为系统目录下的可执行 PE 文件。

这种方法在实施过程中，对于"恶意行为"的定义显得至关重要。所谓软件恶意行为，是指软件为了达到隐藏自身、访问网络、控制主机系统操作等目的，而对操作系统上下文环境进行恶意修改的种种行为。我们总结了以下六大类共 35 种常见软件恶意行为：

（1）修改注册表启动项（包括 Run 项、GINA 项等）。

（2）修改关键文件（包括修改 PE 文件、系统配置文件等）。

　　(3) 控制进程(包括启动、关闭、修改进程等)。

　　(4) 访问网络资源(包括创建 socket，对外发起连接等)。

　　(5) 修改系统服务(包括创建、修改、关闭系统服务等)。

　　(6) 控制窗口(包括隐藏窗口、截获指定窗口击键消息等)。

　　这种基于代码行为的分析方法，其局限性在于：不可能完全防御恶意代码的侵袭；许多合法软件仍然借鉴了某些恶意软件中的技术，甚至直接调用了某些恶意软件的代码来完成自己的一些合法功能。对于这些合法软件中的恶意行为，误报是在所难免的。

7.3.2　恶意代码的检测方法

　　目前大部分反恶意代码软件所用的自动检测方法有病毒特征码检测法、启发式检测法、完整性验证法等。

　　(1) 基于特征码的检测法：这是使用最广泛的方法，通过蜜罐系统提取恶意代码的样本分析采集它们独有的特征指令序列，当反病毒软件扫描文件时，将当前的文件与病毒特征码库进行对比，判断是否有文件片段与已知特征码匹配。

　　(2) 启发式检测法：为恶意代码的特征设定一个阈值，扫描器分析文件时，当文件的类似恶意代码的特征程度高于此阈值时，就将其视为恶意代码。例如对于特定的恶意代码，一般都会固定地调用一些特定的内核函数(尤其是那些与进程列表、注册表和系统服务列表相关的函数)，通常这些函数在代码中出现的顺序也有一定的规律，因此通过对某种恶意代码调用内核函数的名称和次数进行分析，建立恶意代码内核函数调用集合，比较待查程序调用的内核函数和数据库中已知恶意代码的内核函数调用集合的贴近度。

　　(3) 基于行为的检测法：利用恶意代码的特有行为特征来监测病毒的方法。当程序运行时，监视响应特征行为是否发生。另外行为特征识别通常需要使用类神经网络的一类方法来训练分析器，并能够准确地用形式化的方法来定义恶意代码的特征。

　　(4) 完整性验证法：这种方法主要是检查程序关键文件(例如重要的 .SYS 和 .DLL 文件)的 CRC 或者 MD5 的值并与正常值进行比较。如果值发生变化，说明关键文件已经被篡改。

　　(5) 基于特征函数的检测方法：这是一种新方法。恶意代码要实现特定功能，必需使用系统的 API 函数(包括内核级和用户级的)，因此如果某个程序调用了危险的特定函数集合，有可能是恶意代码出现了。在程序加载之前，对于引入的任何程序文件，扫描其代码获得其系统函数集合，与事先根据对多个恶意代码分析设置好的一系列特征函数集合做交集运算，就可以知道该程序文件使用了哪些危险的函数，并大致可以估计其功能和类型。

　　除此之外，实际开发中我们主要还使用以下技术：

　　(1) 比较法：通过利用一些底层方法在内核驱动中直接获得信息，再与通过常规使用系统函数方法获取的信息比较，如果发现两种方法得到的信息不一样，恶意代码可能出现。

　　(2) 进程状态分析法：例如通过内核线程函数 KiWaitInListHead、KiWaitOutListhead 等和一些寄存器标志来检测从那些 ActiveProcessLinks 上摘除自身隐藏的恶意代码进程。

　　(3) 统计法：根据操作系统取某项系统信息所执行的 CPU 操作执行指令和指令时间的统计特征与真正系统的比较，我们也可以发现一些恶意代码的踪迹。

以上方法中比较法和进程状态分析法较为成熟,被许多杀毒软件所采用,它们比较可靠,但速度慢;统计法速度较快,但目前还不成熟,误报率较高。

7.4　恶意代码的清除与预防技术

7.4.1　恶意代码的清除技术

1. 选择适当的封锁策略

由于恶意代码具有隐蔽和繁殖、传播快等特性,所以对恶意代码的及时封锁可以阻止它传播扩散,以免造成更大的破坏。对恶意代码的封锁策略有以下几种:

(1)鉴别和隔离被感染主机:反病毒软件的报警系统是一个很好的消息来源,但是并不是每个病毒都能被反病毒软件检测到。管理员还需要通过其他手段来寻找感染信息。例如:

- 通过端口扫描来查看是否有木马在监听端口。
- 使用反病毒扫描和专杀工具来检测特定的病毒。
- 通过查看邮件服务器、防火墙或主机日志来判断是否有病毒侵入。
- 设置网络和主机的入侵检测软件来识别可能的病毒活动。
- 审查运行中的进程是否为合法进程。

(2)阻塞发送出的访问:如果恶意代码向外部发送病毒邮件或是尝试与外部连接,那么管理员应该阻塞已感染系统尝试连接的外部主机的 IP 地址或服务。

(3)关闭邮件服务器:当遇到破坏特别严重的恶意代码的时候,假设这时内网中已经有大量的主机被感染,并且病毒试图通过邮件传播出去。这时,邮件服务器可能已经被内网中上百台电脑发来的病毒邮件搞得完全瘫痪。这种情况下,需要关闭邮件服务器,防止病毒向外扩散。

(4)断开局域网与因特网的连接:当遇到极为严重的蠕虫病毒侵袭的时候,局域网可能会因此瘫痪。有时情况严重,外网的蠕虫还可以使局域网与因特网连接的网关完全瘫痪。一般遇到这种情况,特别是如果局域网已经因为蠕虫完全无法同因特网取得联系时,最好断开局域网与因特网的连接,这样可以保护局域网内的系统不会遭到外网蠕虫的侵袭。如局域网已经被蠕虫感染,这样做也可以防止蠕虫感染其他网络的系统和造成网络拥塞。

2. 感染来源线索的收集和处理

尽管收集这些线索是可能的,但是这并没有多大用处,因为恶意代码既可以自动传播,也可以通过被感染用户传播。所以,确定恶意代码的来源是非常困难并且费时间的工作。但是,收集恶意代码样本用于以后的测试在某些情况下是非常有用的。

3. 杀除与恢复

恶意代码的清除基础应该是在保全被感染程序原有功能的前提下清除恶意代码或者使恶意代码失效,所以清除的方法与恶意代码的感染机制相关,再根据不同的恶意代码类型采取不同的清除方式。

1）文件型病毒的解除

所谓文件型病毒是指此类病毒寄生在可执行文件上，并依靠可执行文件来传播。从数学角度而言，解除这种病毒的过程实际上是病毒感染过程的逆过程。通过检测工作、跳转、解码，能得到病毒体的全部代码，用于还原病毒的数据肯定在病毒体内，只要找到这些数据，依照一定的程式或方法即可将文件恢复，也就是说可以将病毒解除。

2）宏病毒的发现及清除

打开宏菜单，在通用模板中删除认为是病毒的宏；打开带有病毒宏的文档（模板），然后打开宏菜单，在通用模板和病毒文件名模板中删除认为是病毒的宏；保存清洁文档。

手工清除病毒总是比较繁琐而且不可靠，用杀毒工具自动清除宏病毒是理想的解决办法，方法有两种：

方法一， 用 Word Basic 语言以 Word 模板方式编制杀毒工具，在 Word 环境中杀毒。

方法二， 根据 Word BFF 格式，在 Word 环境外解剖病毒文档（模板），删除病毒宏。

3）引导型病毒的清除方法

引导型病毒感染时的攻击部位有硬盘主引导扇区和硬盘或软盘的 Boot 扇区。为保存原主引导扇区、Boot 扇区，病毒可能随意地将它们写入其他扇区，而毁坏这些扇区。

硬盘主引导扇区染毒是可以修复的。修复步骤如下：

（1）用无毒软盘启动系统。寻找一台同类型、硬盘分区相同的无毒机器，将其硬盘主引导扇区写入一张软盘；或者病毒感染前硬盘主引导扇区有备份，将备份的主引导扇区写入一张软盘。将此软盘插入染毒机器，将其中采集的主引导扇区数据写入染毒硬盘，即可修复。

硬盘、软盘 Boot 扇区染毒也可以修复。解决办法就是寻找与染毒盘相同版本的无毒系统软盘，执行 SYS 命令，即可修复。如果引导型病毒将原主引导扇区或 Boot 扇区以覆盖的方式写入第一 FAT 时，第二 FAT 未破坏，则可以修复。可将第二 FAT 复制到第一 FAT 中。

（2）Debug 清除引导型病毒。在检测到磁盘被引导型病毒感染后，清除病毒的基本思想是用正常的系统引导程序覆盖引导扇区中的病毒程序。

如果在病毒感染以前，预先阅读并保存了磁盘主引导区和 DOS 引导扇区的内容，就很容易清除病毒。可以用 Debug 把保存的内容读入内存，再写入到引导扇区，于是引导扇区中的病毒被正常引导程序所替代。

如果没有保留引导扇区的信息，则清除其中的病毒比较困难。对于那些把引导扇区的内容转移到其他扇区中的病毒，需要分析病毒程序的引导代码，找出正常引导扇区内容的存放地址，把它们读入内存，再写到引导扇区中，这将花费较多的时间。

而对于那些直接覆盖引导扇区的病毒，则必须从其他微机中读取正常的引导程序。具体做法是：先从没有被病毒感染的微机硬盘中读取主引导扇区内容，其中含有主引导程序和该硬盘的分区表。将其写入被病毒感染的硬盘主引导区，然后把写入的主引导程序和本硬盘的分区表连接，把连接后的内容写入内存。

对于硬盘 DOS 引导扇区中的病毒，可以用和硬盘上相同版本的 DOS（从软盘）启动，再执行 A：>SYS C：命令传送系统到 C 盘，即可清除硬盘 DOS 引导扇区的病毒。

7.4.2 恶意代码的预防技术

1. 使用反病毒软件

反病毒软件对于防止病毒的侵袭和减小病毒的损害是非常必要的。单位或组织中的所有电脑都应该安装反病毒软件，并且及时升级以防止对新的病毒失去防护作用。反病毒软件也应该被用于传输病毒的程序中，例如：电子邮件、文件传输工具和实时通讯工具。反病毒软件应该设置定期扫描和对文件的下载、打开、执行进行实时扫描。此外，还应该设置反病毒软件对已感染文件进行杀毒和隔离。一些反病毒软件除了扫描病毒、蠕虫和特洛伊木马之外，还会对 HTML、ActiveX、Javascript 和移动代码进行扫描，看它们是否携带恶意代码成分。

2. 阻塞可疑文件

通过设置邮件服务器和客户端来阻塞带有可疑附件的邮件，例如：附件的扩展名与恶意代码有关联（例如：.pif，.vbs），或是带有复合扩展名（例如：.txt，.vbs，.htm，.exe）的可疑邮件附件。

3. 限制使用不必要的具有传输能力的文件

限制点对点传输文件、音乐共享文件、实时通讯文件和 IRC 的客户端及服务器端。这些程序经常被用来传播恶意代码。

4. 安全处理邮件附件

一般反病毒软件应该被设置成在打开邮件附件之前对附件进行扫描，用户也应该注意不要轻易打开可疑的或是来历不明的附件。用户还应该注意的是，并不是你知道出处的邮件就一定是没有病毒的。因为一些病毒可以自动从系统中搜索邮件地址并利用发信者的账号发送带毒邮件，而发信者可能此时还不知情。用户还应该了解哪些附件是一定不要打开的（例如扩展名为：.bat，.com，.exe，.pif，.vbs 的附件）。尽管对用户的培训可以降低感染恶意代码的可能性和严重程度，但是单位或组织仍要小心用户的失误所造成的病毒入侵。

5. 避免开放网络共享

许多病毒都是通过主机上运行的不安全的共享文件来传播的。如果一个组织或单位的某台电脑被感染，那么它可以通过不安全的网络共享把病毒迅速传播到组织内的成百上千台电脑中去。所以，一般组织或单位应该定期检查自己网络中开放的共享，并指导用户安全地使用共享。同时，还应设置网关阻止使用 NetBIOS 端口的信息进出网关。这样做不仅可以阻止外网主机通过网络共享直接感染内网主机，还可以阻止内网感染的病毒通过网络共享传播出去。

6. 使用 Web 浏览器的安全机制限制移动代码

所有的 Web 浏览器都有安全设置，可以阻止来历不明的 ActiveX 和移动代码控件在本地系统中下载和运行。组织或是单位可以建立网络安全策略来确认移动代码的来源（例如：内网服务器、外网服务器）。

7. 设置邮件客户端

应该对组织或单位中所有的邮件客户端都进行设置，避免在不经意时被病毒感染。例如：邮件客户端应该设置为不能自动运行附件。

■────── 本 章 小 结 ──────■

　　恶意代码是一类有特殊目的代码的统称。本章首先介绍了恶意代码的概念和命名规则，然后重点介绍了恶意代码的生存原理，包括生命周期、传播机制、感染机制、触发机制等。恶意代码对网络安全影响巨大，因此接着又从技术的角度介绍了分析与检测恶意代码的方法。最后，介绍了对恶意代码的清除与防范方法。

★ 思 考 题 ★

1. 恶意代码的常见类型有哪些？请举例说明。

2. 恶意代码的传播、感染和触发机制分别有哪些？

3. 以小球病毒为例描述感染了引导区的恶意代码是如何工作的？

4. 请结合身边实际，给自己的网络环境设计一个恶意代码的防范方案。

第8章　访问控制技术

访问控制是针对越权使用资源的防御措施，是网络安全防范和保护的主要策略。它的主要任务是保证网络资源不被非法使用和非法访问。实现访问控制技术的主要手段是防火墙和入侵检测。本章首先介绍访问控制的策略和实现方法，然后重点介绍防火墙的作用、体系结构和当前的发展，最后介绍入侵检测技术的相关知识。

8.1　访问控制技术概述

1. 访问控制的定义

访问控制是针对越权使用资源的防御措施，是网络安全防范和保护的主要策略。它的主要任务是保证网络资源不被非法使用和非法访问。它也是维护网络系统安全、保护网络资源的重要手段。各种安全策略必须相互配合才能真正起到保护作用，但访问控制可以说是保证网络安全最重要的核心策略之一。

2. 基本目标

防止对任何资源(如计算资源、通信资源或信息资源)进行未授权的访问，从而使计算机系统在合法范围内使用；决定用户能做什么，也决定代表一定用户利益的程序能做什么。

未授权的访问包括：未经授权使用、泄露、修改、销毁信息以及颁发指令等；非法用户进入系统；合法用户对系统资源的非法使用。

3. 访问控制的作用

访问控制对机密性、完整性起直接的作用。

对于可用性，访问控制通过对以下信息的有效控制来实现：谁可以颁发影响网络可用性的网络管理指令；谁能够滥用资源以达到占用资源的目的；谁能够获得可以用于拒绝服务攻击的信息。

8.2　访问控制策略

访问控制策略(Access Control Policy)是在系统安全策略级上的授权表示，是对访问如何控制、如何做出访问决策的高层指南。

1. 自主访问控制

自主访问控制(DAC)也称基于身份的访问控制(IBAC)，是针对访问资源的用户或者应用设置访问控制权限，根据主体的身份及允许访问的权限进行决策。自主是指具有某种访问能力的主体能够自主地将访问权的某个子集授予其他主体，访问信息的决定权在于信息的创建者。

特点：灵活性高，已被大量采用。

缺点：安全性最低。信息在移动过程中其访问权限关系会被改变，如用户 A 可将其对目标 C 的访问权限传递给用户 B，从而使原本不具备对 C 访问权限的 B 可以访问。

自主访问控制可以分为以下两类：

（1）基于个人的策略：根据哪些用户可对一个目标实施哪一种行为的列表来表示，等价于用一个目标的访问矩阵列来描述。

（2）基于组的策略：一组用户对于一个目标具有同样的访问许可，是基于身份策略的另一种情形。相当于把访问矩阵中多个行压缩为一个行。实际使用时，先定义组的成员，对用户组授权，同一个组可以被重复使用，组的成员可以改变。

自主访问控制存在的问题：配置的粒度小，配置的工作量大，效率低。

2. 强制访问控制

强制访问控制（MAC）也称基于规则的访问控制（RBAC），在自主访问控制的基础上，增加了对资源的属性（安全属性）划分，规定不同属性下的访问权限。

对一个安全区域的强制式策略被最终的权威机构采用和执行，它基于能自动实施的规则。将主体和客体分为不同的级别，所有对信息的控制权都由系统管理员来决定。

3. 基于角色的访问控制

基于角色的访问控制（RBAC）是与现代的商业环境相结合后的产物，既具有基于身份的策略的特征，也具有基于规则的策略的特征，可以视为基于组的策略的变种，根据用户所属的角色做出授权决定。

该策略陈述易于被非技术的组织策略者理解；同时也易于映射到访问控制矩阵或基于组的策略陈述上。在基于组或角色的访问控制中，用户可能是不只一个组或角色的成员，有时又可能有所限制。

与访问者的身份认证密切相关，通过确定该合法访问者的身份来确定访问者在系统中对哪类信息有什么样的访问权限。一个访问者可以充当多个角色，一个角色也可以由多个访问者担任。

角色与组的区别是：组代表一组用户的集合；角色则是一组用户的集合＋一组操作权限的集合。

此外，还有多级策略。多级策略给每个目标分配一个密级，一般安全属性可分为四个级别：最高秘密级（Top-Secret）、秘密级（Secret）、机密级（Confidence）以及无级别级（Unclassified）（但是由于安全发展的需要，目前文件密级已由 4 级扩展为 0～255 级）。密级划分的细化，更便于执行多级控制的安全机制，并能满足国家和个人的保密需求。密级形成一个层次，每个用户被分配一个相应的级，反映了该用户的最基础的可信赖度，这种模型常用于政府机密部门。

8.3　访问控制的常用实现方法

访问控制的常用实现方法是指访问控制策略的软、硬件低层实现。访问控制机制与策略独立，可允许安全机制的重用。安全策略之间没有哪个更好的说法，应根据应用环境灵活使用。

1. 访问控制表(ACL)

ACL 对应于访问控制矩阵中的一列内容,基于身份的访问控制策略和基于角色的访问控制策略都可以用 ACL 来实现。

优点:控制粒度比较小,适用于被区分的用户数比较少,并且这些用户的授权情况相对比较稳定的情形。

2. 访问能力表

授权机构针对每个限制区域,都为用户维护它的访问控制能力。它与 ACL 相比较,在每个受限制的区域,都维护一个 ACL 表。

3. 安全标签

发起请求时,附属一个安全标签,在目标的属性中,也有一个相应的安全标签。在做出授权决定时,目标环境根据这两个标签决定是允许还是拒绝访问,常常用于多级访问策略。

4. 基于口令的机制

基于口令的机制主要有以下几点:

(1)与目标的内容相关的访问控制:动态访问控制。

(2)多用户访问控制:当多个用户同时提出请求时,如何做出授权决定。

(3)基于上下文的控制:在做出对一个目标的授权决定时依赖于外界的因素,例如时间、用户的位置等。

8.4　防火墙技术基础

8.4.1　防火墙的基本概念

1. 常用基本概念

内网(受信网络):防火墙内的网络。

外网(非受信网络):防火墙外的网络,一般指 Internet。

受信主机和非受信主机分别对照内网和外网的主机。

非军事区(DMZ):为了配置管理方便,内网中需要向外提供服务的服务器往往放在一个单独的网段,这个网段便是非军事化区。防火墙一般配置三块网卡,分别连接内部网、Internet 和 DMZ。

2. 防火墙的定义

防火墙是设置在被保护网络和外部网络之间的一道屏障,这道屏障的作用是阻断来自外部的对本网络的威胁和入侵,保护本网络的安全。

一般说来,防火墙是指设置在不同网络(如可信任的企业内部网和不可信的公共网)或网络安全域之间的一系列部件的组合,它是不同网络或网络安全域之间信息的唯一出入口,能根据企业的安全政策控制(允许、拒绝、监测)出入网络的信息流,且本身具有较强的抗攻击能力。通过它可以隔离风险区域(即 Internet 或有一定风险的网络)与安全区域(局域网)的连接,同时不会妨碍人们对风险区域的访问。它是提供信息安全服务,实现网络和信息安全的基础设施。防火墙可通过监测、限制、更改跨越防火墙的数据流,尽可能地对外部屏蔽网络内部的信息、结构和运行状况，以此来实现网络的安全保护。

防火墙的典型连接如图 8-1 所示。

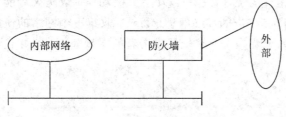

内部网络　　防火墙　　外部

图 8-1　防火墙连接示意图

从图 8-1 可以看出，防火墙把守着网络的大门。所有来自 Internet 的传输信息或从内部网发出的传输信息都通过防火墙，因此它有机会确保传输信息的安全。

防火墙不只是一种路由器、主系统或一批向网络提供安全性的系统。应该说，防火墙是一种获取安全性的方法，它有助于实施一个比较广泛的安全性政策，用以确定允许提供的服务和访问。就网络配置、一个或多个主系统和路由器以及其他安全性措施（如代替静态口令的先进验证）来说，防火墙是该政策的具体实施。防火墙系统的主要用途就是控制对受保护的网络（即网点）的往返访问。它实施网络访问政策的方法就是迫使各连接点通过能得到检查和评估的防火墙。

面向个人用户的防火墙软件称为个人防火墙（Personal Firewall）。

个人防火墙可以根据用户的要求隔断或连通用户的计算机与 Internet 间的连接。用户可以通过设定规则（rule）来决定哪些情况下防火墙应该隔断计算机与 Internet 间的数据传输，哪些情况下允许两者间的数据传输。

与大型网络防火墙不同的是，个人防火墙通常直接切入用户的个人操作系统，并接管用户操作系统对网络的控制，使得运行在系统上的网络应用软件在访问网络的时候，都必须经过防火墙的确认，从而达到控制用户计算机和 Internet 之间连接的目的。

8.4.2　防火墙的功能

1. 基本功能

1）防火墙是网络安全的屏障

一个防火墙（作为阻塞点、控制点）能极大地提高一个内部网络的安全性，并通过过滤不安全的服务而降低风险。由于只有经过精心选择的应用协议才能通过防火墙，所以网络环境变得更安全。

2）控制对主机系统的访问

防火墙有能力控制对主机系统的访问。例如，某些主机系统可以由外部网络访问，而其他主机系统则被有效地封闭起来，防止有害的访问。通过配置防火墙，允许外部主机访问 WWW 服务器和 FTP 服务器，而禁止外部主机对内部网络上其他系统的访问。

3）防火墙可以强化网络安全策略（集中安全性）

通过以防火墙为中心的安全方案配置，能将所有安全软件（如口令、加密、身份认证、审计等）配置在防火墙上。与将网络安全问题分散到各个主机上相比，防火墙的集中安全管理更经济。

4) 对网络存取和访问进行监控审计

如果所有的访问都经过防火墙，那么防火墙就能记录下这些访问并做出日志记录，同时也能提供网络使用情况的统计数据。当发生可疑动作时，防火墙能进行适当的报警，并提供网络是否受到监测和攻击的详细信息。另外，收集一个网络的使用和误用情况也是非常重要的，可以清楚防火墙是否能够抵挡攻击者的探测和攻击，并且清楚防火墙的控制是否充足。

2. 附加功能

1) NAT

当受保护网连到 Internet 上时，受保护网用户若要访问 Internet，必须使用一个合法的 IP 地址。在防火墙上配置 NAT(Network Address Translation，网络地址翻译)技术，就需要在防火墙上配置一个合法的 IP 地址集，当内部网络用户要访问 Internet 时，防火墙动态地从地址集中选一个未分配的地址分配给该用户，该用户即可使用这个合法地址进行通信。同时，对于内部的某些服务器如 Web 服务器，网络地址转换器允许为其分配一个固定的合法地址，内部网络用户就可通过防火墙来访问外部网络。

NAT 技术能透明地对所有内部地址作转换，使外部网络无法了解内部网络的内部结构，同时使用 NAT 的网络与外部网络的连接只能由内部网络发起，极大地提高了内部网络的安全性。

NAT 最初的目的是用来增加私有组织的可用地址空间和解决现有的私有 TCP/IP 网络连接到互联网的 IP 地址编号问题。私有 IP 地址只能作为内部网络号，不在互联网主干网上使用。网络地址翻译技术通过地址映射保证了私有 IP 地址的内部主机或网络能够连接到公用网络。NAT 网关被安放在网络末端区域(内部网络和外部网络之间的边界点)，并且在源自内部网络的数据包发送到外部网络之前，将数据包的源地址转换为唯一的 IP 地址。NAT 实际上是一个基本的代理，一个主机代表内部所有主机发出请求，并代表外部服务器对内部主机进行响应等。但 NAT 工作在传输层，因此它还需要使用低层和高层服务来保证网络的安全。

NAT 技术在解决 IP 地址短缺问题的同时提供了如下功能：内部主机地址隐藏；网络负载均衡；网络地址交迭。正是内部主机隐藏的特性，使网络地址翻译技术成为了防火墙实现中经常采用的核心技术之一，绝大多防火墙都加入了该功能。

目前防火墙一般采用双向 NAT：SNAT(Source NAT)和 DNAT(Destination NAT)。SNAT 用于对内部网络地址进行转换，对外部网络隐藏起内部网络的结构，使得对内部的攻击更加困难，并可以节省 IP 资源，有利于降低成本。DNAT 主要用于实现外网主机对内网和 DMZ(非军事区)的访问。

2) VPN

虚拟专用网络被定义为通过公共网络(通常指 Internet)建立的一个临时的网络连接，是一条穿过混乱的公用网络的安全、稳定的隧道，它是对企业内部网的扩展。VPN(Virtual Private Network，虚拟专用网络)的基本原理是通过对 IP 包的封装及加密、认证等手段，达到保证安全的目的。作为一种安全的连接手段，虚拟专用网络技术已经成为防火墙技术的重要组成部分。它往往通过在防火墙上加一个加密模块来实现。

一个虚拟专用网络至少应该提供如下功能：

(1) 数据加密：保证通过公用网络传输的数据即使被截获也不至于泄露信息。

(2) 信息认证和身份认证：保证信息的完整性、合法性和来源可靠性。

(3) 访问控制：不同的用户应该分别具有不同的访问权限。

8.4.3 防火墙的缺点

虽然防火墙是网络安全体系中极为重要的一环，但是并不是唯一的一环。事实上，仍有一些危险是防火墙防范不了的。

(1) 防火墙不能防范来自内部网络的攻击。目前防火墙只提供对外部网络用户攻击的防护。对来自内部网络用户的攻击只能依靠内部网络主机的安全性。

(2) 防火墙不能防范不经由防火墙的攻击。如果允许从受保护网内部不受限制地向外拨号，一些用户可以形成与 Internet 的直接的连接，从而绕过防火墙，造成一个潜在的后门攻击渠道。要使防火墙发挥作用，防火墙就必须成为整个机构安全架构中不可分割的一部分。

(3) 防火墙不能防范感染了病毒的软件或文件的传输。防火墙不能有效地防范病毒的入侵。在网络上传输二进制文件的编码很多，并且有太多的病毒，因此防火墙不可能扫描每一个文件，查找潜在的所有病毒。

(4) 防火墙不能防范利用标准网络协议中的缺陷进行的攻击。一旦防火墙准许某些标准网络协议，防火墙不能防范利用该协议中的缺陷进行的攻击。

(5) 防火墙不能防范利用服务器系统漏洞进行的攻击。黑客通过防火墙准许的访问端口对该服务器的漏洞进行攻击，防火墙不能防范。

(6) 防火墙不能防范新的网络安全问题。防火墙是一种被动式的防护手段，它只能对现在已知的网络威胁起作用。随着网络攻击手段的不断更新和一些新的网络应用的出现，不可能依靠一次性的防火墙设置来解决永远的网络安全问题。

(7) 防火墙限制了有用的网络服务。防火墙为了提高被保护网络的安全性，限制和关闭了很多有用但存在安全缺陷的网络服务。由于绝大多数网络服务设计之初根本没有考虑安全性，只考虑使用的方便性和资源共享，所以都存在安全问题。所以防火墙一旦全部限制这些网络服务，就等于从一个极端走向了另一个极端。

综上所述，防火墙只是整体安全防范政策的一部分，并非有了防火墙就可以高枕无忧。

8.4.4 防火墙的基本结构

1. 屏蔽路由器

屏蔽路由器是防火墙最基本的构件。它作为内(内部网络)、外(Internet)连接的唯一通道，要求所有的报文都必须在此通过检查。路由器上可以安装基于 IP 层的报文过滤软件，实现报文过滤功能。许多路由器本身带有报文过滤配置选项。单纯由屏蔽路由器构成的防火墙的危险区域包括路由器本身及路由器允许访问的主机。它的缺点是路由器一旦被控制后很难发现，并且不能识别不同的用户。这种防火墙方案最大的缺点是配置复杂，一旦不能够进行正确的配置，危险的数据包就有可能透过防火墙进入内部局域网。另外，采用这种措施，内部网络的 IP 地址并没有被隐藏起来，并且它不具备监测、跟踪和记录的功能。

2. 双宿主机防火墙

这种配置是用一台装有两块网卡的堡垒主机做防火墙，如图 8-2 所示，两块网卡分别与受保护网和外部网相连。堡垒主机上运行着防火墙软件，可以转发应用程序，提供服务等。

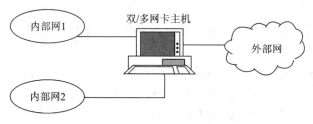

图 8-2　双宿主机防火墙

双宿主机防火墙优于屏蔽路由器的地方在于：堡垒主机的系统软件可用于维护系统日志、硬件复制日志或远程日志，但这不能帮助网络管理者确认内网中哪些主机可能已被黑客入侵。

它的致命弱点是：一旦入侵者侵入堡垒主机并使其具有路由功能，则网上任何用户均可以自由访问内网。因此为了自身的安全，在这台堡垒主机上安装的服务最少，只需要安装一些与包过滤功能有关的软件，满足一般的网络安全维护需要即可。它所拥有的权限最少，这样就可避免一旦黑客攻占了堡垒主机后，迅速控制内部网络的不良后果。因为控制权限低，黑客虽然攻陷了堡垒主机，但仍不能拥有过高的网络访问权限，也不至于给内部网络造成太大危害。

3. 屏蔽主机防火墙（分单目和多目壁垒）

屏蔽主机防火墙易于实现也很安全，因此应用广泛。这种设计采用屏蔽路由器和堡垒主机双重安全设施，也就是说在路由器后增加了一个用于应用安全控制的计算机，充当堡垒主机的角色。所有进出的数据都要经过屏蔽路由器和堡垒主机，保证了网络级和应用级的安全。路由器进行包过滤，堡垒主机进行应用安全控制。为了使堡垒主机具备足够强的抗攻击性能，在堡垒主机上只安装最少的服务，并且所拥有的权限也是最低的。例如，一个分组过滤路由器连接外部网络，同时一个堡垒主机安装在内部网络上，通常在路由器上设置过滤规则（此时路由器充当包过滤防火墙），并使这个堡垒主机成为从外部网络唯一可直接到达的主机。这确保了内部网络不受未被授权的外部用户攻击。

采用这种设计作为应用级网关（代理服务器），可以使用 NAT 技术来屏蔽内部网络，可以更进一步建立屏蔽多宿主机防火墙模式，即堡垒主机可以连接多个内部网络或网段，也就需要在堡垒主机上安装多块网卡。它同样可以使内部网络在物理上和外部网络分开，所以也可以达到保护内部网络的目的。

4. 屏蔽子网防火墙

这种方法是在内部网络和外部网络之间建立一个被隔离的子网，用两台分组过滤路由器将这一子网分别与内部网络和外部网络分开。在很多实现中，两个分组过滤路由器放在子网的两端，在子网内构成一个非军事区（Demilitarized Zone，DMZ）。DMZ 通常是一个过滤的子网，DMZ 在内部网络和外部网络之间构造了一个安全地带。这种配置的危险区域仅包括堡垒主机、子网主机及所有连接内网、外网和屏蔽子网的路由器。

屏蔽子网体系结构如图 8-3 所示。

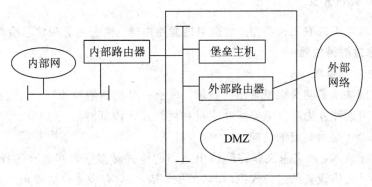

图 8-3　屏蔽子网防火墙

如果攻击者试图完全破坏防火墙，他必须重新配置连接三个网的路由器，既不切断连接又不要把自己锁在外面，同时又不使自己被发现，这样也还是可能的。但若禁止网络访问路由器或只允许内网中的某些主机访问它，则攻击会变得很困难。在这种情况下，攻击者得先侵入堡垒主机，然后进入内网主机，再返回来破坏屏蔽路由器，整个过程中不能引发警报。

5．其他的防火墙结构

1）一个堡垒主机和一个非军事区

堡垒主机的一个网络接口接到非军事区(DMZ)，另一个网络接口接到内部网络，过滤路由器的一端接到因特网，另一端接到非军事区。过滤路由器必须加以配置，以便它能把外部网络传到内部网络的所有网络流量发送给堡垒主机的"inside"网络接口。只有被过滤器规则允许的网络流量才能转发给堡垒主机，其他所有的网络流量都将被丢弃。入侵者必须首先穿过过滤路由器，然后还必须穿过或者控制堡垒主机。

在非军事区中没有主机。在这种结构中，堡垒主机使用了双宿主机，提高了系统的安全性，可以防止入侵者绕过堡垒主机入侵到内部网络中。

2）两个堡垒主机和两个非军事区

这种结构中使用了两台双宿主机，有两个非军事区，并在网络中分成了四个部分：内部网络、外部网络、内部非军事区和外部非军事区。

过滤路由器和外部堡垒主机是外部非军事区上仅有的两个网络接口。

内部非军事区受到过滤路由器和外部堡垒主机的保护，具有一定的安全性，可以把一些相对而言不是很机密的服务器放在这个网络上，并把敏感的主机隐藏在内部网络中。

3）两个堡垒主机和一个非军事区

可以使用两个具有单一网络接口的堡垒主机，加上一个内部过滤路由器作为阻塞器，内部过滤路由器位于 DMZ 和内部网络之间。在这种结构中，必须保证堡垒主机不被越过，还应保证两个过滤路由器使用静态的路由方式。内部网络受到双重保护，入侵者即使控制了第一个堡垒主机也不能为所欲为，还需设法攻破第二道堡垒主机防线。

但是，在建造防火墙时一般很少采用单一的技术，通常是使用多种解决不同问题的技术组合。

8.4.5　防火墙的类型

目前防火墙常见的有三种类型：数据包过滤路由器、代理网关和状态检测。

1. 数据包过滤路由器

1）数据包过滤原理

数据包过滤技术是防火墙最常用的技术。对于一个充满危险的网络，过滤路由器提供了一种方法，用这种方法可以阻塞某些主机和网络连入内部网络，也可以用它来限制内部人员对一些危险和受限站点的访问。

数据包过滤技术，顾名思义是在网络中适当的位置对数据包实施有选择的通过规则，选择依据即为系统内设置的过滤规则（即访问控制表），只有满足过滤规则的数据包才被转发至相应的网络接口，其余数据包则被从数据流中删除。

数据包过滤可以控制站点与站点、站点与网络和网络与网络之间的相互访问，但不能控制传输的数据内容，因为内容是应用层数据，不是包过滤系统所能辨认的。数据包过滤允许用户在单个地方为整个网络提供特别的保护。

包过滤检查模块深入到系统的网络层和数据链路层之间。因为数据链路层是事实上的网卡（NIC），网络层是第一层协议堆栈，所以防火墙位于软件层次的最底层，如图 8-4 所示。

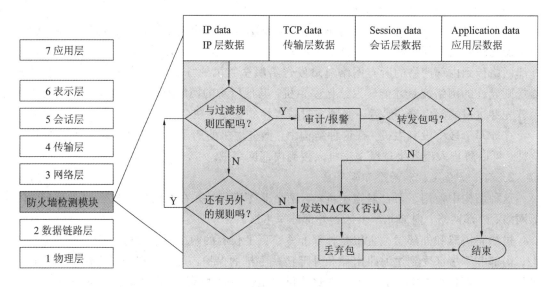

图 8-4　包过滤模型

通过检查模块，防火墙能拦截和检查所有出站的数据。防火墙检查模块首先验证这个包是否符合过滤规则，不管是否符合过滤规则，防火墙一般要记录数据包情况，不符合规则的包要进行报警或通知管理员。对丢弃的数据包，防火墙可以给发送方一个消息，也可以不给，这要取决于包过滤策略。包检查模块能检查包中的所有信息，一般是网络层的 IP 头和传输层的头。

2）包过滤方式

包过滤在本地端接收数据包时，一般不保留上下文，只根据目前数据包的内容做决定。根据不同的防火墙的类型,包过滤可能在进入、输出时或这两个时刻都进行。可以拟定一个要接受的设备和服务的清单,一个不接受的设备和服务的清单,组成访问控制表。

设置包过滤有三点必须遵守的原则:必须知道什么是应该和不应该被允许的,即必须制定一个安全策略;必须正式规定允许的包类型、包字段的逻辑表达;必须用防火墙支持的语法重写表达式。

(1) 按地址过滤。下面是一个最简单的数据包过滤方式,它按照源地址进行过滤。例如,认为网络 202.110.8.0 是一个危险的网络,那么就可以用源地址过滤禁止内部主机和该网络进行通信。表 8-1 是根据上面的政策所制定的规则。

表 8-1　过滤规则示例

规则	方向	源地址	目标地址	动作
A	出	内部网络	202.110.8.0	拒绝
B	入	202.110.8.0	内部网络	拒绝

很容易看出这种方式没有利用全部信息,所以是不科学的。下面将介绍一种更为先进的过滤方式——按服务过滤。

(2) 按服务过滤。假设安全策略是禁止外部主机访问内部的 E-mail 服务器(SMTP,端口 25),允许内部主机访问外部主机,实现这种过滤的访问控制规则类似表 8-2。

表 8-2　规　则　表

规则	方向	动作	源地址	源端口	目的地址	目的端口	注释
A	进	拒绝	M	*	E-mail	25	不信任
B	出	允许	*	*	*	*	允许连接
C	双向	拒绝	*	*	*	*	缺省状态

规则按从前到后的顺序匹配,字段中的"*"代表任意值,没有被过滤器规则明确允许的包将被拒绝。就是说,每一条规则集都跟随一条含蓄的规则,就像表 8-2 中的规则 C:没有明确允许的就被禁止,这与一般原则是一致的。

任何协议都是建立在双方基础上的,信息流也是双向的,所以规则总是成对出现的。

3) 数据包过滤特性分析

数据包过滤方式的主要优点是仅关键位置设置一个数据包过滤路由器,就可以保护整个网络,而且数据包过滤对用户是透明的,不必在用户机上再安装特定的软件。数据包过滤也有它的缺点和局限性,如包过滤规则配置比较复杂,而且几乎没有什么工具能对过滤规则的正确性进行测试;包过滤也没法查出具有数据驱动攻击这一类潜在危险的数据包;另外,随着过滤数目的增加,路由器的吞吐量会下降,从而影响网络性能。

虽然数据包过滤是通过源地址来做判断的,但 IP 地址是很容易改变的,所以源地址欺骗用数据包过滤的方法不能查出来。

2. 应用层网关

1) 应用层网关原理

应用层网关(Application Gateway)也称为代理服务器。代理(Proxy)技术与包过滤技术完全不同,包过滤技术是在网络层拦截所有的信息流,代理技术是针对每一个特定应用都有一个程序。代理是企图在应用层实现防火墙的功能,代理的主要特点是有状态性。代理能提供部分与传输有关的状态,能完全提供与应用相关的状态和部分传输方面的信息,代理也能处理和管理信息。

图 8-5 所示为内部网的一个 Telnet 客户通过代理访问外部网的一个 Telnet 服务器的情况。

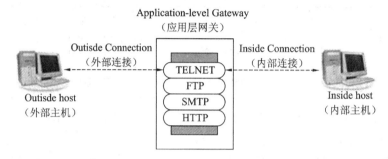

图 8-5 应用层网关的结构示意图

Telnet 代理服务器执行内部网络向外部网络申请服务时的中间转接任务。应用层网关上的代理服务事实上分为一个客户代理和一个服务器代理,Telnet 是一个 Telnet 的服务器守护进程,当它侦听到一个连接到来之后,首先要进行相应的身份认证,并根据安全策略来决定是否中转连接。当决定转发时,代理服务器上的 Telnet 客户进程向真正的 Telnet 服务器发出请求,Telnet 服务器返回由代理服务器转发给 Telnet 客户机的数据。

提供代理服务的可以是一台双宿网关,也可以是一台堡垒主机,允许用户访问代理服务是很重要的,但是用户是绝对不允许注册到应用层网关中的。

2) 应用层网关的优缺点

提供代理的应用层网关主要有以下优点:

(1) 应用层网关有能力支持可靠的用户认证并提供详细的注册信息。

(2) 用于应用层的过滤规则相对于包过滤路由器来说更容易配置和测试。

(3) 代理工作在客户机和真实服务器之间,完全控制会话,所以可以提供很详细的日志和安全审计功能。

(4) 提供代理服务的防火墙可以被配置成唯一的可被外部看见的主机,这样可以隐藏内部网的 IP 地址,可以保护内部主机免受外部主机的进攻。

(5) 通过代理访问 Internet 可以解决合法的 IP 地址不够用的问题,因为 Internet 所见到只是代理服务器的地址,内部不合法的 IP 通过代理可以访问 Internet。

然而,应用层代理也有明显的缺点,主要包括:

(1) 有限的连接性。代理服务器一般具有解释应用层命令的功能,如解释 FTP 命令和 Telnet 命令等,那么这种代理服务器就只能用于某一种服务。因此,可能需要提供很多种不同的代理服务器,如 FTP 代理服务器和 Telnet 代理服务器等。所以能提供的服务和可伸缩性是有限的。

（2）有限的技术。应用层网关不能为 RPC(Remote Procedure Call)、Talk 和其他一些基于通用协议族的服务提供代理。

（3）应用层实现的防火墙会造成明显的性能下降。

（4）每个应用程序都必须有一个代理服务程序来进行安全控制，每一种应用升级时，一般代理服务程序也要升级。

（5）应用层网关要求用户改变自己的行为，或者在访问代理服务的每个系统上安装特殊的软件。例如，透过应用层网关 Telnet 访问要求用户通过两步而不是一步来建立连接。不过，特殊的端系统软件可以让用户在 Telnet 命令中指定目标主机而不是应用层网关来使应用层网关透明。

3）数据包过滤与代理服务的比较

如果内部规定几条过滤规则，则包过滤防火墙可以有出色性能，且对应用和最终用户来说是绝对透明的，但包过滤防火墙的安全性较弱。如果防火墙被攻破，则所有它后面的网络都面临危险。譬如，一个入侵者设法登录到一个安装有包过滤防火墙的机器上，就比较容易得到监控权力。大多数包过滤防火墙使用加密接口，这使得过滤规则难以配置。错误定义过滤规则，可以使本应该允许访问的不能访问，不应该访问的反而被访问。

代理服务在安全性方面比包过滤强，但在性能和透明度上比较差。代理服务主要的安全优点在基于代理服务的防火墙设计上，即使一个基于代理的防火墙遭到破坏，入侵者还是不能直接连接到防火墙后面的网络上；而包过滤防火墙上，如果一个过滤规则被修改或破坏了，则防火墙还可继续为包提供路由。

但代理服务的这种安全性能是有代价的，给开发者、管理者和最终用户带来相当的不便。具体表现在：每一个通过防火墙的应用需要自己的代理；有些代理还需要每一个通过防火墙通信的机器运行支持代理的客户和服务器软件；用户可能还需要专门学习使用方法才能通过代理访问外网。

4）应用层网关实现

应用层网关实现步骤如下：

（1）编写代理软件。代理软件一方面是服务器软件，但是它所提供的服务可以是简单的转发功能；另一方面对于外面真正的服务器来说，是客户软件。针对每一个服务都需要编写模块或者单独的程序。实现一个标准的框架，以容纳各种不同类型的服务，实现可扩展性和可重用性。

（2）编写客户软件。软件需要定制或者改写，实现对于最终用户的透明性。

（3）协议对于应用层网关的处理。协议设计时考虑到中间代理的存在，特别是在考虑安全性如数据完整性时。

5）应用层网关的特点和发展方向

应用层网关比单一的包过滤更为可靠，而且会详细记录所有的访问状态。但是应用层网关也存在一些不足之处，首先因为它不允许用户直接访问网络，会使访问速度变慢；而且应用层网关需要对每一个特定的 Internet 服务器安装相应的代理服务软件，用户不能使用未被服务器支持的服务，对每一类服务要使用特殊的客户端软件；某些 Internet 应用软件不可以使用代理服务。

应用层网关的发展方向：智能代理，不仅仅完成基本的代理访问功能，还可以实现其他的附加功能，例如，对于内容的自适应剪裁，增加计费功能，提供数据缓冲服务等。

3. 电路级网关技术

应用层代理为一种特定的服务（如 FTP 和 Telnet 等）提供代理服务，代理服务器不但转发流量而且对应用层协议做出解释。电路级网关（Circuit Level Gateway）也是一种代理，但是只能是建立起一个回路，对数据包只起转发的作用。电路级网关只依赖于 TCP 连接，并不进行任何附加的包处理或过滤。

电路级网关防火墙特点：电路级网关是一个通用代理服务器，它工作于 OSI 互联模型的会话层或是 TCP/IP 协议的 TCP 层。它适用于多个协议，但它不能识别在同一个协议栈上运行的不同的应用，当然也就不需要对不同的应用设置不同的代理模块，但这种代理需要在客户端做适当修改。

这种代理的优点是它可以对各种不同的协议提供服务，但需要改进客户程序。这种网关对外像一个代理，对内则是一个过滤路由器。

4. 状态检测技术

我们知道，Internet 上传输的数据都必须遵循 TCP/IP 协议，根据 TCP 协议，每个可靠连接的建立需要经过"客户端同步请求""服务器应答""客户端再应答"三个阶段。我们最常用到的 Web 浏览、文件下载、收发邮件等都要经过这三个阶段。这反映出数据包并不是独立的，而是前后之间有着密切的状态联系，基于这种状态变化，引出了状态检测技术。

状态检测防火墙摒弃了包过滤防火墙仅考查数据包的 IP 地址等几个参数，而不关心数据包连接状态变化的缺点，在防火墙的核心部分建立状态连接表，并将进出网络的数据当成一个个的会话，利用状态表跟踪每一个会话状态。状态监测对每一个包的检查不仅根据规则表，更考虑了数据包是否符合会话所处的状态，因此提供了完整的对传输层的控制能力。

网关防火墙的一个挑战就是能处理的流量，状态检测技术在大为提高安全防范能力的同时也改进了流量处理速度。状态监测技术采用了一系列优化技术，使防火墙性能大幅度提升，能应用在各类网络环境中，尤其是在一些规则复杂的大型网络上。

无论何时，一个防火墙接收到一个初始化 TCP 连接的 SYN 包，这个带有 SYN 的数据包被防火墙的规则库检查。该包在规则库里依次序比较。如果在检查了所有的规则后，该包都没有被接受，那么拒绝该次连接。一个 RST 的数据包发送到远端的机器，如果该包被接受，那么本次会话被记录到状态监测表里，该表是位于内核模式中的。随后的数据包（未带有一个 SYN 标志）就和该状态监测表的内容进行比较。如果会话在状态表内，而且该数据包是会话的一部分，则该数据包被接受；如果不是会话的一部分，则该数据包被丢弃。这种方式提高了系统的性能，因为每一个数据包不是和规则库比较，而是和状态监测表比较，只有在 SYN 的数据包到来时才和规则库比较。所有的数据包与状态检测表的比较都在内核模式下进行，所以应该很快。

任何一款高性能的防火墙都会采用状态检测技术。

状态检测和数据包过滤防火墙主要的区别是：状态检测系统维护一个状态表，让这些系统跟踪通过防火墙的全部开放的连接，而数据包过滤防火墙就没有这个功能。当通讯到达时，这个系统把这个通讯与状态表进行比较，确定这个通讯是不是一个已经建立起来的通讯的一部分。

8.4.6 防火墙安全设计策略

1. 网络服务访问策略

在构筑防火墙保护网络之前，需要制定一套完整有效的安全策略。一般这种安全策略分为两个层次：网络服务访问策略和防火墙设计策略。

网络服务访问策略是一种高层次的、具体到事件的策略，主要用于定义在网络中允许的或禁止的网络服务，而且还包括对拨号访问以及 SLIP/PPP 连接的限制。这是因为一种网络服务的限制可能会促使用户使用其他的方法，所以其他途径也应受到保护。例如，如果一个防火墙阻止用户使用 Telnet 服务访问 Internet，一些人可能会使用拨号连接来获得这种服务，这样就可能会使网络受到攻击。

网络服务访问策略不但应该是站点安全策略的延伸，而且对于机构内部资源的保护也应起到全局的作用。这种策略可能包括许多事情，从文件切碎条例到病毒扫描程序，从远程访问到移动存储介质的跟踪。

一般情况下，防火墙执行两个通用网络服务访问策略中的一个：允许从内部站点访问 Internet 而不允许从 Internet 访问内部站点；只允许从 Internet 访问特定的系统，如信息服务器和电子邮件服务器。一些防火墙也允许从 Internet 访问几个选定的主机，而这也只是在确实有必要时才这样做，而且还要加上身份认证。

在最高层（或应用层），某个组织机构的总体策略可能是这样的：

（1）内部信息对于一个组织的经济繁荣是至关重要的。

（2）应使用各种经济实惠的办法来保证信息的机密性、完整性、真实性和可用性。

（3）保护数据信息的机密性、完整性和可用性是高于一切的，是不同层次的员工的责任。

（4）所有信息处理的设备将被用于经过授权的任务。

在这个普遍原则之下是与具体事情相关的政策，如公司财物的使用规定、信息系统的使用规定，防火墙的网络服务访问政策，就是在这一个层次上。

为了使防火墙能如人所愿地发挥作用，在实施防火墙策略之前，必须制定相应的服务访问策略，这种策略一定要具有现实性和完整性。现实性的策略在降低网络风险和为用户提供合理的网络资源之间做出了一个权衡。一个完备的、受到公司管理方面支持的策略可以防止用户的抵制，不完备的策略可能会因雇员不能理解而被雇员忽略，这种策略是名存实亡的。

2. 防火墙设计策略及要求

防火墙设计策略是指具体地针对防火墙，制定相应的规章制度来实施网络服务访问的策略。在制定这种策略之前，必须了解这种防火墙的性能以及缺点、TCP/IP 本身所具有的易受攻击性和危险性。

防火墙一般执行以下两种基本设计策略之一：第一种，除非明确不允许，否则允许某种服务；第二种，除非明确允许，否则将禁止某种服务。

执行第一种策略的防火墙在默认情况下允许所有的服务，除非管理员对某种服务明确表示禁止。执行第二种策略的防火墙在默认情况下禁止所有的服务，除非管理员对某种服务明确表示允许。

第一种策略并不可取，因为它给入侵者更多的机会绕过防火墙。在这种策略下，用户可以访问策略未所说明的新的服务。例如，用户可以在策略未特别涉及的非标准的 TCP/UDP 端口上执行被禁止的服务。

但是有些服务，例如 X 窗口、FTP、Archie 和 RPC 是很难过滤的，所以建议管理员执行第一种策略。虽然第二种策略更加严格、更加安全，但它更难于执行且对用户的约束也存在重复。在这种情况下，前面所讲的服务都应被阻止或被删去。

防火墙可以实施一种宽松的政策（第一种），也可以实施一种限制性政策（第二种），这就是制定防火墙策略的入手点。一个公司可以把一些必需的而又不能通过防火墙的服务放在屏蔽子网上，和其他的系统相隔离开。有些人把这种方法用在 Web 服务器上，这个服务器只是由包过滤进行保护，并不放在防火墙后面。如果 Web 服务器需要从内部数据库上传或下载数据，则 Web 服务器与内部数据库之间的连接将受到很好的保护。Web 服务器也可以放在一个堡垒主机上，这是一种运行着尽可能少的服务程序的被强化的主机，并被过滤路由器所保护。许多 Web 服务器以牺牲主机的方式来运行。

总而言之，防火墙的好坏取决于安全性和灵活性的要求，所以在实施防火墙之前，考虑一下策略是至关重要的。如果不这样做，则会导致防火墙不能达到要求。

3. 防火墙与加密机制

早期的防火墙主要起屏蔽主机和加强访问控制的作用。现在的防火墙则逐渐集成了信息安全技术中的最新研究成果，一般都具有加密、解密和压缩、解压等功能，这些技术加强了信息在互联网上的安全性。

加密技术实际上是一种对要经由公共网络传送的信息进行编码的方法，它是确保数据安全的最有效方法。防火墙能够将授权用户的数据进行加密并使这个信息穿过防火墙而进入公共网络。保护接收网络的防火墙能够检查信息，对其进行解码，并将其发送到正确的授权用户手中。通过使用加密技术，大多数防火墙现在能够用作 VPN 的网关，在有些时候通过对互联网上的端对端通信信息进行保护还可作为 VPN 服务器。依赖于防火墙的类型，VPN 客户能否支持被远程工作或移动工作的特定员工所使用的远程 PCs 功能也是选项之一。

由于每一款防火墙产品的加密机制大都不同，在标准 IPSec 的加密未完全产品化之前，彼此之间的整合性还是有问题。而加密软件的出口至今还是受美国政府的限制，一般商业的使用维持 40 bit，金融项目申请可达 56 bit。VPN 可应用于远程使用者与防火墙之间及防火墙与防火墙之间的加/解密。

8.4.7　防火墙攻击策略

一直以来，黑客都在研究攻击防火墙的技术和手段，攻击的方法和技术越来越智能化和多样化。但是就黑客攻击防火墙的过程上看，大概可以将防火墙攻击策略分为以下三类。

1．扫描防火墙策略

扫描防火墙策略是指探测目标网络上安装的是何种防火墙系统并且找出此防火墙系统允许哪些服务，通常称之为对防火墙的探测攻击。

例如当路由器禁止一个数据包通过，通常路由器将返回一个 ICMP 报文给发送主机。黑客如果攻击内部网，通过分析返回的 ICMP 报文的类型可以知道哪种类型的数据包被禁止，可以大致分析出防火墙采用的过滤规则。所以防火墙应该禁止返回有用的 ICMP 报文，因为 ICMP 报文会泄露一些信息。

2．通过防火墙认证机制策略

通过防火墙认证机制策略是指采取地址欺骗、TCP 序号攻击等方法绕过防火墙的认证机制，从而对防火墙和内部网络进行破坏。

1）IP 地址欺骗

突破防火墙系统最常用的方法是因特网地址欺骗，它同时也是其他一系列攻击方法的基础。黑客或入侵者利用伪造的 IP 发送地址产生虚假的数据分组，乔装成来自内部网站的分组过滤器，这种类型的攻击是非常危险的。关于涉及的分组真正是内部的还是外部的分组被包装得看起来像内部的种种迹象都已丧失殆尽。只要系统发现发送地址在其自己的范围之内，则它就把该分组按内部通信对待并让其通过。

2）TCP 序号攻击

TCP 序号攻击是绕过基于分组过滤方法的防火墙系统的最有效和最危险的方法之一。TCP/IP 是通过来回确认来保证数据的完整性，不确认则要重传。TCP/IP 没有内在的控制机制来支持源地址的鉴别，来证实 IP 是从哪儿来的。这就是 TCP/IP 漏洞的根本原因。

黑客利用 TCP/IP 协议中的这个漏洞，可以使其访问管理依赖于分析 IP 发送地址的任何安全系统上当。黑客可以使用侦听的方式来截获数据，能对数据进行检查，推测 TCP 的系列号，修改传输路由与鉴别过程，插入黑客的数据流。莫里斯病毒就是利用这一点，给互联网造成巨大的危害。

3．利用防火墙漏洞策略

利用防火墙漏洞策略是指寻找、利用防火墙系统实现和设计上的安全漏洞，从而有针对性地发动攻击。这种攻击难度比较大，可是破坏性很大。

防火墙要保证服务，必须开放相应的端口。例如防火墙要准许 HTTP 服务，就必须开放 80 端口；要提供 E-mail 服务，就必须开放 25 端口；对开放的端口进行攻击，防火墙不能防止；利用 DoS(拒绝服务)或 DDoS，对开放的端口进行攻击，防火墙无法禁止；利用开放服务流入的数据来攻击，防火墙无法防止；利用开放服务的数据隐蔽隧道进行攻击，防火墙无法防止；攻击开放服务的软件缺陷，防火墙无法防止。

防火墙不能防止对自己的攻击，只能强制对抗。防火墙本身是一种被动防卫机制，不是主动安全机制。防火墙不能干涉还没有到达防火墙的包，如果这个包是攻击防火墙的，则只有已经发生了攻击，防火墙才可以对抗，根本不能防止。

8.4.8 第四代防火墙技术

1. 第四代防火墙的主要技术与功能

防火墙技术的发展经历了基于路由器的防火墙、用户化的防火墙工具套、建立在通用操作系统上的防火墙、具有安全操作系统的防火墙四个阶段。

第四代防火墙本身就是一个操作系统,因而在安全性上较之第三代防火墙有质的提高。获得安全操作系统的办法有两种:一种是通过许可证方式获得操作系统的源码;另一种是通过固化操作系统内核来提高可靠性。第四代防火墙产品将网关与安全系统合二为一,具有以下技术与功能。

1) 双端口或三端口的结构

新一代防火墙产品具有两个或三个独立的网卡,内外两个网卡可不作 IP 转化而串接于内部网与外部网之间,另一个网卡可专用于对服务器的安全保护。

2) 透明的访问方式

以前的防火墙在访问方式上要么要求用户进行系统登录,要么需要修改客户机的应用。第四代防火墙利用了透明的代理系统技术,从而降低了系统登录固有的安全风险和出错概率。

3) 灵活的代理系统

代理系统是一种将信息从防火墙的一侧传送到另一侧的软件模块。第四代防火墙采用了两种代理机制:一种用于代理从内部网络到外部网络的连接;另一种用于代理从外部网络到内部网络的连接。前者采用网络地址转换(NAT)技术来解决,后者采用非保密的用户定制代理或保密的代理系统技术来解决。

4) 多级的过滤技术

为保证系统的安全性和防护水平,第四代防火墙采用了三级过滤措施,并辅以鉴别手段。在分组过滤一级,能过滤掉所有的源路由分组和假冒的 IP 源地址;在应用网关一级,能利用 FTP、SMTP 等各种网关,控制和监测 Internet 提供的所有通用服务;在电路网关一级,实现内部主机与外部站点的透明连接,并对服务的通行实行严格控制。

5) 网络地址转换技术

第四代防火墙利用 NAT 技术能透明地对所有内部地址作转换,使外部网络无法了解网络的内部结构,同时允许内部网络使用自编的 IP 地址和专用网络,防火墙能详尽记录每一个主机的通信,确保每个分组送往正确的地址。

6) Internet 网关技术

由于第四代防火墙是直接串联在网络之中,其必须支持用户在 Internet 互联的所有服务,同时还要防止与 Internet 服务有关的安全漏洞,故它要能以多种安全的应用服务器(包括 FTP、Finger、Mail、Ident、News、WWW 等)来实现网关功能。为确保服务器的安全性,对所有的文件和命令均要利用"改变根系统调用"作物理上的隔离。在域名服务方面,第四代防火墙采用两种独立的域名服务器:一种是内部 DNS 服务器,主要处理内部网络的 DNS 信息;另一种是外部 DNS 服务器,专门用于处理机构内部向 Internet 提供的部分 DNS 信息。

7）安全服务器网络（SSN）

为适应越来越多的用户向 Internet 上提供服务时确保服务器安全的需要，第四代防火墙采用分别保护的策略保护对外服务器。它利用一张网卡将对外服务器作为一个独立网络处理，对外服务器既是内部网的一部分，又与内部网关完全隔离。这就是安全服务网络（SSN）技术，对 SSN 上的主机既可单独管理，也可设置成通过 FTP、Telnet 等方式从内部网上管理。

SSN 的方法提供的安全性要比传统的"非军事区（DMZ）"方法好得多，因为 SSN 与外部网之间有防火墙保护，SSN 与内部网之间也有防火墙保护，一旦 SSN 受破坏，内部网络仍会处于防火墙的保护之下。

8）用户鉴别与加密

为了降低在 Telnet、FTP 等服务和远程管理上的风险，第四代防火墙采用一次性使用的口令字系统作为用户的鉴别手段，并实现了对邮件的加密。

9）用户定制服务

第四代防火墙在提供众多服务的同时，还为用户定制提供支持，这类选项有：通用 TCP、出站 UDP、FTP、SMTP 等。如果某一用户需要建立一个数据库的代理，便可利用这些支持，方便设置。

10）审计和告警功能

第四代防火墙产品的审计和告警功能十分健全，其日志文件包括：一般信息、内核信息、核心信息、接收邮件、邮件路径、发送邮件、已收消息、已发消息、连接需求、已鉴别的访问、告警条件、管理日志、进站代理、FTP 代理、出站代理、邮件服务器、域名服务器等。告警功能会守住每一个 TCP 或 UDP 探寻，并能以发出邮件、声响等多种方式报警。

此外，第四代防火墙还在网络诊断、数据备份与保全等方面具有特色。

2．第四代防火墙技术的实现方法

在第四代防火墙产品的设计与开发中，其安全内核、代理系统、多级过滤、安全服务器、鉴别与加密是关键所在。

1）安全内核的实现

第四代防火墙是建立在安全操作系统之上的。安全的操作系统来自对专用操作系统的安全加固和改造。从现有的诸多产品看，对安全操作系统内核的固化与改造主要从以下几方面进行：取消危险的系统调用；限制命令的执行权限；取消 IP 的转发功能；检查每个分组的接口；采用随机连接序号；驻留分组过滤模块；取消动态路由功能；采用多个安全内核。

2）代理系统的建立

防火墙不允许任何信息直接穿过它，对所有的内外连接均要通过代理系统来实现，为保证整个防火墙的安全，所有的代理都应采用改变根目录的方式存在一个相对独立的区域以作安全隔离。

在所有的连接通过防火墙前，所有的代理要检查已定义的访问规则，这些规则控制代理的服务，并根据以下内容处理分组：源地址、目的地址、时间、同类服务器的最大数量。

所有外部网络到防火墙内部或 SSN 的连接由进站代理处理。进站代理要保证内部主机能了解外部主机的所有信息，而外部主机只能看到防火墙之外或 SSN 的地址。

所有从内部网络或 SSN 通过防火墙与外部网络建立的连接由出站代理处理。出站代理必须确保由它代表的内部网络与外部地址相连，防止内部网址与外部网址的直接连接，同时还要处理内部网络到 SSN 的连接。

3）分组过滤器的设计

作为防火墙的核心部件之一，过滤器的设计要尽量做到减少对防火墙的访问。过滤器在调用时将被下载到内核中执行，服务终止时，过滤规则会从内核中消除，所有的分组过滤功能都在内核中 IP 堆栈的深层运行，极为安全。

4）安全服务器的设计

安全服务器的设计有两个要点：第一，所有 SSN 的流量都要隔离处理，即从内部网和外部网而来的路由信息流在机制上是分离的；第二，SSN 的作用类似于两个网络，它看上去像是内部网，因为它对外透明，同时又像是外部网络，因为它从内部网络对外访问的方式十分有限。

SSN 上的每一个服务器都是隐蔽在 Internet 中的，SSN 提供的服务对外部网络而言像防火墙的功能，由于地址转换是透明的，对各种网络应用没有限制。实现 SSN 的关键在于：解决分组过滤器与 SSN 的连接；支持通用防火墙对 SSN 的访问；支持代理服务。

5）鉴别与加密的考虑

鉴别与加密是防火墙识别用户、验证访问和保护信息的有效手段，鉴别机制除了提供安全保护之外，还有安全管理功能。目前国外防火墙产品中广泛使用令牌鉴别方式，具体方法有两种，一种是加密卡，另一种是 SecureID，这两种都是一次性口令的生成工具。

3. 第四代防火墙抗攻击能力分析

在 Internet 环境中针对防火墙的攻击方法很多。下面从几种主要的攻击方法来评估第四代防火墙的抗攻击能力。

1）抗 IP 假冒攻击

IP 假冒是指一个非法的主机假冒内部的主机地址，骗取服务器的"信任"，从而达到对网络的攻击目的。由于第四代防火墙知道网络内外的 IP 地址，所以它会丢弃所有来自网络外部但却有内部地址的分组，另外，防火墙已将网的实际地址隐蔽起来，外部用户很难知道内部的 IP 地址，因而难以攻击。

2）抗特洛伊木马攻击

第四代防火墙是建立在安全的操作系统之上的，其安全内核中不能执行下载的程序，故而可防止特洛伊木马的发生。必须指出的是，防火墙能抗特洛伊木马的攻击并不表明受其保护的某个主机也能防止这类攻击。事实上，内部用户可通过防火墙下载程序，并执行下载的程序。

3）抗口令字探寻攻击

在网络中探寻口令字的方法很多，最常见的是口令字嗅探和口令字解密。

嗅探指监测网络通信，截获用户传给服务器的口令字，记录下来后使用；解密指采用强力攻击，猜测或截获含有加密口令字的文件，并设法解密。此外，攻击者还常常利用一些常用口令字直接登录。

第四代防火墙采用了一次性口令字和禁止直接登录防火墙的措施，能有效防止对口令字的攻击。

4）抗网络安全性分析

网络安全性分析工具本是供管理人员分析网络安全性所用的，一旦这类工具用作攻击网络的手段，则能较方便地探测到内部网络的安全缺陷和弱点所在。目前，SATAN 软件可以从网上免费获得，Internet Scanner 可从市面上购买，这些分析工具给网络安全构成了直接威胁。第四代防火墙采用了地址转换技术，将内部网络隐蔽起来，使网络安全分析工具无法从外部对内部网进行分析。

5）抗邮件诈骗攻击

邮件诈骗也是越来越突出的攻击方式，第四代防火墙不接收任何邮件，故难以采用这种方式对它攻击。同样值得一提的是，防火墙不接收邮件，并不表示它不让邮件通过，实际上用户仍可收发邮件。内部用户要防范邮件诈骗，最终的解决办法是对邮件加密。

8.4.9　防火墙发展的新方向

1. 透明接入技术

随着防火墙技术的发展，安全性高、操作简便、界面友好的防火墙逐渐成为市场热点，简化防火墙设置、提高安全性能的透明模式和透明代理就成为衡量产品性能的重要指标。

透明模式，顾名思义，首要的特点就是对用户是透明的（Transparent），即用户意识不到防火墙的存在。要想实现透明模式，防火墙必须在没有 IP 地址的情况下工作，不需要对其设置 IP 地址，用户也不知道防火墙的 IP 地址。防火墙作为实际存在的物理设备，其本身也起到路由的作用，所以在为用户安装防火墙时，就需要考虑如何改动其原有的网络拓扑结构或修改连接防火墙的路由表，以适应用户的实际需要，这样就增加了工作的复杂程度和难度。但如果防火墙采用了透明模式，即采用无 IP 方式运行，用户将不必重新设定和修改路由，防火墙就可以直接安装和放置到网络中使用，如交换机一样不需要设置 IP 地址。

透明模式的防火墙就好比是一台网桥（非透明的防火墙好比一台路由器），网络设备（包括主机、路由器、工作站等）和所有计算机的设置（包括 IP 地址和网关）无需改变，同时解析所有通过它的数据包，既增加了网络的安全性，又降低了用户管理的复杂程度。而与透明模式在称呼上相似的透明代理，和传统代理一样，可以比包过滤更深层次地检查数据信息，例如 FTP 包的 port 命令等。同时它也是一个非常快的代理，从物理上分离了连接，这可以提供更复杂的协议需要，例如带动态端口分配的 H.323（一个国际电话标准，它规定了如何处理通过 Internet 传递的语音数据），或者一个带有不同命令端口和数据端口的连接。这样的通信是包过滤所无法完成的。

防火墙使用透明代理技术，这些代理服务对用户也是透明的，用户意识不到防火墙的存在，便可完成内外网络的通信。当内部用户需要使用透明代理访问外部资源时，用户不需要进行设置，代理服务器会建立透明的通道，让用户直接与外界通信，这样极大地方便了用户的使用。一般使用代理服务器时，每个用户需要在客户端程序中指明要使用代理，自行设置 Proxy 参数（如在浏览器中有专门的设置来指明 HTTP 或 FTP 等的代理）。而使用透明代理服务时，用户不需要任何设置就可以使用代理服务器，简化了网络的设置过程。

透明代理的原理是这样的：假设 A 为内部网络客户机，B 为外部网络服务器，C 为防火墙。当 A 对 B 有连接请求时，TCP 连接请求被防火墙截取并加以监控。截取后当发现连接需要使用代理服务器时，A 和 C 之间首先建立连接，然后防火墙建立相应的代理服务通道与目标 B 建立连接，由此通过代理服务器建立 A 和目标地址 B 的数据传输途径。从用户的角度看，A 和 B 的连接是直接的，而实际上 A 是通过代理服务器 C 和 B 建立连接的。反之，当 B 对 A 有连接请求时原理相同。由于这些连接过程是自动的，不需要客户端手工配置代理服务器，甚至用户根本不知道代理服务器的存在，因而对用户来说是透明的。

代理服务器可以做到内外地址的转换，屏蔽内部网的细节，使非法分子无法探知内部结构。代理服务器提供特殊的筛选命令，可以禁止用户使用容易造成攻击的不安全的命令，从根本上抵御攻击。

防火墙使用透明代理技术，还可以使防火墙的服务端口无法被探测到，也就无法对防火墙进行攻击，大大提高了防火墙的安全性与抗攻击性。透明代理避免了设置或使用中可能出现的错误，降低了防火墙使用时固有的安全风险和出错概率，方便用户使用。

因此，透明代理与透明模式都可以简化防火墙的设置，提高系统安全性。但两者之间也有本质的区别：工作于透明模式的防火墙使用了透明代理的技术，但透明代理并不是透明模式的全部，防火墙在非透明模式中也可以使用透明代理。

2. 分布式防火墙技术

1）分布式防火墙的产生背景

因为传统的防火墙设置在网络边界，在内部企业网和外部互联网之间构成一个屏障，进行网络存取控制，所以也称为边界防火墙(Perimeter Firewall)。它存在以下不足之处：

(1) 网络应用受到结构性限制。随着 VPN 等技术的普及，企业网边界逐步成为一个逻辑的边界，物理的边界日趋模糊，传统边界防火墙在此类网络环境的应用受到了结构性限制。因为传统的边界式防火墙依赖于物理上的拓扑结构，它从物理上将网络划分为内部网络和外部网络，这一点影响了防火墙在虚拟专用网(VPN)上的应用，因为今天的企业电子商务要求员工、远程办公人员、设备供应商、临时雇员以及商业合作伙伴都能够自由访问企业网络，而重要的客户数据与财务记录往往也存储在这些网络上。

根据 VPN 的概念，它对内部网络和外部网络的划分是基于逻辑上的，而逻辑上同时处于内部网络的主机可能在物理上分为内部和外部两个网络。

基于以上原因，这种传统防火墙不能在两个内部网络之间有通信需求的 VPN 网络中使用，否则 VPN 通信将被中断。虽然目前有一种 SSL VPN 技术可以绕过企业边界的防火墙进入内部网络 VPN 通信，但是应用更广泛的传统 IPSec VPN 通信中还是不能使用，除非是专门的 VPN 防火墙。目前有许多网络设备开发、生产商都能提供 VPN 防火墙，如 Cisco、3Com 和华为(Quidway)公司等。

(2) 内部安全隐患依然存在。传统的边缘防火墙只对企业网络的周边提供保护。这些边缘防火墙会对从外部网络进入企业内部局域网的流量进行过滤和审查。但是，它们并不能确保企业内部网络的内部用户之间的安全访问。这就好比给一座办公楼的大门加上一把锁，但办公楼内的每个房间却四门大开一样，一旦有人通过了办公楼的大门，便可以随意出入办公楼内任何一个房间。应对这种安全性隐患的最简单办法便是为楼内每个房间都配置一把钥匙和一把锁。边界式防火墙的作用就相当于整个企业网络大门的那把锁，但它并没有为每个客户端配备相应的安全"大锁"，与上述所举只给办公楼大门配锁，而每个房间的大门却敞开所带来的安全性隐患的道理是一样的。

另据统计，80％的攻击和越权访问来自内部，边界防火墙在对付网络内部威胁时束手无策。因为传统的边界式防火墙设置一般都基于 IP 地址，因而一些内部主机和服务器的 IP 地址的变化将导致设置文件中的规则改变，也就是说，这些规则的设定受到网络拓扑的制约。随着 IP 安全协议（如 IPSec、SSH、SSL 等）的逐渐实现，如果分处内部网络和外部网络的两台主机采用 IP 安全协议进行端到端的通信（如 SSL VPN），防火墙将因为没有相应的密钥而无法看到 IP 包的内容，因而也就无法对其进行过滤。由于防火墙假设内部网络的用户可信任，所以一旦有内部主机被侵入，通常很容易扩展攻击。

（3）效率较低，故障率高。由于边界式防火墙把检查机制集中在网络边界处的单点上，造成了网络的瓶颈和单点故障隐患。从性能的角度来说，防火墙极易成为网络流量的瓶颈。从网络可达性的角度来说，由于其带宽的限制，防火墙并不能保证所有请求都能及时响应，所以在可达性方面防火墙也是整个网络中的一个脆弱点。边界防火墙难以平衡网络效率与安全性设定之间的矛盾，无法为网络中的每台服务器订制规则，它只能使用一个折中的规则来近似满足所有被保护的服务器的需要，因此或者损失效率，或者损失安全性。

分布式防火墙不仅能够保留传统边界式防火墙的所有优点，而且又能克服前面所说的那些缺点，在目前来说它是最为完善的一种防火墙技术。

2）分布式防火墙的主要特点

分布式防火墙负责对网络边界、各子网和网络内部各节点之间的安全防护，所以分布式防火墙是一个完整的系统，而不是单一的产品。根据其所需完成的功能，新的防火墙体系结构包含如下部分：

（1）网络防火墙（Network Firewall）：有的产品采用纯软件方式实现，而有的辅以硬件支持。它用于内部网与外部网之间，以及内部网各子网之间的防护。与传统边界式防火墙相比，它多了一种用于内部子网之间的安全防护层，这样整个网络的安全防护体系就显得更加全面、更加可靠。不过在功能上与传统的边界式防火墙相似。

（2）主机防火墙（Host Firewall）：有纯软件和硬件两种产品，用于对网络中的服务器和桌面机进行防护。这也是传统边界式防火墙所不具有的，也算是对传统边界式防火墙在安全体系方面的一个完善。它作用在同一内部子网的工作站与服务器之间，以确保内部网络服务器的安全。这样防火墙的作用不仅是用于内部与外部网之间的防护，还可应用于内部网各子网之间、同一内部子网的工作站与服务器之间，可以说达到了应用层的安全防护，比起网络层更加彻底。

（3）中心管理（CeNT/2Kral ManagermeNT/2K）：是一个服务器软件，负责总体安全策略的策划、管理、分发及日志的汇总。这是新的防火墙的管理功能，也是以前传统边界防火墙所不具有的。这样防火墙就可进行智能管理，提高了防火墙的安全防护灵活性，具备可管理性。

综合起来这种新的防火墙技术具有以下几个主要特点：

（1）主机驻留。这种分布式防火墙的最主要特点就是采用主机驻留方式，所以称之为"主机防火墙"。它的重要特征是驻留在被保护的主机上，该主机以外的网络不管是处在网络内部还是网络外部都被认为是不可信任的，因此可以针对该主机上运行的具体应用和对外提供的服务设定针对性很强的安全策略。主机防火墙对分布式防火墙体系结构的突出贡献，是使安全策略不仅仅停留在网络与网络之间，而是把安全策略推广延伸到每个网络末端。

（2）嵌入操作系统内核。这主要是针对目前的纯软件式分布式防火墙来说的，操作系统自身存在许多安全漏洞是众所周知的，运行在其上的应用软件无一不受到威胁。分布式主机防火墙也运行在该主机上，所以其运行机制是主机防火墙的关键技术之一。为自身的安全和彻底堵住操作系统的漏洞，主机防火墙的安全监测核心引擎要以嵌入操作系统内核的形态运行，直接接管网卡，在对所有数据包进行检查后再提交操作系统。为实现这样的运行机制，除防火墙厂商自身的开发技术外，与操作系统厂商的技术合作也是必要的条件，因为这需要一些操作系统不公开内部技术接口。不能实现这种分布式运行模式的主机防火墙，由于受到操作系统安全性的制约，存在着明显的安全隐患。

（3）类似于个人防火墙。个人防火墙是一种软件防火墙产品，它是在分布式防火墙之前已出现的一类防火墙产品，它是用来保护单一主机系统的。分布式针对桌面应用的主机防火墙与个人防火墙有相似之处，如它们都对应个人系统，但其差别又是本质性的。首先它们的管理方式迥然不同，个人防火墙的安全策略由系统使用者自己设置，目标是防外部攻击，而针对桌面应用的主机防火墙的安全策略由整个系统的管理员统一安排和设置，除了对该桌面机起到保护作用外，也可以对该桌面机的对外访问加以控制，并且这种安全机制是桌面机的使用者不可见和不可改动的。其次，不同于个人防火墙面向个人用户，针对桌面应用的主机防火墙是面向企业级客户的，它与分布式防火墙其他产品共同构成一个企业级应用方案，形成一个安全策略中心统一管理，安全检查机制分散布置的分布式防火墙体系结构。

（4）适用于服务器托管。互联网和电子商务的发展促进了互联网数据中心（IDC）的迅速崛起，其主要业务之一就是服务器托管服务。对服务器托管用户而言，该服务器逻辑上是其企业网的一部分，只不过物理上不在企业内部，对于这种应用，边界防火墙解决方案就显得比较牵强附会，而针对服务器的主机防火墙解决方案则是其一个典型应用。对于纯软件式的分布式防火墙，用户只需在该服务器上安装主机防火墙软件，并根据该服务器的应用设置安全策略即可，还可以利用中心管理软件对该服务器进行远程监控，不需额外租用新的空间放置边界防火墙。对于硬件式的分布式防火墙，因其通常采用 PCI 卡式，兼顾网卡作用，所以可以直接插在服务器机箱里面，也就无需单独的空间托管费了，对于企业来说更加实惠。

3）分布式防火墙的主要优势

在新的安全体系结构下，分布式防火墙代表新一代防火墙技术的潮流，它可以在网络的任何交界和节点处设置屏障，从而形成了一个多层次、多协议、内外皆防的全方位安全体系。主要优势如下：

（1）增强的系统安全性。增加了针对主机的入侵检测和防护功能，加强了对来自内部攻击的防范，可以实施全方位的安全策略。

在传统边界式防火墙应用中，企业内部网络非常容易受到有目的的攻击，一旦已经接入了企业局域网的某台计算机，并获得这台计算机的控制权，他们便可以利用这台机器作为入侵其他系统的跳板。而最新的分布式防火墙将防火墙功能分布到网络的各个子网、桌面系统、笔记本计算机以及服务器 PC 上。分布于整个公司内的分布式防火墙使用户可以方便地访问信息，而不会将网络的其他部分暴露给潜在非法入侵者。凭借这种端到端的安全性能，用户通过内部网、外联网、虚拟专用网还是远程访问所实现与企业的互联不再有任何区别。

分布式防火墙还可以使企业避免发生由于某一台端点系统的入侵而导致向整个网络蔓延的情况，同时也使通过公共账号登录网络的用户无法进入那些限制访问的计算机系统。针对边界式防火墙对内部网络安全性防范的不足，分布式防火墙使用了 IP 安全协议，能够很好地识别在各种安全协议下的内部主机之间的端到端网络通信，使各主机之间的通信得到了很好的保护，所以分布式防火墙有能力防止各种类型的被动和主动攻击。特别在当我们使用 IP 安全协议中的密码凭证来标志内部主机时，基于这些标志的策略对主机来说，无疑更具可信度。

（2）提高了系统性能。分布式防火墙消除了结构性瓶颈问题，提高了系统性能。传统防火墙由于拥有单一的接入控制点，无论对网络的性能还是对网络的可靠性都有不利的影响。虽然目前也有这方面的研究并提供了一些相应的解决方案，例如：从网络性能角度来说，自适应防火墙是一种在性能和安全之间寻求平衡的方案；从网络可靠性角度来说，采用多个防火墙冗余也是一种可行的方案。但是它们不仅引入了很多复杂性，而且并没有从根本上解决该问题。分布式防火墙则从根本上去除了单一的接入点，而使这一问题迎刃而解。另一方面，分布式防火墙可以针对各个服务器及终端计算机的不同需要，对防火墙进行最佳配置，配置时能够充分考虑到这些主机上运行的应用，如此便可在保障网络安全的前提下大大提高网络运转效率。

（3）系统的扩展性。分布式防火墙随系统扩充提供了安全防护无限扩充的能力。因为分布式防火墙分布在整个企业的网络或服务器中，所以它具有无限制的扩展能力。随着网络需求的持续增长，它们的处理负荷也在网络中进一步分布，因此它们的高性能可以持续保持，而不会像边界式防火墙一样随着网络规模的增大而不堪重负。

（4）实施主机策略。分布式防火墙对网络中的各节点可以起到更安全的防护。现在防火墙大多缺乏对主机意图的了解，通常只能根据数据包的外在特性来进行过滤控制。虽然代理型防火墙能够解决该问题，但它需要对每一种协议单独地编写代码，其局限性也显而易见。在没有上下文的情况下，防火墙是很难将攻击包从合法的数据包中区分出来的，因而也就无法实施过滤。事实上，攻击者很容易伪装成合法包发动攻击，攻击包除了内容以外的部分可以完全与合法包一样。分布式防火墙由主机来实施策略控制，因为主机对自己的意图有足够的了解，所以分布式防火墙依赖主机作出合适的决定就能很自然地解决这一问题。

（5）应用更为广泛，支持 VPN 通信。其实分布式防火墙最重要的优势在于，它能够保护物理拓扑上不属于内部网络，但位于逻辑上的"内部"网络的那些主机，这种需求随着 VPN 的发展越来越多。对这个问题的传统处理方法是将远程"内部"主机和外部主机的通信依然通过防火墙隔离来控制接入，而远程"内部"主机和防火墙之间采用"隧道"技术保证安全性，这种方法使原本可以直接通信的双方必须绕经防火墙，不仅效率低而且增加了防火墙过滤规则设置的难度。与之相反，分布式防火墙的建立本身就是基于逻辑网络的概念，因此对它而言，远程"内部"主机与物理上的内部主机没有任何区别，它从根本上防止了这种情况的发生。

4）分布式防火墙的基本原理

分布式防火墙仍然由中心定义策略，但由各个分布在网络中的端点实施这些制定的策略。它依赖三个主要的概念：说明哪一类连接可以被允许/禁止的策略语言、一种系统管理工具和 IP 安全协议。

（1）策略语言：只要能够方便地表达需要的策略，具体采用哪种语言并不重要，真正重要的是如何标志内部的主机。以 IP 地址来标志内部主机是一种可供选择的方法，但它的安全性不高，所以更倾向于使用 IP 安全协议中的密码凭证来标志各台主机。它为主机提供了可靠的、唯一的标志，并且与网络的物理拓扑无关。

（2）系统管理工具：分布式防火墙服务器的系统管理工具用于将形成的策略文件分发给被防火墙保护的所有主机。应该注意的是这里所指的防火墙并不是传统意义上的物理防火墙，而是逻辑上的分布式防火墙。

（3）IP 安全协议：是一种对 TCP/IP 协议族的网络层进行加密保护的机制，包括 AH 和 ESP，分别对 IP 包头和整个 IP 包进行认证，可以防止各类主机攻击。

现在看一下分布式防火墙是如何工作的。首先由制定防火墙接入控制策略的中心通过编译器将策略语言描述转换成内部格式，形成策略文件；然后中心采用系统管理工具把策略文件分发给各台"内部"主机；"内部"主机将从两方面来判定是否接受收到的包，一方面是根据 IP 安全协议，另一方面是根据服务器端的策略文件。

5）分布式防火墙的主要功能

分布式防火墙因为采用了软件形式(有的采用了软件＋硬件形式)，所以功能配置更加灵活，具备充分的智能管理能力，总的来说体现在以下几个方面：

（1）Internet 访问控制：依据工作站名称、设备指纹等属性，使用"Internet 访问规则"，控制该工作站或工作站组在指定的时间段内是否允许/禁止访问模板或网址列表中所规定的 Web 服务器，某个用户可否基于某工作站访问 WWW 服务器，同时当某个工作站/用户达到规定流量后确定是否断网。

（2）应用访问控制：通过对网络通信从链路层、网络层、传输层、应用层基于源地址、目标地址、端口、协议的逐层包过滤与入侵监测，控制来自局域网/Internet 的应用服务请求，如 SQL 数据库访问、IPX 协议访问等。

（3）网络状态监控：实时动态报告当前网络中所有的用户登录、Internet 访问、内网访问、网络入侵事件等信息。

（4）黑客攻击的防御：抵御包括 Smurf 拒绝服务攻击、ARP 欺骗式攻击、Ping 攻击、Trojan 木马攻击等在内的近百种来自网络内部以及来自 Internet 的黑客攻击手段。

（5）日志管理：对工作站协议规则日志、用户登录事件日志、用户 Internet 访问日志、指纹验证规则日志、入侵检测规则日志的记录与查询分析。

（6）系统工具：包括系统层参数的设定、规则等配置信息的备份与恢复、流量统计、模板设置、工作站管理等。

8.5 入侵检测技术

8.5.1 入侵检测的概念

20 世纪 80 年代初期，安全专家认为："入侵是指未经授权蓄意尝试访问信息、篡改信息、使系统不可用的行为。"美国大学安全专家将入侵定义为"非法进入信息系统，包括违反信息系统的安全策略或法律保护条例的动作。"我们认为，入侵应与受害目标相关联，该受害目标可以是一个大的系统或单个对象。判断与目标相关的操作是入侵的依据是：对目标的操作是否超出了目标的安全策略范围。因此，入侵是指违背访问目标的安全策略的行为。入侵检测通过收集操作系统、系统程序、应用程序、网络包等信息，发现系统中违背安全策略或危及系统安全的行为。具有入侵检测功能的系统称为入侵检测系统，简称 IDS。

入侵检测是防火墙的合理补充，帮助系统对抗网络攻击。入侵检测系统在网络安全保障过程中扮演类似"预警机"或"安全巡逻人员"的角色。入侵检测系统的直接目的不是阻止入侵事件的发生，而是通过检测技术发现系统中企图或违背安全策略的行为，扩展了系统管理员的安全管理能力（包括安全审计、监视、进攻识别和响应），提高了信息安全基础结构的完整性。它从计算机网络系统中的若干关键点收集信息，并分析这些信息，检测网络中是否有违反安全策略的行为和遭到袭击的迹象。入侵检测被认为是防火墙之后的第二道安全闸门，在不影响网络性能的情况下能对网络进行监测，从而提供对内部攻击、外部攻击和误操作的实时保护。这些都通过它执行以下任务来实现：

（1）监视、分析用户及系统活动；

（2）系统构造和弱点的审计；

（3）识别、反映已知进攻的活动模式并向相关人士报警；

（4）异常行为模式的统计分析；

（5）评估重要系统和数据文件的完整性；

（6）操作系统的审计跟踪管理，并识别用户违反安全策略的行为。

对一个成功的入侵检测系统来讲，它不但可使系统管理员时刻了解网络系统（包括程序、文件和硬件设备等）的任何变更，还能给网络安全策略的制定提供指南。更为重要的一点是，它容易管理、配置简单，从而使非专业人员非常容易地获得网络安全。而且，入侵检测的规模还应根据网络威胁、系统构造和安全需求的改变而改变。入侵检测系统在发现入侵后,会及时作出响应,包括切断网络连接、记录事件和报警等。

8.5.2 入侵检测系统模型

最早的入侵检测模型是由 Denning 给出的,该模型主要根据主机系统审计记录数据,生成有关系统的若干轮廓,并监测轮廓的变化差异,发现系统的入侵行为,如图 8 - 6 所示。

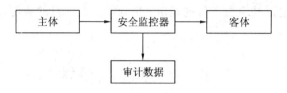

图 8 - 6　入侵检测模型

现在,入侵行为的种类在不断增多,许多攻击都是经过长时期准备的。面对这种情况,入侵检测系统的不同功能组件之间、不同入侵检测系统(IDS)之间共享这类攻击信息是十分重要的。于是,一种通用的入侵检测框架模型(简称 CIDF)就被提出来了。该模型认为入侵检测系统由事件产生器(Event Generators,亦称 E-boxes)、事件分析器(Event Analyzers,亦称 A-boxes)、响应单元(Response Units,亦称 R-boxes)和事件数据库(Event Databases,亦称 D-boxes)组成,如图 8 - 7 所示。CIDF 将入侵检测系统需要分析的数据统称为事件,它可以是网络中的数据包,也可以是从系统日志等其他途径得到的信息。事件产生器从整个计算环境中获得事件,并向系统的其他部分提供事件。

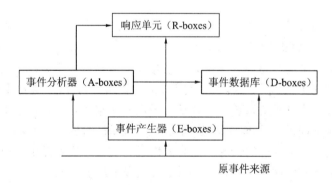

图 8 - 7　CIDF 各组件之间的关系图

事件分析器分析所得到的数据,并产生分析结果。响应单元对分析结果做出反应,如切断网络连接,改变文件属性,简单报警等。事件数据库存放各种中间和最终数据,数据存放的形式既可以是复杂的数据库,也可以是简单的文本文件。CIDF 模型具有很强的扩展性,目前已经得到广泛认同。

8.5.3 入侵检测技术分类

1. 基于误用的入侵检测技术

基于误用的入侵检测通常称为基于特征的入侵检测方法,是指根据已知的入侵模式检测入侵行为。攻击者常常利用系统和应用软件中的漏洞进行攻击，而这些基于漏洞的攻击方法具有某种特征模式。如果入侵者的攻击方法恰好匹配检测系统中的特征模式，则入侵行为可立即被检测到，如图 8-8 所示。

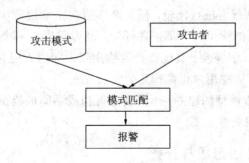

图 8-8　攻击模式匹配的原理图

　　显然，误用入侵检测依赖于攻击模式库，因此，这种采用误用入侵检测技术的 IDS 产品的检测能力就取决于攻击模式库的大小以及攻击方法的覆盖面。如果攻击模式库太小，则 IDS 的有效性就大打折扣。而如果攻击模式库过大，则 IDS 的性能会受到影响。

　　基于上述分析，误用入侵检测的前提条件是，入侵行为能够按某种方式进行特征编码，而入侵检测的过程实际上就是模式匹配的过程。

　　模式匹配就是将收集到的信息与已知的网络入侵和系统误用模式数据库进行比较，从而发现违背安全策略的行为。该过程可以很简单（如通过字符串匹配以寻找一个简单的条目或指令），也可以很复杂（如利用正规的数学表达式来表示安全状态的变化）。一般来讲，一种进攻模式可以用一个过程（如执行一条指令）或一个输出（如获得权限）来表示。

　　该方法的一大优点是只需收集相关的数据集合，显著减少了系统负担，且技术已相当成熟。它与病毒防火墙采用的方法一样，检测准确率和效率都相当高。但是，该方法存在的弱点是需要不断地升级以对付不断出现的黑客攻击手法，不能检测到从未出现过的黑客攻击手段。

　　根据入侵特征描述的方式或构造技术，误用入侵检测方法可以进一步细分。在此不详细介绍，如有兴趣可以参阅相关参考书。

2. 基于异常的入侵检测技术

　　异常检测方法通过对计算机或网络资源的统计分析，建立系统正常行为的"轨迹"，定义一组系统正常情况的阈值，然后将系统运行时的数值与所定义的"正常"情况相比较，得出是否有被攻击的迹象。

　　但是，异常检测的前提是异常行为包括入侵行为。理想情况下，异常行为集合等同于入侵行为集合，此时，如果 IDS 能够检测所有的异常行为，就表明能够检测所有的入侵行为。但是在现实中，入侵行为集合通常不等同于异常行为集合。事实上，行为有以下四种状况：

　　（1）行为是入侵行为，但不表现异常；

　　（2）行为不是入侵行为，却表现异常；

　　（3）行为既不是入侵行为，也不表现异常；

　　（4）行为是入侵行为，且表现异常。

异常检测方法的基本思路是构造异常行为集合，从中发现入侵行为。

统计分析方法首先给系统对象（如用户、文件、目录和设备等）创建一个统计描述，统计正常使用时的一些测量属性（如访问次数、操作失败次数和延时等）。测量属性的平均值将被用来与网络、系统的行为进行比较，任何观察值在正常值范围之外时，就认为有入侵发生。例如，统计分析可能标识一个不正常行为，因为它发现一个在晚八点至早六点不登录的账户却在凌晨两点试图登录。其优点是可检测到未知的入侵和更为复杂的入侵，缺点是误报、漏报率高，且不适应用户正常行为的突然改变。

异常检测依赖于异常模型的建立，不同模型可构成不同的检测方法。在此也不详细介绍，如有兴趣可以参阅相关参考书。

8.5.4　入侵检测系统的组成与分类

1. 入侵检测系统的组成

一个入侵检测系统主要由以下功能模块组成：数据采集模块、入侵分析引擎模块、应急处理模块、管理配置模块和相关的辅助模块。

数据采集模块的功能是为入侵分析引擎模块提供分析用的数据，包括操作系统的审计日志、应用程序的运行日志和网络数据包等。入侵分析引擎模块的功能是依据辅助模块提供的信息（如攻击模式），根据一定的算法对收集到的数据进行分析，从中判断是否有入侵行为出现，并产生入侵报警，该模块是入侵检测系统的核心模块。管理配置模块的功能是为其他模块提供配置服务，是 IDS 系统中的模块与用户的接口。应急处理模块的功能是发生入侵后，提供紧急响应服务，例如关闭网络服务，中断网络连接，启动备份系统等。辅助模块的功能是协助入侵分析引擎模块工作，为它提供相应的信息，例如攻击特征库、漏洞信息等。图 8-9 给出了一个通用的入侵检测系统结构。

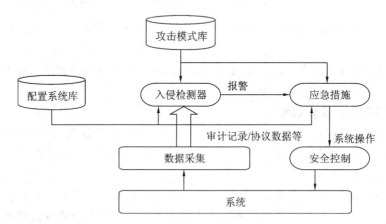

图 8-9　通用的入侵检测系统示意图

图 8-9 中的系统是一个广泛的概念，可以是工作站、网段、服务器、防火墙、Web 服务器、企业网等。虽然每一种 IDS 在概念上是一致的，但在具体实现时，它在采用的数据分析方法、采集数据以及保护对象等关键方面还是有所区别的。根据 IDS 的检测数据来源和它的安全作用范围，可将 IDS 分为三大类：第一类是基于主机的入侵检测系统（简称 HIDS），即通过分析主机的信息来检测入侵行为；第二类是基于网络的入侵检测系统（简

称 NIDS)，即通过获取网络通信中的数据包，然后对这些数据包进行攻击特征扫描或异常建模来发现入侵行为；第三类是分布式入侵检测系统(简称 DIDS)，DIDS 从多台主机、多个网段采集检测数据，或者收集单个 IDS 的报警信息，然后根据收集到的信息进行综合分析，以发现入侵行为。

2. 基于主机的入侵检测系统

基于主机的入侵检测系统简称 HIDS。HIDS 收集主机系统的日志文件、系统调用以及应用程序的使用、系统资源、网络通信和用户使用等信息，然后分析这些信息是否包含攻击特征或异常情况，并依此来判断该主机是否受到入侵。由于入侵行为会引起主机系统的变化，因此在实际的 HIDS 产品中，CPU 利用率、内存利用率、磁盘空间大小、网络端口使用情况、注册表、文件的完整性、进程信息、系统调用等常作为识别入侵事件的依据。

1) HIDS 适合检测到的入侵行为

(1) 针对主机的端口或漏洞扫描；

(2) 重复失败的登录尝试；

(3) 远程口令破解；

(4) 主机系统的用户账号添加；

(5) 服务启动或停止；

(6) 系统重启动；

(7) 文件的完整性或许可权变化；

(8) 注册表修改；

(9) 重要系统启动文件变更；

(10) 程序的异常调用；

(11) 拒绝服务攻击。

2) 基于主机的入侵检测系统的优点

(1) 可以检测基于网络的入侵检测系统不能检测的攻击。

(2) 基于主机的入侵检测系统可以运行在应用加密系统的网络上，只要加密信息在到达被监控的主机时或到达前解密。

(3) 基于主机的入侵检测系统可以运行在交换网络中。

3) 基于主机的入侵检测系统的缺点

(1) 必须在每个被监控的主机上都安装和维护信息收集模块。

(2) 由于 HIDS 的一部分安装在被攻击的主机上，因此 HIDS 可能受到攻击并被攻击者破坏。

(3) HIDS 占用受保护的主机系统的系统资源，降低了主机系统的性能。

(4) 不能有效地检测针对网络中所有主机的网络扫描。

(5) 不能有效地检测和处理拒绝服务攻击。

(6) 只能使用它所监控的主机的计算资源。

3. 基于网络的入侵检测系统

基于网络的入侵检测系统简称 NIDS。NIDS 通过侦听网络系统捕获网络数据包，并依据网络数据包是否包含攻击特征，或者网络通信流是否异常来识别入侵行为。NIDS 通常由一组用途单一的计算机组成，其构成多分为两部分：探测器和管理控制器。探测器分布在网络中的不同区域，通过侦听(嗅探)方式获取网络包，探测器将检测到的攻击行为形成一个报警事件，向管理控制器发送报警信息，报告发生入侵行为。管理控制器可监控不同网络区域的探测器，接收来自探测器的报警信息。基于网络的入侵检测系统的典型配置如图 8-10 所示。

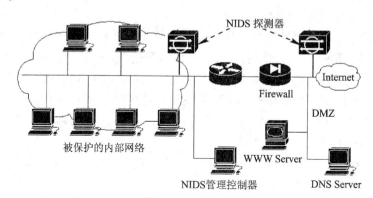

图 8-10　基于网络的入侵检测系统的典型配置

1) NIDS 能够检测到的入侵行为

(1) 同步风暴(SYN Flood)；

(2) 分布式拒绝服务攻击(DDoS)；

(3) 网络扫描；

(4) 缓冲区溢出；

(5) 协议攻击；

(6) 流量异常；

(7) 非法网络访问。

2) 基于网络的入侵检测系统的优点

(1) 适当的配置可以监控一个大型网络的安全状况。

(2) 基于网络的入侵检测系统的安装对已有网络影响很小，通常属于被动型的设备，它们只监听网络而不干扰网络的正常运作。

(3) 基于网络的入侵检测系统可以很好地避免攻击，对于攻击者甚至是不可见的。

3) 基于网络的入侵检测系统的缺点

(1) 在高速网络中，NIDS 很难处理所有的网络包，因此有可能出现漏检现象。

(2) 交换机可以将网络分为许多小单元 VLAN，而多数交换机不提供统一的监测端口，这就减小了基于网络的入侵检测系统的监测范围。

(3) 如果网络流量被加密，则 NIDS 中的探测器将无法对数据包中的协议进行有效的分析。

(4) NIDS 仅依靠网络流量无法推知命令的执行结果，从而无法判断攻击是否成功。

4. 分布式入侵检测系统

随着网络系统结构的复杂化和大型化，带来许多新的入侵检测问题：

(1) 系统的漏洞分散在网络中的各个主机上，这些漏洞有可能被攻击者一起用来攻击网络，仅依靠基于主机或网络的 IDS 不会发现入侵行为。

（2）入侵行为不再是单一的行为，而是相互协作的。

（3）入侵检测所依靠的数据来源分散化，收集原始的检测数据变得困难。如交换型网络使监听网络数据包受到限制。

（4）网络速度传输加快，网络的流量增大，集中处理原始数据的方式往往造成检测瓶颈，从而导致漏检。

目前分布式入侵检测系统有基于主机的分布式入侵检测系统和基于网络的分布式入侵检测系统两种。

1）基于主机的分布式入侵检测系统

基于主机的分布式入侵检测系统简称 HDIDS，其结构分为两个部分：主机探测器和入侵管理控制器。HDIDS 将主机探测器按层次、分区域进行配置和管理，把它们集成为一个可用于监控、保护分布在网络区域中的主机系统。HDIDS 用于保护网络的关键服务器或其他具有敏感信息的系统，利用主机的系统资源、系统调用、审计日志等信息，判断主机系统的运行是否遵循安全规则。在实际工作过程中，主机探测器多以安全代理（Agent）形式直接安装在每个被保护的主机系统上，并通过网络中的系统管理控制台进行远程控制。这种集中式的控制方式便于对系统进行状态监控、管理以及对检测模块的软件进行更新。HDIDS 的典型配置如图 8-11 所示。

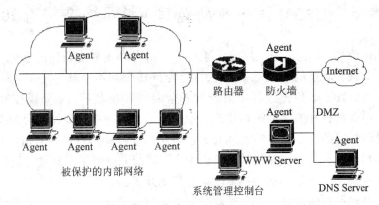

图 8-11 基于主机的分布式入侵检测系统典型配置

2）基于网络的分布式入侵检测系统

HDIDS 只能保护主机的安全，而且要在每个受保护主机系统上都配置一个主机探测器，当网络中需要保护的主机系统比较多时，其安装配置的工作量非常大。此外，对于一些复杂攻击，主机探测器无能为力。因此，需要使用基于网络的分布式入侵检测系统，简称 NDIDS。NDIDS 结构分为两部分：网络探测器和管理控制器，如图 8-12 所示。网络探测器部署在重要的网络区域，如服务器所在的网段，用于收集网络通信数据和业务数据流，通过采用异常和误用两种方法对收集到的信息进行分析，若出现攻击或异常网络行为，就向管理控制器发送报警信息。

NDIDS 一般适用于大规模网络或者是地理区域分散的网络，采用这种结构有利于实现网络的分布式安全管理。现在市场上的网络入侵检测系统一般支持分布式结构。

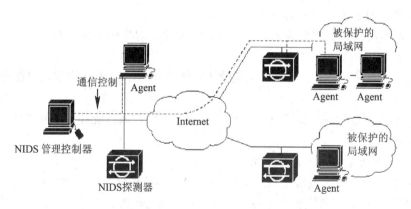

图 8-12　基于网络的分布式入侵检测系统典型配置

综上所述，分布式 IDS 系统结构能够将基于主机和网络的系统结构结合起来，检测所用到的数据源丰富，可以克服前两者的弱点。但是，分布式的结构也带来了新的弱点，例如，传输安全事件过程中增加了通信的安全问题处理，安全管理配置复杂度增加等。

8.6　UTM(统一威胁管理)和网络态势感知

随着时间的演进，信息安全威胁开始逐步呈现出网络化和复杂化的态势。无论是从数量还是从形式方面，从前的安全威胁和恶意行为与现今都不可同日而语。仅仅在几年之前，我们还可以如数家珍地讲述各种流行的安全漏洞和攻击手段，而现在这已经相当困难。现在每天都有数百种新病毒被释放到互联网上，而各种主流软件平台的安全漏洞更是数以千计。我们遇到的麻烦更多的表现为通过系统漏洞自动化攻击并繁殖的蠕虫病毒，寄生在计算机内提供各种后门和跳板的特洛伊木马，利用大量傀儡主机进行淹没式破坏的分布式拒绝攻击和利用各种手段向用户传输垃圾信息及诱骗信息等。这些攻击手段在互联网上肆意泛滥，没有保护的计算机设备面临的安全困境远超从前。安全厂商在疲于奔命地升级产品的检测数据库，系统厂商在疲于奔命地修补产品漏洞，而用户也在疲于奔命地检查自己到底还有多少破绽暴露在攻击者的面前。传统的防病毒软件只能用于防范计算机病毒，防火墙只能对非法访问通信进行过滤，而入侵检测系统只能被用来识别特定的恶意攻击行为。在一个没有得到全面防护的计算机设施中，安全问题的炸弹随时都有爆炸的可能，用户必须针对每种安全威胁部署相应的防御手段，这样使信息安全工作的复杂度和风险性都难以下降。而且，一个类型全面的防御体系也已经无法保证能够使用户免受安全困扰，每种产品各司其职的方式已经无法应对当前更加智能的攻击手段。我们面对的很多恶意软件能够自动判断防御设施的状态，在一个通路受阻之后会自动地尝试绕过该道防御从其他位置突破，并逐个地对系统漏洞进行尝试。一个防御组件成功屏蔽了恶意行为之后，攻击程序会立即调整自身的行为，于是发现该攻击活动的组件无法通知其他类型的防御组件，使得该攻击仍有可能突破防御体系。防御更具智能化的攻击行为，需要安全产品也应具有更高的智能，从更多的渠道获取并更好地使用这些信息，以更好的协同能力面对日益复杂的攻击方法。

8.6.1 UTM

2004 年 9 月，IDC 首度提出"统一威胁管理"（Unified Threat Management，UTM）的概念。它是由硬件、软件和网络技术组成的具有专门用途的设备，主要提供一项或多项安全功能，同时将多种安全特性集成于一个硬件设备里，形成标准的统一威胁管理平台。IDC 将防病毒、防火墙和入侵检测等概念融合到被称为统一威胁管理的新概念中。该概念引起了业界的广泛重视，并推动了以整合式安全设备为代表的市场细分的诞生。从这个定义上来看，IDC 既提出了 UTM 产品的具体形态，又涵盖了更加深远的逻辑范畴。从定义的前半部分来看，众多安全厂商提出的多功能安全网关、综合安全网关、一体化安全设备等产品都可被划归到 UTM 产品的范畴；而从后半部分来看，UTM 的概念还体现出在信息产业经过多年发展之后，对安全体系的整体认识和深刻理解。UTM 设备应该具备的基本功能包括网络防火墙、网络入侵检测/防御和网关防病毒功能。

虽然 UTM 集成了多种功能，但却不一定要同时开启。根据不同用户的不同需求以及不同的网络规模，UTM 产品分为不同的级别。也就是说，如果用户需要同时开启多项功能，则需要配置性能比较高，功能比较丰富的产品。

UTM 具有如下特点：

（1）建一个更高、更强、更可靠的防火墙，除了传统的访问控制之外，防火墙还应该对垃圾邮件、拒绝服务、黑客攻击等这样的一些外部的威胁起到综合检测网络安全协议层防御。真正的安全不能只停留在底层，我们需要实现治理的效果，能实现七层协议保护，而不仅仅局限于二到四层。

（2）要有高检测技术来降低误报。作为一个串联接入的网关设备，一旦误报过高，对用户来说是一个灾难性的后果，IPS 就是一个典型案例。采用高技术门槛的分类检测技术可以大幅度降低误报率，因此，针对不同的攻击，应采取不同的检测技术并有效整合，以显著降低误报率。

（3）要有高可靠、高性能的硬件平台支撑。对于 UTM 时代的防火墙，在保障网络安全的同时，也不能成为网络应用的瓶颈。防火墙/UTM 必须以高性能、高可靠性的专用芯片及专用硬件平台为支撑，以避免 UTM 设备在复杂的环境下，其可靠性和性能不佳带来的对用户核心业务正常运行的威胁。

8.6.2 网络态势感知

所谓网络安全态势感知，就是主要通过收集系统网络环境中各种安全要素信息，并对这些信息进行数据融合分析后，能够对系统网络的态势有一个整体上的认知，同时能够对系统网络未来一段时间内的安全趋势进行预测的过程。借助网络安全态势感知系统，网络安全管理人员能够及时了解这段时间内网络的安全状态、受攻击的情况、攻击的来源和系统中哪些地点是安全防御的薄弱环节等。通过掌握系统的详细网络安全状况，可以及时做好防御准备和调整安全策略，从而减少和避免网络中的各种攻击带来的经济损失。应急响应部门也可以通过网络安全态势了解系统网络的安全状况，并做出对于未来一段时间网络安全发展趋势的预判。

1. 网络安全态势感知模型

网络安全态势感知模型是开展网络安全态势感知研究的前提和基础，国外研究的网络安全态势感知模型主要有 JDL 模型、Endsley 模型和 Tim Bass 模型等。

（1）JDL 模型包括五级处理。首先是对来自信息源的数据预处理，包括操作系统及应用程序日志、防火墙日志、入侵检测警报、弱点扫描结果等；然后是第 1 级处理，主要是对数据进行分类、校准、关联、融合，并对精炼后的数据进行规范；数据精炼后进入第 2 级处理，主要是对融合后的数据信息进行态势评估，评估当前的安全状况；第 3 级处理是对威胁进行评估，评估当前威胁，包括未来可能发生的攻击等以及威胁演变趋势；第 4 级处理是对过程进行精炼，通过动态监控信息的反馈不断优化过程；第 5 级处理是对认知精炼，根据监控结果不断改善人机交互方式，提高交互能力和交互效率。

（2）Endsley 模型包括态势觉察、态势理解、态势预测三个级别。第 1 级为态势要素提取，主要从海量数据信息中提取网络安全态势信息，并转化为统一的数据格式，为网络安全态势理解做准备；第 2 级为网络安全态势理解，通过对网络安全态势提取的特征要素分析，确定要素之间的关系，并根据分析对象所受到的威胁程度理解/评估当前网络安全状态；第 3 级为网络安全态势预测，主要依据历史网络安全态势信息和当前网络安全态势信息预测未来网络安全态势的发展趋势，并根据系统目标和任务，结合专家的知识、能力、经验制定决策，实施安全控制措施。

（3）Tim Bass 模型是针对分布式入侵检测提出的融合模型。Tim Bass 模型基于入侵检测的多传感器数据包括五级，第 0 级为数据精炼，主要负责提取、过滤和校准入侵检测的多传感器原始数据；第 1 级为对象精炼，将数据规范化并统一格式后，进行关联分析，提炼分析对象，按相对重要性赋予权重；第 2 级为态势评估，根据提炼的分析对象和赋予的权重评估系统的安全状况；第 3 级为威胁评估，主要是基于网络安全态势库和对象库状况评估可能产生的威胁及其影响；第 4 级为资源管理，主要负责整个态势感知过程的资源管理，优化态势感知过程和评估预测结果。

此外，诸如加拿大国防部、美国 CERT 组织、美国圣地亚国家实验室、美国哈佛大学、美国空军实验室等诸多知名大学和组织也都参与到了网络安全态势感知模型的研究中。

2. 网络安全态势要素提取

网络安全态势要素的提取是态势感知研究的基础，如何有效并且全面地提取系统网络中的安全要素，目前还是一个难点。这主要是由于网络在飞速的发展，已经发展成巨大的非线性复杂系统，并且网络的灵活性很强，造成了目前提取的困难。当前对网络安全要素的提取分为几大类，主要包含网络的静态配置信息、网络运行时的动态信息以及网络的流量信息等等。

有相关文献针对在复杂异构的网络环境中网络安全态势要素提取困难的问题，提出了一种基于概率神经网络的安全态势要素提取方法。通过粗糙集对原始数据进行属性约简，删除冗余属性，然后使用概率神经网络对约简后的数据集进行分类训练。也有文献主要针对在复杂异构的网络，提出了一种基于粗糙集属性约简（Rough Set Attribute Reduction，RSAR）的随机森林网络安全态势要素提取方法，使用随机森林分类器对约简后的数据集进行分类训练。

态势要素获取本质上是对网络中的数据进行分类，并判断每条数据是否异常，如果发现异常数据就判断它属于哪种异常。常见的分类算法有决策树、贝叶斯、人工神经网络分类等。但是在使用过程中往往需要结合一些优化算法如粒子群优化算法、遗传算法等，以达到更好的效果。

3. 网络安全态势评估

网络安全态势的评估是在态势要素提取的基础上，通过科学的分析方法找出态势要素提取的数据之间的关联性，然后采用数据融合对这些数据进行融合，从而获得对整体网络安全态势的评估。因此网络安全态势评估的核心是对数据集信息的融合。同时需要从多种维度进行评估，这样得出的网络安全态势才更具有效性，从而帮助安全管理人员进行决策。按照评估依据的理论技术基础，网络安全态势评估可分为三大类，分别是基于数学模型的评估方法、基于概率和知识推理的评估方法、基于模式分类的评估方法。

基于数学模型的评估方法主要有层次分析法、集对分析法以及距离偏差法等，它们是对影响网络安全态势感知的因素进行综合考虑，然后建立安全指标集与安全态势的对应关系，从而将态势评估问题转化为多指标综合评价或多属性集合等问题。它有明确的数学表达式，并且也能够给出确定性的结果。有文献提出了一种基于层次分析法的网络安全态势评估框架模型，将网络安全态势评估细化为评估对象价值评估、脆弱性评估和威胁评估三个评估要素，并对三个评估要素量化方法进行分析和设计。也有文献针对现有的模糊层次分析法（FAHP）存在的问题，提出了新的一致性修正算法并将其应用到了安全态势评估中。

基于概率和知识推理的评估方法主要有贝叶斯网络、马尔可夫理论、D－S 证据理论等，它们是依据专家知识和经验数据库来建立模型，采用逻辑推理的方式对安全态势进行评估。其主要思想是借助模糊理论、证据理论等来处理网络安全事件的随机性。有文献提出了一种基于改进贝叶斯网络的网络态势评估方法，首先定义了网络安全态势评估的指标，然后提出了一种动态的贝叶斯网络模型，对网络的结构和推理方法进行了重新定义；在此基础上，通过历史数据来初始化先验概率，并不断修正后验概率。

4. 网络安全态势预测

网络安全态势预测是根据当前的网络安全态势评估和已有的历史评估数据，对未来网络安全态势变化趋势进行预测。目前比较流行的态势预测方法主要有神经网络、支持向量机、时间序列预测法等。

有文献提出了一种基于改进卷积神经网络的态势预测方法，该方法结合深度可分离卷积与分解卷积技术的优点，提出了一种改进型卷积神经网络安全态势预测模型，实现了态势要素和态势值的映射。还有文献提出了一种基于 MapReduce 和 SVM 的网络安全态势预测模型。该模型的基本分类器使用 SVM，并且由杜鹃搜索（CS）执行参数优化以确定 SVM 的最佳参数。由于数据量大的时间成本问题，选择使用 MapReduce 对 SVM 进行分布式训练，以提高训练速度。

■————　本 章 小 结　————■

本章介绍了访问控制技术的策略和常用实现方法，重点讲解了防火墙的作用、体系结构和类型。在学习防火墙的内容时，要对由屏蔽路由器、双宿主机、堡垒主机的组合构成的防火墙体系有一个清楚的思路,对包过滤防火墙、代理网关和状态检测防火墙的工作原理和优缺点应该掌握清楚,同时应该了解防火墙的发展趋势。本章还重点讲解了入侵检测技术的工作原理和模型。要求掌握对入侵检测技术的分类——误用检测和异常检测,以及它们的工作原理和优缺点。掌握入侵检测系统的类型,以及基于主机、基于网络和分布式入侵检测系统的系统构成和优缺点。

由于网络安全问题不是通过一种访问控制技术就可以解决的,因此访问控制技术从单一的防火墙、入侵检测技术发展到 UTM 和网络态势感知技术,其技术结合了多种访问控制技术,这是未来的发展趋势。

★ 思 考 题 ★

1. 简述访问控制技术作用、特性和优缺点。
2. 什么是防火墙?简述防火墙的作用、特性和优缺点。
3. 防火墙的基本结构是怎样的?
4. 选择防火墙时,要注意哪些事项?
5. 请从各方面收集有关防火墙的新技术、新发展的资料。
6. 调查你所在单位使用防火墙的情况,并做技术性分析。
7. 试比较分析 IDS 所采用的检测技术的优缺点。
8. IDS 体系结构类型有哪些?

第9章 虚拟专用网络(VPN)

虚拟专用网络的功能是在公用网络上建立专用网络，进行加密通讯，在企业网络中有广泛应用。VPN网关通过对数据包的加密和数据包目标地址的转换实现远程访问。本章主要介绍VPN的概念、特点、主要技术和实现方式。

9.1 VPN的概念

虚拟专用网络(Virtual Private Network，VPN)被定义为通过一个公用网络(通常是因特网)建立一个临时的、安全的连接，是一条穿过混乱的公用网络的安全、稳定的隧道。虚拟专用网是对企业内部网的扩展。如图9-1所示。

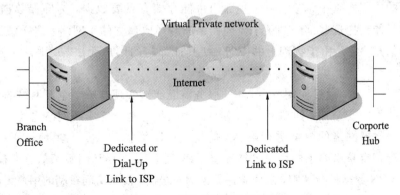

图9-1 虚拟专用网络示意图

虚拟专用网络能够利用Internet或其他公共互联网络的基础设施为用户创建隧道，并提供与专用网络一样的安全和功能保障。虚拟专用网络允许远程通讯方、销售人员或企业分支机构使用Internet等公共互联网络的路由基础设施以安全的方式与位于企业局域网端的企业服务器建立连接。虚拟专用网络对用户端透明，用户好像使用一条专用线路在客户计算机和企业服务器之间建立点对点连接，进行数据的传输。虚拟专用网络技术同样支持企业通过Internet等公共互联网络与分支机构或其他公司建立连接，进行安全的通信。这种跨越Internet建立的VPN连接逻辑上等同于两地之间使用广域网建立的连接。

VPN的主要用途有以下三个方面。

1. 通过Internet实现远程用户访问

虚拟专用网络支持以安全的方式通过公共互联网络远程访问企业资源。

与使用专线拨打长途或1-800电话连接企业的网络接入服务器(NAS)不同，虚拟专用网络用户首先拨通本地ISP的NAS，然后VPN软件利用与本地ISP建立的连接在拨号用户和企业 VPN 服务器之间创建一个跨越 Internet 或其他公共互联网络的虚拟专用网络。

2. 通过 Internet 实现网络互联

可以采用以下两种方式使用 VPN 连接远程局域网络。

1）使用专线连接分支机构和企业局域网

不需要使用价格昂贵的长距离专用电路，分支机构和企业端路由器可以使用各自本地的专用线路通过本地的 ISP 连通 Internet。VPN 软件使用与本地 ISP 建立起的连接和 Internet 网络在分支机构和企业端路由器之间创建一个虚拟专用网络。

2）使用拨号线路连接分支机构和企业局域网

不同于传统的使用连接分支机构路由器的专线拨打长途或 1－800 电话连接企业 NAS 的方式，分支机构端的路由器可以通过拨号方式连接本地 ISP。VPN 软件使用与本地 ISP 建立起的连接在分支机构和企业端路由器之间创建一个跨越 Internet 的虚拟专用网络。

应当注意，在以上两种方式中，是通过使用本地设备在分支机构和企业部门与 Internet 之间建立连接。无论是在客户端还是服务器端都是通过拨打本地接入电话建立连接，因此 VPN 可以大大节省连接的费用。建议作为 VPN 服务器的企业端路由器使用专线连接本地 ISP。VPN 服务器必须一天 24 小时对 VPN 数据流进行监听。

3. 连接企业内部网络计算机

在企业的内部网络中，考虑到一些部门可能存储有重要数据，为确保数据的安全性，传统的方式只能是把这些部门同整个企业网络断开形成孤立的小网络。这样做虽然保护了部门的重要信息，但是由于物理上的中断，使其他部门的用户无法与之联系，造成通讯上的困难。

采用 VPN 方案，通过使用一台 VPN 服务器既能够实现与整个企业网络的连接，又可以保证保密数据的安全性，如图 9－2 所示。路由器虽然也能够实现网络之间的互联，但是并不能对流向敏感网络的数据进行限制。但是企业网络管理人员通过使用 VPN 服务器，指定只有符合特定身份要求的用户才能连接 VPN 服务器获得访问敏感信息的权利。此外，可以对所有 VPN 数据进行加密，从而确保数据的安全性。没有访问权利的用户无法看到部门的局域网络。

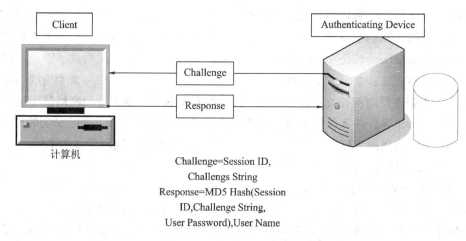

图 9－2　VPN 连接企业内部网络计算机

9.2　VPN 的特点

1. 安全保障

虽然实现 VPN 的技术和方式很多,但所有的 VPN 均应保证通过公用网络平台传输数据的专用性和安全性。在非面向连接的公用 IP 网络上建立一个逻辑的、点对点的连接,称为建立一个隧道,可以利用加密技术对经过隧道传输的数据进行加密,以保证数据仅被指定的发送者和接收者了解,从而保证了数据的私有性和安全性。在安全性方面,由于 VPN 直接构建在公用网上,实现简单、方便、灵活,但同时其安全问题也更为突出。企业必须确保其 VPN 上传送的数据不被攻击者窥视和篡改,并且要防止非法用户对网络资源或私有信息的访问。Extranet VPN 将企业网扩展到合作伙伴和客户,对安全性提出了更高的要求。

2. 服务质量保证(QoS)

VPN 网应当为企业数据提供不同等级的服务质量保证。不同的用户和业务对服务质量保证的要求差别较大。如对于移动办公用户,提供广泛的连接和覆盖性是保证 VPN 服务的一个主要因素;而对于拥有众多分支机构的专线 VPN 网络,交互式的内部企业网应用则要求网络能提供良好的稳定性;对于其他应用(如视频等)则对网络提出了更明确的要求,如网络时延及误码率等。所有以上应用均要求网络根据需要提供不同等级的服务质量。在网络优化方面,构建 VPN 的另一重要需求是充分有效地利用有限的广域网资源,为重要数据提供可靠的带宽。广域网流量的不确定性使其带宽的利用率很低,在流量高峰时引起网络阻塞,产生网络瓶颈,使实时性要求高的数据得不到及时发送;而在流量低谷时又造成大量的网络带宽空闲。QoS 通过流量预测与流量控制策略,可以按照优先级分配带宽资源,实现带宽管理,使得各类数据能够被合理地先后发送,并预防阻塞的发生。

3. 可扩充性和灵活性

VPN 必须能够支持通过 Intranet 和 Extranet 的任何类型的数据流,方便增加新的节点,支持多种类型的传输媒介,可以满足同时传输语音、图像和数据等新应用对高质量传输以及带宽增加的需求。

4. 可管理性

从用户角度和运营商的角度可以方便地进行管理、维护。在 VPN 管理方面,VPN 要求企业将其网络管理功能从局域网无缝地延伸到公用网,甚至是客户和合作伙伴。虽然可以将一些次要的网络管理任务交给服务提供商去完成,企业自己仍需要完成许多网络管理任务。所以,一个完善的 VPN 管理系统是必不可少的。VPN 管理的目标为:减小网络风险,实现高扩展性、经济性、高可靠性。事实上,VPN 管理主要包括安全管理、设备管理、配置管理、访问控制列表管理、QoS 管理等内容。

9.3　VPN 的主要技术

9.3.1　隧道技术

隧道技术是一种通过使用互联网络的基础设施在网络之间传递数据的方式。使用隧道传递的数据(或负载)可以是不同协议的数据帧或包。隧道协议将这些协议的数据帧或包重新封装在新的包头中发送。新的包头提供了路由信息,从而使封装的负载数据能够通过互联网络传递。

被封装的数据包在隧道的两个端点之间通过公共互联网络进行路由。被封装的数据包在公共互联网络上传递时所经过的逻辑路径称为隧道。一旦到达网络终点,数据将被解包并转发到最终目的地。注意,隧道技术是指包括数据封装、传输和解包在内的全过程。

VPN 按照在 OSI 网络模型中实现的层次可以分为第二层隧道、第三层隧道和会话层隧道。

所谓第二层 VPN 就是在 OSI 的第二层使用帧作为数据交换单位,即数据链路层利用 ATM 或者 Frame Replay 技术来实现 VPN。第二层 VPN 的实现基本上是基于 ATM/FR 交换机,因此,第二层 VPN 是一种专线 VPN。另外,用户如果希望实现端到端的第二层 VPN 互联,须以 ATM 或 FR 的方式直接接入到网络的 ATM/FR 交换设备上。PPTP、L2TP 和 L2F 都属于第二层隧道协议,都是将数据封装在点对点协议(PPP)帧中通过互联网络发送。

所谓第三层 VPN 就是在网络参考模型的第三层使用包作为数据交换单位,即网络层利用一些特殊的技术(例如隧道技术、标记交换协议(MPLS)或虚拟路由器等)来实现企业用户各个节点之间的互联。其中,采用隧道技术的方式目前以 IP 隧道为主,即在两个节点之间利用隧道协议封装重新定义数据包的路由地址,使得具有保留 IP 地址的数据包可以在公共数据网上进行路由,利用这种方式可以很好地解决 IP 地址的问题。同时,利用某些隧道协议的加密功能,例如 IPSec,还可以充分地保障数据传输的安全性。

Socks5 工作在 OSI 模型中的第五层——会话层。此协议有非常详细的访问控制,所以适用于安全性较高的 VPN。

9.3.2　安全技术

VPN 是在不安全的 Internet 中通信,在这样的环境下保证传输机密数据的安全性是很必要的。除隧道技术 (Tunneling)外,VPN 中的安全技术通常还有加/解密技术(Encryption&Decryption)、密钥管理技术(Key Management)、使用者与设备身份认证技术(Authentication)。加/解密技术是数据通信中一项较成熟的技术,VPN 可直接利用现有技术。密钥管理技术的主要任务是如何在公用数据网上安全地传递密钥而不被窃取。现行密钥管理技术又分为 SKIP 与 ISAKMP/Oakley 两种。SKIP 主要是利用 Diffie - Hellman 的演算法则,在网络上传输密钥;在 ISAKMP 中,双方都有两把密钥,分别用于公用、私用。身份认证技术最常用的是使用者名称与密码或卡片式认证等方式。

本书前几章已经比较详细地介绍了以上各种安全技术的理论知识,在下面的小节中,我们通过一个实例来了解这些技术在 VPN 中的具体应用。

9.4　VPN 的建立方式

9.4.1　Host 对 Host 模式

Host 对 Host 模式主要要求通过 VPN 交换数据的两个网络内部的主机支持类似 IPSec

的协议,而两端网络与 Internet 的接入 VPN 网关则可以不支持 IPSec 协议,如图 9-3 所示。

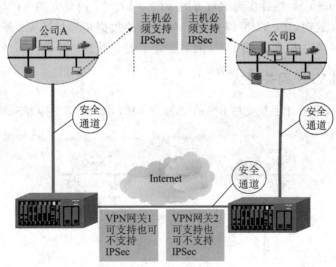

图 9-3 Host 对 Host 模式

处于不同地理位置的同一公司的两个分支机构,分别通过 VPN 网关接入到 Internet。这样在单向的数据交互中,从 A 端发出的数据被主机本身的 IPSec 核处理后发向网关。无论 VPN 网关是否支持 IPSec,此时在网络上传输的已经是具有加密和认证功能的数据了。当数据到达对方接入的 VPN 网关时,可以不必处理直接进入 B 端的主机,由它的 IPsec 核进行处理。

所以,在这种连接中,从数据发出到接收的整个过程都构成安全通道。

9.4.2 Host 对 VPN 网关模式

在此种模式中,要求处于一端的主机都支持 IPSec,而另一端的 VPN 网关必须支持 IPSec,如图 9-4 所示。

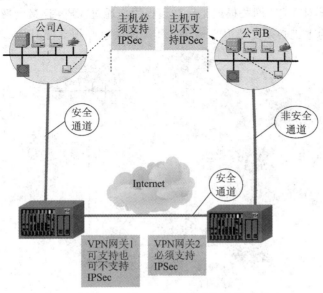

图 9-4 Host 对 VPN 网关模式

图 9-4 中，A 端主机发出数据是经过主机本身的 IPSec 核处理过的数据，其经过 VPN 网关进入 Internet，然后在到达对方的 VPN 网关时，由对方的 VPN 网关对数据进行解密和认证处理，这时，由 VPN 网关到 B 端主机的数据是原始数据。所以，在这种模式中，我们认为从 A 端主机到 B 端 VPN 网关建立了安全通道。

9.4.3　VPN 对 VPN 网关模式

在此种模式中，不要求主机支持 IPSec，而要求 VPN 网关必须支持 IPSec。如图 9-5 所示。

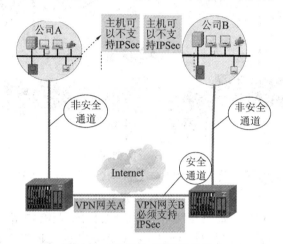

图 9-5　VPN 对 VPN 网关模式

图 9-5 中，A 端主机发出原始数据在到达 VPN 网关后，进行 IPSec 核的处理，然后通过 Internet 传输到 B 端的 VPN 网关。由 B 端的 VPN 网关进行解密和认证后，传给主机。

9.4.4　Remote User 对 VPN 网关模式

Remote User 对 VPN 网关模式是针对远程用户通过 VPN 连接到网络的情况。这种模式中，远程用户的主机必须支持 IPSec，而 VPN 网关也必须支持 IPSec。如图 9-6 所示。

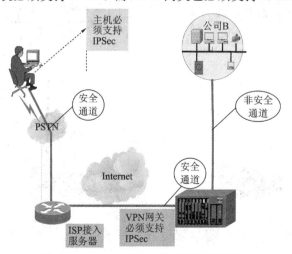

图 9-6　Remote User 对 VPN 网关模式

　　远程用户主机的 IPSec 核处理了原始数据后经过 ISP 接入到 Internet，然后到达 VPN 网关后进行解密和认证，最后把原始数据传到目的主机。这样，在发出主机和 VPN 网关之间建立了安全通道。

━━━━ 本 章 小 结 ━━━━

　　本章介绍了 VPN(虚拟专用网络)技术，通过一个公用网络建立一个临时的、安全的连接，是一条穿过混乱的公用网络的安全、稳定的隧道。VPN 依靠隧道技术和安全技术让用户通过 Internet 实现远程用户访问，实现网络互联和连接企业内部网络的计算机。本章介绍了四种 VPN 连接模式和 VPN 实现的两种主要技术。

★ 思 考 题 ★

1. 什么是 VPN? 我们身边是否有应用 VPN 的网络? 请举例说明。
2. VPN 的主要技术有哪些?
3. 对几种类型的 VPN 的网关模式进行对比。

第10章　系统安全技术

操作系统安全、数据库系统安全和网络系统安全是系统安全技术三个主要组成部分。计算机操作系统的主要功能是进行计算机资源管理和提供用户使用计算机的界面。操作系统所管理的资源包括各种用户资源和计算机的系统资源。用户资源可以归结为以文件形式表示的数据信息资源。系统资源包括系统程序和系统数据以及为管理计算机硬件资源而设置的各种表格，其在操作系统中也都是以文件的形式表现，分别称为可执行文件、数据文件、配置文件等。数据库管理系统的主要功能是对数据信息进行结构化组织与管理，并提供方便的检索和使用。网络系统安全可以概括为"保障网上信息交换的安全"，具体表现为信息发送的安全、信息传输的安全和信息接收的安全，以及网上信息交换的抗抵赖等。网上信息交换是通过确定的网络协议实现的，不同的网络会有不同的协议。本章主要介绍了这三种安全技术。

10.1　操作系统安全技术

操作系统是控制计算机硬件和软件资源，合理地组织计算工作流程，提高资源利用率及方便用户的程序合集。常见的操作系统有：MS-DOS，Windows 系列图形界面操作系统，UNIX/Linux 等。操作系统可以作为用户与计算机硬件系统之间的接口，是计算机系统资源的管理者。操作系统无论对于计算机硬件还是应用层的软件而言都显得极其重要，但是操作系统却面临各式各样的威胁，如图 10-1 所示。

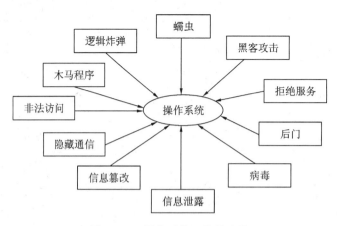

图 10-1　操作系统面临的威胁

如何确保在计算机系统中存储和传输数据的保密性、完整性和可用性，已经成为信息系统急待解决的重要问题。以下内容假定读者已经具有操作系统相关基础知识。

10.1.1　存储保护

在操作系统采用了多用户虚拟存储技术后，在主存中存放的有系统程序也有用户程序，甚至是多个用户的程序。为了防止各用户程序之间访问错误，保护系统程序免受破坏，就要设法使各用户之间、用户与系统程序之间隔离开。在虚拟存储系统中，通常采用加界保护、键保护、页表保护和段表保护方法。以下将对这三种存储技术做简单介绍。

1. 加界保护方式

当操作系统采用段式管理方式时，程序段在内存中是连续存放的，因此需要在 CPU 中设置多个界限寄存器，每一个程序占用一对界限寄存器。当调入时，可以将其上界、下界存入界限寄存器中。当程序运行过程中，每当访问主存时，首先将访问地址与上、下界寄存器进行比较，如果在此区域内，则允许访问，否则不允许访问。这种保护方式是对存储区的保护，运用于段式管理。

2. 键保护方式

在页式或段页式管理中，主存是按页面管理的。将主存的每一页都设置一个存储键，分配一个键号，这个键号存放在快表的表目中。对于每个用户程序的各页，也设置一个程序键，分配一个键号。当该页由辅存调入主存时，就将其调入的实页号及其键号登记在快表中，将程序键号送入程序状态字中。每次访问主存，首先进行键号比较，如果键号相等才允许访问。存储键号与程序键号的分配由操作系统完成。

3. 页表保护和段表保护

每个程序的段表和页表本身都有自己的保护功能。每个程序的虚页号是固定的，经过虚地址向实地址变换后的实存页号也就固定了。不论虚地址如何出错，也只能影响到相对的几个主存页面，不会侵犯其他程序空间。段表和页表的保护功能相同，但段表中除包括段表起点外，还包括段长。

除了上面的存储区域的保护以外，还有访问方式的保护。

对主存信息的使用可以有三种方式：读（R）、写（W）和执行（E），相应的访问方式保护就有 R、W、E 三种方式形成的逻辑组合。这些访问方式保护通常作为程序状态寄存器的保护位，并且和区域保护结合起来实现。

10.1.2　用户认证

用户身份认证通常采用用户名/口令的方案。用户提供正确的用户名和口令后，系统才能确认其合法身份。不同的系统内部采用的认证机制和过程一般是不同的。

Windows NT 采用的是 NT LAN Manager(简称 NTLM)安全技术进行身份认证。用户记录存储在安全账户管理器（SAM）数据库或 Active Directory 数据库中。每个用户账户与两个密码相关联：兼容 LAN 管理器的密码和 Windows 密码。每个密码被加密并存储在 SAM 数据库或 Active Directory 数据库中。

1. NTLM 工作流程

（1）客户端首先在本地变换当前用户的口令成为口令散列值。

（2）客户端向服务器发送自己的账号，这个账号是没有经过加密的，明文直接传输。

（3）服务器产生一个 16 位的随机数字发送给客户端，作为一个 challenge(挑战)。

（4）客户端再用加密后的口令散列值来加密这个 challenge，然后把它返回给服务器，作为 response（响应）。

（5）服务器把用户名、给客户端发出的 challenge 和客户端返回的 response 一起发送给域控制器。

（6）域控制器用这个用户名在 SAM 密码管理库中找到这个用户的口令散列值，然后使用这个密码散列来加密 challenge。

（7）域控制器比较两次加密的 challenge，如果一样，认证成功。

2. 登录举例——通过终端登录 Linux

在 Linux 下，通过终端登录 Linux 的过程描述如下：

（1）init 确保为每个终端连接（或虚拟终端）运行一个 getty 程序。

（2）getty 监听对应的终端并等待用户准备登录。

（3）getty 输出一条欢迎信息（保存在/etc/issue 中），并提示用户输入用户名，最后运行 login 程序。

（4）login 以用户名作为参数，提示用户输入口令。

（5）如果用户名和口令相匹配，则 login 程序为该用户启动 shell。否则，login 程序退出，进程终止。

（6）init 程序注意到 login 进程已终止，则会再次为该终端启动 getty。

在上述过程中，唯一的新进程是 init 利用 fork 系统调用建立的进程，而 getty 和 login 仅仅利用 exec 系统调用替换了正在运行的进程。由于其后建立的进程均是由 shell 建立的子进程，因此这些子进程将继承 shell 的安全性属性，包括 uid 和 gid。

Linux 在文本文件/etc/passwd（密码文件）中保存基本的用户数据库，其中列出了系统中的所有用户及其相关信息。默认情况下，系统在该文件中保存加密后的密码。

因为系统中的任何用户均可以读取该文件的内容，所以所有人均可以读取任意一个用户的密码字段，即 passwd 文件每行的第二个字段。尽管密码是加密保存的，但是，所有密码均是能破译的，尤其是简单的密码，更可以不花大量时间就被破译。现在许多 Linux 系统利用影像密码以避免在密码文件中保存加密的密码，它们将密码保存在单独的/etc/shadow 文件中，只有 root 才能读取该文件，而/etc/passwd 文件只在第二个字段中包含特殊的标记。

3. 账号/密码认证方案的安全隐患和不足之处

（1）认证过程的安全保护不够健壮，登录的步骤没有做集成和封装，暴露在外，容易受到恶意入侵者或系统内特洛伊木马的干扰或者截取。

（2）密码的存放与访问没有严格的安全保护。例如，Linux 系统中的全部用户信息，包括加密后的口令信息一般保存于/etc/passwd 文件中，而该文件的默认访问许可是任何用户均可读。因此，任何可能获得该文件副本的人，都有可能获得系统所有用户的列表，进而破译其密码。

（3）认证机制与访问控制机制不能很好地相互配合和衔接，使得通过认证的合法用户进行有意或无意的非法操作的机会大大增加。例如能够物理上访问 Windows NT 机器的任何人都可能利用 NTRecover、Winternal Software 的 NTLocksmith 等工具程序来获得

Administrator 级别的访问权。

为此，Windows 2000 对身份认证机制做了重大的改进，引入了新的认证协议。Windows 2000 除了为向下兼容提供了对 NTLM 验证协议的支持以外（作为桌面平台使用时），还增加了 KerberosV5 和 TLS 作为分布式的安全性协议。它支持对 Smart cards 的使用，这提供了在口令基础之上的一种交互式的登录。Smart cards 支持密码系统和对私有密钥和证书的安全存储。Kerberos 客户端的运行时刻是通过一个基于 SSPI 的安全性接口来实现的，客户 Kerberos 验证过程的初始化集成到了 WinLogon 单一登录的结构中。

10.1.3　访问控制

在主流操作系统（Linux、Windows）中，均采用 ACL 机制保护系统对象。下面以 Windows NT 内核的操作系统为例来介绍操作系统的访问控制。

与 UNIX 系统类似，当用户登录到 Windows NT 系统时，也使用账号/密码机制验证用户身份。

如果系统允许用户登录，则安全性子系统将建立一个初始进程，并创建一个访问令牌，其中包含安全性标识符（SID），该标识符可在系统中唯一标识一个用户。初始进程建立了其他进程之后，这些进程将继承初始进程的访问令牌。访问令牌有两个目的：一个是访问令牌保存有全部的安全性信息，可加速访问验证过程，当某个用户进程要访问某个对象时，安全性子系统可利用与该进程相关的访问令牌判断用户的访问权限；另一个是因为每个进程均有一个与之相关联的访问令牌，因此，每个进程也可以在不影响其他代表该用户运行的进程的情况下，在某种可允许的范围内修改进程的安全性特征。

1. 访问许可

Windows NT 初始时禁止所有的用户可能拥有的特权，而当进程需要某个特权时，才打开相应的特权。由于 Windows NT 的进程均有一个自己的访问令牌，其中包含用户的特权信息，因此，进程所打开的特权只在当前进程内有效，而不会影响其他进程。

为了实现进程间的安全性访问，Windows NT 采用了安全性描述符。安全性描述符的主要组成部分是访问控制列表，访问控制列表指定了不同的用户和用户组对某个对象的访问权限。当某个进程要访问一个对象时，进程的 SID 将和对象的访问控制列表比较，决定是否访问该对象。

图 10-2 给出了访问令牌、安全标识符、安全描述符以及访问控制列表之间的关系。

访问令牌中包含用户的安全标识符、用户所在组的安全标识符以及相应的访问权限。Windows NT 在内部利用用户安全标识符以及组安全标识符唯一标识用户或组。系统在每次建立新的用户或组时，建立唯一的用户或组安全标识符。

Windows NT 的 ACL（Access Control List，访问控制列表）由 ACE（访问控制项）组成，每个 ACE 标识用户或组对某个对象的访问许可或拒绝。ACL 首先列出拒绝访问的 ACE，然后才是允许访问的 ACE。

当 Windows NT 根据进程的存取令牌确定访问许可时，依据如下规则：

（1）从 ACL 的顶部开始，检查每项 ACE，看 ACE 是否显式拒绝了进程的访问请求，或者拒绝了用户所在组的访问请求。

（2）继续检查，看是否进程所要求的访问类型已经显式地授予用户，或授予用户所在的组。

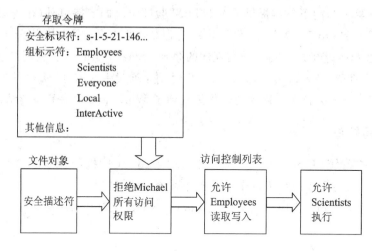

图 10-2　各资源之间的关系

（3）对 ACL 中的每项 ACE 重复 第（1）、（2）步骤，直到遇到拒绝访问，或直到所有请求的许可均被满足为止。

（4）对于某个请求的访问许可，如果在 ACL 中既没有授权，也没有拒绝，则拒绝访问。

2. 授权访问

当 Windows NT 判断是否授予某个进程对指定对象的访问请求时，一般经过如下步骤：

（1）进程用请求的许可打开对象。例如，用户以读写方式打开文件。

（2）系统利用与该进程相关联的访问令牌和对象的 ACL 比较，以判断是否允许用户利用请求的许可打开对象。

（3）如果授权许可，系统将为对象建立一个句柄，并建立一个授权许可表。这些句柄和授权许可表返回到进程中，并在进程的对象表中存放。

（4）Windows NT 只在打开对象时才检查 ACL。在打开的对象上随后进行的操作，按照在步骤（2）中保存的对象权限表进行，而不是每次均和 ACL 比较，这主要是出于性能考虑。由于授权许可表只反映了打开对象时的对象安全描述符状态，在关闭这一对象之前，进程对该对象的访问一直沿用最初的授权许可表。因此，在关闭之前打开的对象后，ACL 的变化不会影响关闭之前的操作。

传统 UNIX 系统的访问控制方法是非常简单的。它把用户分成三类：文件的拥有者、组成员和其他用户，然后根据用户的分类进行访问控制策略部署。

随着对 Linux 系统安全性要求的提高，需要一种更细粒度的访问控制模型来代替传统 UNIX 系统的访问控制模型。使用 ACL，系统管理员能够为每个用户（包括 root 用户在内）对文件和目录的访问提供更好的访问控制。在 POSIX 中定义了一种访问控制称为 POSIX ACL，可以实现基于单独用户的控制。目前的大多数 Linux 访问控制都是以此为基础。

10.1.4　文件保护

1. Windows 文件保护

对于 Windows 而言，当你安装一个应用程序却不料引起 Windows 崩溃的时候，很有可能是因为应用程序改写了关键的 Windows 系统文件，导致系统崩溃。在文件被修改后，结果往往不可预知。系统可能正常运行，也可能出一些错误或者完全崩溃。

现在，Windows 2000/XP/Server 2003 应用了一个称作 Windows 文件保护（Windows File Protection，WFP）的机制，它可以防止关键的系统文件被改写。WFP 被设计用来保护 Windows 文件夹的内容。WFP 保护特定的文件类型，例如 SYS、EXE、DLL、OCX、FON 和 TTF，而不是阻止对整个文件夹的任何修改。注册表键值决定 WFP 保护的文件类型。当一个应用程序试图替换一个受保护的文件，WFP 检查替换文件的数字签名，以确定此文件是否是来自微软和是否是正确的版本。如果这两个条件都符合，则允许替换。正常情况下，允许替换系统文件的文件种类包括 Windows 的服务包、补丁和操作系统升级程序。系统文件还可以由 Windows 更新程序或 Windows 设备管理器/类安装程序替换。如果这两个条件没有同时满足，受保护文件将被新文件替换，但将很快被正确的文件替换回来。当这种情况发生时，Windows 会从 Windows 安装 CD 或者计算机的 DLLCache 文件夹中复制正确版本的文件。

Windows 文件保护并不仅仅通过拒绝修改来保护文件，它还可以拒绝删除。如图 10-3 所示，对于 Windows 系统可以在"策略编辑器"中设置对文件的保护，只要在组策略中进行设置即可：单击"开始"→"运行"，输入"gpedit.msc"，然后依次展开"计算机配置"→"管理模板"→"系统"→"Windows 文件保护"。

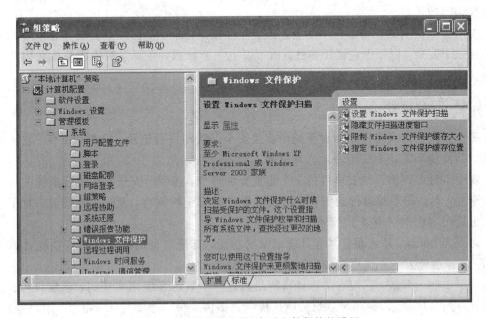

图 10-3　"策略编辑器"中对文件保护的设置

2. UNIX/Linux 文件保护

对于 UNIX/Linux 系统而言，对于文件的保护主要是通过对文件赋予不同的操作权限或属性来实现的。

Linux 中，每一个文件都具有特定的属性。主要包括文件类型和文件权限两个方面。可以分为五种不同的类型：普通文件、目录文件、链接文件、设备文件和管道文件。所谓的文件权限，是指对文件的访问权限，包括对文件的读、写、删除、执行，分别用 r、w 和 x 表示。不同的用户具有不同的读、写和执行的权限。对于一个文件来说，它都有一个特定的所有者，也就是对文件具有所有权的用户。同时，由于在 Linux 系统中，用户是按组分类的，一个用户属于一个或多个组。文件所有者以外的用户又可以分为文件所有者的同组用户和其他用户。因此，Linux 系统按文件所有者、文件所有者同组用户和其他用户三类规定不同的文件访问权限。Linux 文件系统安全模型是通过给系统中的文件赋予两个属性来起作用的，这两个赋予每个文件的属性称为所有者（ownership）和访问权限（access rights）。Linux 下的每一个文件必须严格地属于一个用户和一个组。对文件的保护就是基于以上的权限设置来实现，对于任何一个文件都可以使用 ls 加参数的方法来查看其属性，同时可以使用 chmod 命令来修改文件的权限，进而实现对不同文件的保护作用。

10.1.5　内核安全技术

操作系统经常在内核设置安全模块来实施基本的安全操作。在内核设置安全模块一方面可以将安全模块与操作系统的其他部分以及用户程序分割开来，减轻安全机制遭受攻击的威胁。另一方面，任何系统操作、调用的执行都需要通过内核，这就避免绕过检查的可能。再者，内核调用可以以更一致的方法实施检查。

最典型的内核安全模块是引用监控器（Reference Monitor）。这个模块是与引用验证机一起在 1972 年被提出的，可以实现对运行程序的安全控制，在用户程序与系统资源之间实施授权访问的机制。

引用验证机制需要满足三个原则：必须有自我保护能力；必须总是处于活跃状态；必须不能过于复杂，以便于验证正确性。由于以上三个原因，当前多数操作系统在内核实现这类功能。

10.1.6　安全审计

操作系统的安全审计是指对系统中有关安全的活动进行记录、检查和审核。它的主要目的就是检测和阻止非法用户对计算机的入侵。

安全审计是评测系统安全性的一个很重要的环节，能帮助安全人员审计系统的可靠性和安全性；对妨碍系统运行的明显企图及时报告给安全控制台，及时采取措施。对于这部分的理论内容在本书中第 11 章有详细介绍。

对于 Windows 系统而言具有日志记录的功能，其他常见的操作也具有系统日志功能进行记录，便于发现系统存在的问题以及实施跟踪。

对于 Linux 系统，它现有的审计机制是通过三个日志系统来实现的：系统日志、记账日志和应用程序日志。Linux 系统的审计机制只提供了一些必要的日志信息、用户登录/退出信息以及进程统计日志信息等。

常用的日志文件如下：

* Access‐log：记录 HTTP/Web 的传输。

- Acct/pacct：记录用户命令。
- Aculog：记录 Modem 的活动。
- Btmp：记录失败的记录。
- Lastlog：记录最近几次成功登录的事件和最后一次不成功的登录。
- Messages：从 Syslog 中记录信息(有的链接到 Syslog 文件)。
- Sudolog：记录使用 Sudo 发出的命令。
- Sulog：记录"su"的使用。
- Utmp：记录当前登录的每个用户。
- Wtmp：一个用户每次登录进入和退出时间的永久记录。
- Xferlog：记录 FTP 会话。

通过这些日志文件就可以对系统的安全性做安全审计了。

10.2　数据库系统安全技术

10.2.1　数据库安全的重要性

数据库是计算机应用系统中的一种专门管理数据库资源的系统。数据具有多种形式，如文字、数码、符号、图形、图像以及声音。在互联网时代的今天，数据库的应用已经充斥着整个计算机行业，大量的数据由于数据库的存在变得更加容易管理和使用。政府、金融、运营商、公安、能源、税务、工商、社保、交通、卫生、教育、电子商务及企业等行业的大量的网站查询系统也全部与数据库产生着紧密的联系。各行业都建立起各自的数据库应用系统，以便随时对数据库中海量的数据进行管理和使用。借助于数据库管理系统，并以此为中介，与各种应用程序或应用系统接口，使之能方便地使用并管理数据库中的数据，如数据查询、添加、删除、修改等。

数据库服务器还掌握着敏感的金融数据，包括交易记录、商业事务和账号数据、战略上的或者专业的信息。这些重要信息，例如专利和工程数据，甚至市场计划等应该保护起来，以防止竞争者和其他非法者获取。数据库服务器还保存着一些有关员工详细资料的东西，例如银行账号、信用卡号码，以及一些商业伙伴的资料。数据库的普遍使用使得数据库的安全性尤为重要，只有在确保数据库安全的前提下才能防止重要信息的泄露，提供持续高效的服务。

10.2.2　数据库系统安全的基本原则

数据库系统的安全需求可以归纳为完整性、保密性和可用性三个方面。

1. 完整性

数据库系统的完整性主要包括物理完整性和逻辑完整性。

物理完整性是指保证数据库的数据不受物理故障(如硬件故障或掉电等)的影响，并有可能在灾难性毁坏时重建和恢复数据库。

逻辑完整性是指对数据库逻辑结构的保护，包括数据语义与操作完整性，前者主要指数据存取在逻辑上满足完整性约束；后者主要指在并发事务中保证数据的逻辑一致性。

2. 保密性

数据库的保密性是指不允许未经授权的用户存取数据。一般要求对用户的身份进行标识与鉴别，并采取相应的存取控制策略以保证用户仅能访问授权数据，同一组数据的不同用户可以被赋予不同的存取权限。同时，还应能够对用户的访问操作进行跟踪和审计。此外，还应该避免用户通过推理方式从经过授权的已知数据获取未经授权的数据，造成信息泄露。

3. 可用性

数据库的可用性是指不应拒绝授权用户对数据库的正常操作请求，保证系统的运行效率并提供友好的人机交互。

一般而言，数据库的保密性和可用性是一对矛盾，对这一矛盾的分析与解决构成了数据库系统的安全模型和一系列安全机制的主要目标。

10.2.3 数据库安全控制技术

与操作系统安全一样，数据库安全控制也包含身份认证和访问控制两方面。以下从技术的角度介绍数据库安全控制。

1. 身份验证

用户标识和验证是系统提供的最外层安全保护措施。其方法是由系统提供一定的方式让用户标识自己的名字或身份。每次用户要求进入系统时，由系统进行核对，通过鉴定后才提供机器使用权。

获得上机权的用户要使用数据库时，数据库管理系统还要进行用户标识和鉴定。常用的方法有：用一个用户名或者用户标识号来标明用户身份。系统内部记录着所有合法用户的标识，系统验证此用户是否是合法用户。

为了进一步核实用户，系统常常要求用户输入口令（Password）。为保密起见，用户在终端上输入的口令不显示在屏幕上。系统核对口令以验证用户身份。

下面我们以 SQL Server2000 为例介绍数据库的身份认证。

用户必须使用一个登录账号，才能连接到 SQL Server 中。SQL Server 可以识别两类身份验证方式，即：SQL Server 身份验证（SQL Server Authentication）方式和 Windows 身份验证（Windows Authentication）方式。这两种方式的结构如图 10－4 所示。这两种方式都有自己的登录账号类型。

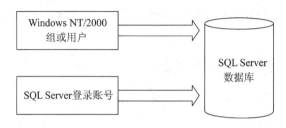

图 10－4 SQL Server 系统身份验证方式示意图

如果在 Microsoft Windows 95/98/Me 上使用 SQL Server 的 Personal 版，作为 SQL Server 宿主的 Microsoft Windows 95/98/Me 系统只能使用 SQL Server 登录。因此，Windows NT/2000 身份验证、域用户的账号和域组账号都是不可用的。

当使用 SQL Server 身份验证方式时，由 SQL Server 系统管理员定义 SQL Server 账号和口令。当用户连接 SQL Server 时，必须提供登录账号和口令。当使用 Windows 身份验证方式时，由 Windows NT/2000 账号或者组控制用户对 SQL Server 系统的访问。这时，用户不必提供 SQL Server 的 Login 账号和口令就能连接到系统上。但是，在该用户连接之前，SQL Server 系统管理员必须将 Windows NT/2000 账号或者 Windows NT/2000 组定义为 SQL Server 的有效登录账号。

2. 权限管理

当用户成为数据库中的合法用户之后，除了具有一些系统表的查询权之外，并不对数据库中的用户对象具有任何操作权。下一步就需要为数据库中的用户授予适当的操作权。

在 SQL Server 2000 中，权限分为对象权限、语句权限和隐含权限三种。

对象权限是指用户对数据库中的表、视图、存储过程等对象的操作权。例如，是否允许查询、增加、删除和修改数据等。具体包括以下三个方面：

- 对于表和视图，可以使用 select、insert、update 和 delete 权限；
- 对于表和视图字段，可以使用 select 和 update 权限；
- 对于存储过程，可以使用 execute 权限。

语句权限相当于数据定义语言的语句权限，这种权限专指是否允许执行语句 createtable 等创建与数据库对象有关的操作。

隐含权限是由 SQL Server 预定义的服务器角色、数据库角色、数据库拥有者和数据库对象拥有者所具有的权限。隐含权限相当于内置权限，不再需要明确地授予这些权限。例如，数据库拥有者自动拥有对数据库进行一切操作的权限。

权限的管理包含以下三个内容：

- 授予权限：允许用户或角色具有某种操作权；
- 收回权限：不允许用户或角色具有某种操作权，或者收回曾经授予的权限；
- 拒绝访问：拒绝某用户或角色具有某种操作权，即使用户或角色由于继承而获得这种操作权，也不允许执行相应操作。

3. 角色管理

在 SQL Server 2000 中，角色分为系统预定义的固定角色和用户根据自己需要定义的用户角色。系统角色根据其作用范围的不同，分为固定的服务器角色和固定的数据库角色，服务器角色是为整个服务器设置的，而数据库角色是为具体的数据库设置的。

10.2.4　常见威胁及对策

1. 常见威胁

对数据库构成的威胁主要有篡改、损坏和窃取三种情况。

（1）篡改：所谓的篡改指的是对数据库中的数据进行未经授权的修改，使其失去原来的真实性。篡改是人为因素而发生的。一般来说，发生这种人为的篡改的原因主要有利益驱动、隐藏证据、恶作剧、无知和误操作。

（2）损坏：数据库系统中数据的丢失是数据库安全性所面临的一个威胁。其表现的形式是：表和整个数据库部分或全部被删除、移走或破坏。产生损坏的原因主要有破坏、恶作剧和病毒。

（3）窃取：一般针对的是敏感数据。窃取的手法除了将数据复制到可移动介质之上外，也可以把数据打印后取走。进行窃取的有可能是工商业间谍、不满且要离职的员工等。

2. 相应对策

针对以上种种威胁我们可以采用以下对策：

（1）账号和密码的有效保护。取得合法账号和有效密码是攻击者入侵的第一步，所以必须实施严格的账号和密码管理机制。包括保护默认的用户账号、使用强密码、密码安全管理、删除不再使用的账号等。密码安全管理包括设定密码的生存周期、最大登录次数、密码历史管理、密码加密存储等。

（2）采用多种认证技术。使用密码进行认证比较容易和便于管理，因此密码成为计算机系统中最常使用的认证手段。但是，组合多种认证手段可以实现更好的安全效果，特别是可以采用一些强认证方法，例如 PKI 数字证书、Kerberos 等。另外，还可以对连接数据库系统的客户机的 IP 地址进行限制，例如只有指定的 IP 地址的机器才可以建立数据库连接。

（3）严格的访问控制和基于角色的权限管理。访问控制是允许或禁止访问资源的过程。数据库根据权限决定谁可以访问什么。访问控制的基础是权限管理。数据库的权限通常分为系统权限和对象权限。对象权限根据对象的粒度由大到小又分为库级、表级、列级等。在给角色或用户授权时，必须遵循最少权限原则：只需授予列级权限的不授予表级权限，只需授予表级权限的不授予库级权限，只需授予对象权限的不授予系统权限。另外，在确定不需要使用某种权限时要及时收回角色和权限。将相关权限封装成角色，将角色授予用户，角色作为权限和用户之间的桥梁而引入。角色的封装和继承大大简化了权限管理。同时，利用角色间的约束能力，还可以实现权利之间的制约。例如我们通常所说的三权分立：数据库管理员（DBA）、系统安全员（SSO）和系统审计员（SAO），这三个角色是互斥的，一个用户最多拥有这三个角色之一。

（4）灵活的审计配置策略。危险也会来源于内部人员的使用，所以必须详细地记录操作轨迹，以备事后追踪分析和责任追究之用。同时，通过制定相应的安全规则，审计还可以起到事前预警的作用。丰富的审计配置包括面向主体、客体、操作结果、动作、记录频度等各个方面的选项，为有针对性地审计提供了可能。另外，通过对构成隐通道场景中操作序列进行审计，可以威慑内部人员利用隐通道进行的非授权通信，也可以在事后检查是否存在恶意代码的攻击。

（5）数据在传输过程中的安全，包括传输密文而不是明文和传输过程本身的安全。数据库自身提供一些加密算法将明文转换成密文，同时也提供一些标准接口让用户方便地使用自己的加密算法转换。传输过程的安全包括使用基于 SSL 的传输协议等。

（6）数据库中的数据加密存储。由于数据库系统在操作系统下常常都是以文件形式进行管理的，因此入侵者可以直接利用操作系统的漏洞窃取数据库文件。如果对数据库中的数据进行加密存储，则即使数据不幸泄露或者丢失，也难以被破译和阅读。

10.3　网络系统安全技术

10.3.1　OSI 安全体系结构

ISO 制定了开发系统互联参考模型（Open System Interconnection Reference Model，

OSI 模型)作为理解和实现网络安全的基础。

1. 五大类安全服务

五类安全服务包括认证(鉴别)服务、访问控制服务、数据保密性服务、数据完整性服务和抗否认性服务。

(1)认证(鉴别)服务:提供对通信中对等实体和数据来源的认证(鉴别)。

(2)访问控制服务:用于防止未授权用户非法使用系统资源,包括用户身份认证和用户权限确认。

(3)数据保密性服务:为防止网络各系统之间交换的数据被截获或被非法存取而泄密,提供机密保护。同时,对有可能通过观察信息流就能推导出信息的情况进行防范。

(4)数据完整性服务:用于阻止非法实体对交换数据的修改、插入、删除以及在数据交换过程中的数据丢失。

(5)抗否认性服务:用于防止发送方在发送数据后否认发送和接收方在收到数据后否认收到或伪造数据的行为。

2. 八大类安全机制

八大类安全机制包括加密机制、数据签名机制、访问控制机制、数据完整性机制、认证机制、业务流填充机制、路由控制机制和公正机制。

(1)加密机制:是确保数据安全性的基本方法,在 OSI 安全体系结构中应根据加密所在的层次及加密对象的不同而采用不同的加密方法。

(2)数字签名机制:是确保数据真实性的基本方法,利用数字签名技术可进行用户的身份认证和消息认证,它具有解决收、发双方纠纷的能力。

(3)访问控制机制:从计算机系统的处理能力方面对信息提供保护。访问控制按照事先确定的规则决定主体对客体的访问是否合法,当一主体试图非法使用一个未经授权客体时,系统会给出报警并记入日志档案。

(4)数据完整性机制:破坏数据完整性的主要因素有数据在信道中传输时受信道干扰影响而产生错误,数据在传输和存储过程中被非法入侵者篡改,计算机病毒对程序和数据的传染等。纠错编码和差错控制是对付信道干扰的有效方法。对付非法入侵者主动攻击的有效方法是认证。对付计算机病毒有各种病毒检测、杀毒和免疫方法。

(5)认证机制:在计算机网络中认证主要有用户认证、消息认证、站点认证和进程认证等,可用于认证的方法有已知信息(如口令)、共享密钥、数字签名、生物特征(如指纹)等。

(6)业务流填充机制:攻击者通过分析网络中某一路径上的信息流量和流向来判断某些事件的发生,为了对付这种攻击,一些关键站点间在无正常信息传送时,持续传递一些随机数据,使攻击者不知道哪些数据是有用的,哪些数据是无用的,从而挫败攻击者的信息流分析。

(7)路由控制机制:在大型计算机网络中,从源点到目的地往往存在多条路径,其中有些路径是安全的,有些路径是不安全的,路由控制机制可根据信息发送者的申请选择安全路径,以确保数据安全。

(8)公正机制:在大型计算机网络中,并不是所有的用户都是诚实可信的,同时也可能由于设备故障等技术原因造成信息丢失、延迟等。用户之间很可能引起责任纠纷,为了解决这个问题，就需要有一个各方都信任的第三方以提供公证仲裁，仲裁数字签名就是这种公正机制的一种技术支持。

10.3.2　网络层安全与 IPSec

1. 网络层安全

在网络层实现安全服务有很多的优点。首先，由于多种传送协议和应用程序可以共享由网络层提供的密钥管理架构，密钥协商的开销被大大地削减了。其次，若安全服务在较低层实现，那么需要改动的程序就要少很多。

2. IPSec

IP 层的安全常被称为 IPSec，它是由网络层提供的一组协议，一般处于虚拟专用网（VPN）的核心位置。网络层机密性，就是 IP 数据包携带的所有有效载荷都被加密了。这种服务可以为所有因特网流量提供某种全面覆盖，提供了一定程度上的安全性。IPSec 协议族中有两个主要协议：鉴别首部（AH）协议和封装安全载荷（ESP）协议，前者提供源鉴别和数据完整性服务（不提供机密性服务）；后者提供鉴别、数据完整性和机密性服务。在这两个协议中，从源主机向目标主机发送安全数据流之前，源主机和网络主机握手并创建了一个网络层的逻辑连接。

IPSec 提供三项主要的功能：认证功能（AH）、认证和机密组合功能（ESP）及密钥交换功能。AH 的目的是提供无连接完整性和真实性，包括数据源认证和可选的抗重传服务；ESP 分为两部分，其中 ESP 头提供数据机密性和有限抗流量分析服务，在 ESP 尾中可选地提供无连接完整性、数据源认证和抗重传服务；密钥交换是在安全关联 SA 的基础上进行多次协商后完成的，进一步保证了真实性和传输数据的可靠性。

IPSec 提供了一种标准的、健壮的以及包容广泛的机制，可用它为 IP 及上层协议（如 UDP 和 TCP）提供安全保证。它定义了一套默认的、强制实施的算法，以确保不同的实施方案相互间可以通用和扩展。IPSec 可保障主机之间、安全网关之间或主机与安全网关之间的数据包的安全。IPSec 是一个工业标准网络安全协议，为 IP 网络通信提供透明的安全服务，保护 TCP/IP 通信免遭窃听和篡改，可以有效抵御网络攻击，同时保持易用性。

IPSec 有两个基本目标：保护 IP 数据包安全；为抵御网络攻击提供防护措施。IPSec 结合密码保护服务、安全协议组和动态密钥管理，三者共同实现上述两个目标。IPSec 基于一种端对端的安全模式，这种模式有一个基本前提就是假定数据通信的传输媒介是不安全的，因此通信数据必须经过加密，而掌握加/解密方法的只有数据流的发送端和接收端，两者各自负责相应的数据加/解密处理，而网络中其他仅仅负责转发数据的路由器或主机无需支持 IPSec。

IPSec 提供三种不同的形式来保护通过公有或私有 IP 网络来传送的私有数据。

（1）认证：通过认证可以确定所接收的数据与所发送的数据是一致的，同时可以确定申请发送者实际上是真实发送者，而不是伪装的。

（2）数据完整验证：通过验证保证数据从原发地到目的地的传送过程中没有任何不可检测的数据丢失与改变。

（3）保密：使相应的接收者能获取发送的真正内容，而无关的接收者无法获知数据的真正内容。

10.3.3　传输层安全与 SSL/TLS

传输层安全协议的目的是保护传输层的安全，并在传输层上提供实现保密性、认证和完整性的方法。

安全套接层（Secure Sockets Layer，SSL）及其继任者传输层安全（Transport Layer Security，TLS）是为网络通信提供安全及数据完整性的一种安全协议。TLS 与 SSL 在传输层对网络连接进行加密。

1. SSL（安全套接层）协议

1）SSL 协议定义

SSL 是由 Netscape 公司设计的一种开放协议。它指定了一种在应用程序协议（例如 HTTP、Telnet、NNTP、FTP）和 TCP/IP 之间提供数据安全性分层的机制。它为 TCP/IP 连接提供数据加密、服务器认证、消息完整性以及可选的客户机认证。

SSL 可以理解为介于 HTTP 协议与 TCP 之间的一个可选层，如图 10-5 所示。

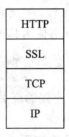

图 10-5　SSL 所在层次

如果利用 SSL 协议来访问网页，其步骤如下：

用户：在浏览器的地址栏里输入 https：//www. sslserver. com。

HTTP 层：将用户需求翻译成 HTTP 请求，如

　　　　GET /index. htm HTTP/1. 1

　　　　Host www. sslserver. com

SSL 层：借助下层协议的信道安全地协商出一份加密密钥，并用此密钥来加密 HTTP 请求。

TCP 层：与 Web Server 的 443 端口建立连接，传递 SSL 处理后的数据。

接收端与此过程相反。

SSL 协议分为两部分：Handshake Protocol 和 Record Protocol。其中 Handshake Protocol 用来协商密钥，协议的大部分内容就是通信双方如何利用它来安全地协商出一份密钥。而 Record Protocol 则定义了传输的格式。

SSL 的主要目的是在两个通信应用程序之间提供私密性和可靠性。这个过程通过三个元素来完成：

（1）握手协议。该协议负责协商被用于客户机和服务器之间会话的加密参数。当一个 SSL 客户机和服务器第一次开始通信时，它们在一个协议版本上达成一致，选择加密算法，选择相互认证，并使用公钥技术来生成共享密钥。

（2）记录协议。该协议用于交换应用层数据。应用程序消息被分割成可管理的数据块，还可以压缩，并应用一个 MAC（消息认证代码）；然后结果被加密并传输。接收方接收数据并对它解密，校验 MAC，解压缩并重新组合它，并把结果提交给应用程序协议。

（3）警告协议。该协议用于指示在什么时候发生了错误或两个主机之间的会话在什么时候终止。

2）工作流程

下面我们来看一个使用 Web 客户机和服务器的范例。Web 客户机通过连接到一个支持 SSL 的服务器，启动一次 SSL 会话。支持 SSL 的典型 Web 服务器在一个与标准 HTTP 请求（默认为端口 100）不同的端口（默认为 443）上接受 SSL 连接请求。当客户机连接到这个端口上时，它将启动一次建立 SSL 会话的握手。当握手完成之后，通信内容被加密，并且执行消息完整性检查，直到 SSL 会话过期。SSL 创建一个会话，在此期间握手必须只发生过一次。

SSL 握手过程步骤：

步骤 1：SSL 客户机连接到 SSL 服务器，并要求服务器验证它自身的身份。

步骤 2：服务器通过发送它的数字证书证明其身份。这个交换还可以包括整个证书链，直到某个根证书权威机构（CA）。通过检查有效日期并确认证书包含有可信任 CA 的数字签名，来验证证书。

步骤 3：服务器发出一个请求，对客户端的证书进行验证。但是，因为缺乏公钥体系结构，当今的大多数服务器不进行客户端认证。

步骤 4：协商用于加密的消息加密算法和用于完整性检查的哈希函数。通常由客户机提供它支持的所有算法列表，然后由服务器选择最强健的加密算法。

步骤 5：客户机和服务器通过下列步骤生成会话密钥：

（1）客户机生成一个随机数，并使用服务器的公钥（从服务器的证书中获得）对它加密，发送到服务器上。

（2）服务器用更加随机的数据（客户机的密钥可用时则使用客户机密钥，否则以明文方式发送数据）响应。

（3）使用哈希函数，用随机数据生成密钥。

3）SSL 协议的优点

SSL 协议的优点是它提供了连接安全性，具有三个基本属性：

（1）连接是私有的。在初始握手定义了一个密钥之后，将使用加密算法。采用对称密钥体制（例如 DES 和 RC4）来加密数据。

（2）可以使用非对称加密或公钥加密（例如 RSA 和 DSS）来验证对等实体的身份。

（3）连接是可靠的。消息的传输使用 MAC 算法（例如 SHA 和 MD5）进行完整性检查。

4）密钥协商过程

由于非对称加密的速度比较慢，所以它一般用于密钥交换，双方通过公钥算法协商出一份密钥，然后通过对称加密来通信。当然，为了保证数据的完整性，在加密前要先经过 HMAC 的处理。SSL 缺省只进行 Server 端的认证，客户端的认证是可选的。图 10-6 是其流程图。

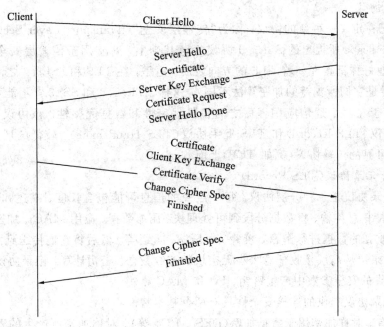

图 10 - 6 密钥协商过程

SSL 客户端(也是 TCP 的客户端)在 TCP 连接建立之后,发出一个 Client Hello 来发起握手,这个消息里面包含了自己可实现的算法列表和其他一些需要的消息。SSL 的服务器端会回应一个 Server Hello,其中确定了此次通信所需要的算法,然后发过去自己的证书。Client 在收到这个消息后会生成一个秘密消息,用 SSL 服务器的公钥加密后传过去。SSL 服务器端用自己的私钥解密后,会话密钥协商成功,双方可以用同一份会话密钥来通信。

5)加密的计算

上一步讲了密钥的协商,下面介绍如何利用加密密钥加密初始化向量以及如何借助 HMAC 的密钥来加密消息:

(1)借助 HMAC 的密钥,对明文的消息做安全的摘要处理,然后和明文放到一起。

(2)借助加密密钥,加密初始化向量和加密上面的消息。

6)安全性

从上面的原理可知,SSL 的结构是严谨的,但是在实际的应用中经常不严谨:

(1)SSL 可以允许多种密钥交换算法,而有些算法如 D-H 没有证书的概念,这样 A 便无法验证 B 的公钥和身份的真实性,从而 C 可以轻易地冒充,用自己的密钥与双方通信,从而窃听到别人谈话的内容。为了防止 middle in the middle 攻击,应该采用有证书的密钥交换算法。

(2)有了证书以后,如果 C 用自己的证书替换掉原有的证书,A 的浏览器会弹出一个警告框进行警告,但又有多少人会注意这个警告呢?我们应该仔细阅读警告框,然后采取措施。

(3)由于美国密码出口的限制,IE、Netscape 等浏览器所支持的加密强度是很弱的,如果只采用浏览器自带的加密功能的话,理论上存在被破解的可能。

2. TLS 协议

IETF 正在定义一种新的协议，称为"传输层安全"（Transport Layer Security，TLS）。它建立在 Netscape 所提出的 SSL3.0 协议规范基础上。对于用于传输层安全性的标准协议，整个行业好像都正在朝着 TLS 的方向发展。但是，在 TLS 和 SSL3.0 之间存在着显著的差别（主要是它们所支持的加密算法不同），这样，TLS1.0 和 SSL3.0 不能互操作。

TLS 用于在两个通信应用程序之间提供保密性和数据完整性。该协议由两层组成：TLS 记录协议（TLS Record）和 TLS 握手协议（TLS Handshake）。较低的层为 TLS 记录协议，位于可靠的传输协议（例如 TCP）上面。

1）TLS 记录协议（TLS Record）

TLS 记录协议是一种分层协议。每一层中的信息可能包含长度、描述和内容等字段。记录协议支持信息传输、将数据分段到可处理块、压缩数据、应用 MAC、加密以及传输结果等。对接收到的数据进行解密、校验、解压缩、重组等，然后将它们传送到高层客户机。

TLS 记录层从高层接收任意大小无空块的连续数据。密钥计算：记录协议通过算法从握手协议提供的安全参数中产生密钥、IV 和 MAC 密钥。

TLS 记录协议提供的连接安全性具有两个基本特性：

（1）私有。对称加密用于数据加密（DES、RC4 等）。对称加密所产生的密钥对每个连接都是唯一的，且此密钥基于另一个协议（如握手协议）协商。记录协议也可以不加密使用。

（2）可靠。信息传输过程中使用基于 SHA 或 MD5 的 MAC 算法来检验消息的完整性。记录协议在没有 MAC 的情况下也能操作，但一般只能用于这种模式，即有另一个协议正在使用记录协议传输协商安全参数。

TLS 记录协议用于封装各种高层协议。作为这种封装协议之一的握手协议允许服务器与客户机在应用程序协议传输和接收其第一个数据字节前彼此之间相互认证，协商加密算法和加密密钥。

2）TLS 握手协议（TLS Handshake）

TLS 握手协议由三个子协议构成：改变密码规格协议、警惕协议和握手协议。TLS 握手协议提供的连接安全性具有三个基本属性：

（1）可以使用非对称或公钥密码来认证对等方的身份。该认证是可选的，但至少需要一个节点方。

（2）共享加密密钥的协商是安全的。对偷窃者来说协商加密是难以获得的。此外经过认证过的连接不能获得加密，即使是进入连接中间的攻击者也不能。

（3）协商是可靠的。没有经过通信方成员的检测，任何攻击者都不能修改通信协商。

3）TLS 握手过程

图 10-7 所示是 TLS 握手过程。

（1）客户端通过一个 Client Hello 去初始化一个握手，这个消息包含了客户端的 TLS 版本号、密码算法组、压缩方法以及一个用来计算共享密钥的随机数。

（2）服务器用一个 Server Hello 进程来响应 Client Hello，并将该决定传输回客户端。

（3）Client Certificate 消息是客户端在接收 Server Hello Done 消息之后可以发送的第一个消息，并且仅仅在服务器请求一个证书后才可以发送。

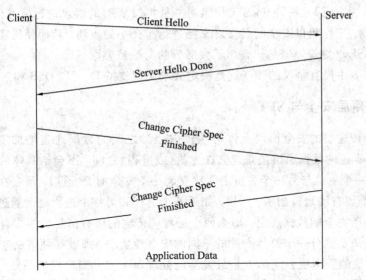

图 10-7　TLS 握手过程

（4）客户端发送一个 Change Cipher Spec 消息，通知服务器以后发送的消息将采用先前协商好的安全参数加密，最后再发送一个加密后的 Finished 消息。当服务器接收到该 Finished 消息时，它同样发送一个 Change Cipher Spec 消息，然后发送它的 Finished 消息。此时，握手协议完成。

3. SLL 与 TLS

SSL 和 TLS 在 TCP 上提供了一种通用的安全通道机制。任何可以在 TCP 上承载的协议都能使用 SSL 或 TLS 加以保护。SSL 起先是由 Netscape 设计的，但 TLS 是 IETF 工作组从 SSLv3 着手推出的标准。图 10-8 描述了 SSL 变种的系谱图。

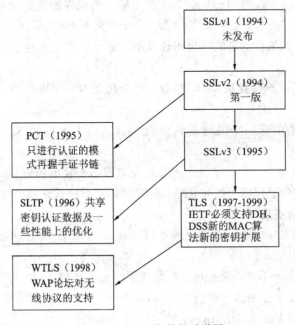

图 10-8　SSL 变种的系谱图

1996 年 5 月，IETF 特许 TLS 工作组对一种类似 SSL 的协议进行标准化，这项计划在 1996 年末完成。工作组以安全的名义对文档进行了微小的改动，从而使得密钥扩展和消息认证计算与 SSLv3 完全不兼容，破坏了大部分的向后兼容性。

其中，TLS 中最有争议的改变就是决定要求实现支持 D – H、DSS 和三重 DES。

10.3.4　应用层安全与 SET

网络层和传输层的安全协议允许为主机（进程）之间的数据通道增加安全属性。本质上，这意味着真正的数据通道还是建立在主机（或进程）之间，不会给具体的文件实施安全属性。例如，一个主机与另一个主机之间建立起一条安全的 IP 通道，所有在这条通道上传输的 IP 包就都要自动地被加密。同样，如果一个进程和另一个进程之间通过传输层安全协议建立起了一条安全的数据通道，那么两个进程间传输的所有消息就都要自动地被加密。

如果确实想要区分一个具体文件的不同的安全性要求，那就必须借助于应用层的安全性。提供应用层的安全服务实际上是最灵活的处理单个文件安全性的手段。例如一个电子邮件系统可能需要对要发出的信件的个别段落实施数据签名。较低层的协议提供的安全功能一般不会知道任何要发出的信件的段落结构，从而不可能知道该对哪一部分进行签名。只有应用层是唯一能够提供这种安全服务的层次。

每个应用层协议都是为了解决某一类应用问题，而问题的解决又往往是通过位于不同主机中的多个应用进程之间的通信和协同工作来完成的。应用层的具体内容就是规定应用进程在通信时所遵循的协议。

下面介绍 SET（Secure Electronic Transaction，安全电子交易）协议：

SET 是为了解决用户、商家和银行之间在 Internet 上进行在线交易时保证信用卡支付的安全问题而设计的一个开放规范。SET 是 VISA 和万事达（MasterCard）两大信用卡公司联合国际上多家科技机构，于 1997 年 5 月联合推出的能保证通过开放网络进行安全支付的技术标准。它包括 SET 的交易流程、程序设计规格和 SET 协议完整性描述三个部分。它提供资料保密性、完整性、来源可辨识性及不可否认性安全服务。

1. SET 原理

（1）SET 使用了安全套接层（SSL）协议、安全超文本传输协议（S – HTTP）以及公钥基础结构（PKI）。

（2）在 SET 体系中有一个关键的认证机构（CA），CA 根据 X.509 标准发布和管理证书。

（3）SET 支付系统主要由持卡人、商家、发卡银行、收单银行、支付网关及认证机构等六个部分组成，提供了保密、数据完整、用户和商家身份认证及顾客不可否认等功能。

2. SET 交易的购买请求过程

（1）持卡者向商家发出购买初始化请求（PurchaseInitReq），请求得到商家和支付网关的数字证书的拷贝。

（2）商家收到 PurchaseInitReq 后，对其请求做如下响应：

- 向支付网关发出证书请求信息 CertificateRequest，获取支付网关证书；
- 产生响应消息 PurchaseInitRes，并进行数字签名。

（3）持卡人接收响应，验证商家和支付网关证书后保存，发出购买请求 PurchaseReq，然后执行如下操作：

- 产生订购信息 OI（Order Information）和支付指令 PI（Payment Instructions）；
- 构造双签名 DoubleSig（Double Signature）；
- 产生会话密钥：SessionKey1 和 SessionKey2；
- 构造通过商家发给支付网关的持卡人的支付授权信息 CH_PG_PayAuth；
- DoubleSig 构造持卡人的支付授权信息；
- 用 SessionKey1 加密 CH_PayAuth，生成持卡人给支付网关的数字信封；
- 构造 CH_PG_PayAuth，以及持卡人发给商家的购买请求 CH_M_PurchaseReq；
- 用 SessionKey2 加密后，生成持卡人给商家的数字信封，向商家发送 CH_M_PurchaseReq。

（4）商家接收到 CH_M_PurchaseReq 后，执行以下操作：

- 打开信封，通过会话密钥解密，获取购买请求信息 PurchaseReq；
- 从 PurchaseReq 中得到持卡人证书，验证该证书，提取持卡人的公钥，同时得到订购信息 OI，验证其完整性，防止篡改和抵赖；
- 把购买响应消息（PurchaseRes）回传给持卡人，并对其进行签名，由商家对 Purchase-Res 消息中用于确认订购的响应数据进行数字签名。

（5）持卡人接收到购买响应 PurchaseRes 后，执行如下操作：

- 验证商家签名和数字证书；
- 保存商家的购物响应。

SET 交易的购买请求流程如图 10-9 所示。

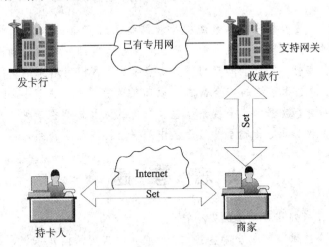

图 10-9　SET 交易的购买请求过程

3．SET 的安全性分析

1）数据的保密性

SET 协议中，支付环境的信息保密性是通过公钥加密和私钥加密相结合的算法来加密支付信息而获得的。它采用的公钥加密算法是 RSA 的公钥密码体制，私钥加密算法是采用 DES 数据加密标准。这两种不同加密技术的结合应用在 SET 中被形象地称为数字信封。RSA 加密相当于用信封密封，消息首先以 56 位的 DES 密钥加密，然后装入使用 1024

位 RSA 公钥加密的数字信封中，并在交易双方传输。这两种密钥相结合的办法保证了交易中数据信息的保密性。

2）信息的完整性

SET 协议是通过数字签名方案来保证消息的完整性和进行消息源认证的。数字签名方案采用了与消息加密相同的加密原则，即数字签名通过 RSA 加密算法结合生成信息摘要，信息摘要是消息通过 Hash 函数处理后得到的唯一对应于该消息的数值，消息中每改变一个数据位都会引起信息摘要中大约一半的数据位的改变。而两个不同的消息具有相同的信息摘要的可能性极其微小，因此 Hash 函数的单向性使得从信息摘要得出信息的摘要的计算是不可行的。信息摘要的这些特征保证了信息的完整性。

3）交易双方的身份认证

SET 协议应用了双重签名(Dual Signatures)技术。在一项安全电子商务交易中，持卡人的订购信息和支付指令是相互对应的。商家只有确认了与持卡人的支付指令对应的订购信息才能够按照订购信息发货；而银行只有确认了与该持卡人支付指令对应的订购信息是真实可靠的才能够按照商家的要求进行支付。为了达到商家在合法验证持卡人支付指令和银行在合法验证持卡人订购信息的同时不会侵犯顾客的私人隐私这一目的，SET 协议采用了双重签名技术来保证顾客的隐私不被侵犯。

原则上，所有安全服务都可以在应用层提供。应用层是实施数据加密、访问控制的理想位置。应用层的安全防护是面向用户的应用程序的，所以可以实施细粒度的安全控制。

■ —— 本 章 小 结 —— ■

本章从操作系统安全、数据库系统安全和网络系统安全三个方面讲解了系统安全技术。操作系统控制着计算机的硬件和软件资源，操作系统的安全在于确保计算机系统中存储和传输数据的保密性、完整性和可用性。数据库是计算机应用系统中的一种专门管理数据库资源的系统。数据库系统的安全需求可以归纳为完整性、保密性和可用性三个方面。与操作系统安全一样，数据库安全控制也包含身份认证和访问控制两方面。网络系统安全对 OSI 体系结构的网络层、传输层和应用层中的安全协议做了介绍。

★ 思 考 题 ★

1. 系统安全主要包括哪几种系统的安全？
2. 在操作系统安全技术中都包含哪些技术？比较身边应用的操作系统，它们的安全技术是否相同？
3. 数据库系统的安全技术中都包含哪些技术？
4. 对于网络各层中都采用了哪些协议来保证安全性？它们各自的特点是什么？它们当中哪些是可选的？哪些是必须应用的？
5. SSL 与 TLS 相比主要的区别是什么？

第11章 安全审计技术

安全审计(Auditing)是指按照一定的安全策略,利用记录系统活动和用户活动等信息,检查、审查和检验操作事件的环境及活动,从而发现系统漏洞、入侵行为或改善系统性能的过程。审计是记录与审查用户操作计算机及网络系统活动的过程,是提高系统安全性的重要举措。本章主要介绍了安全审计技术的过程以及常用的实现方法。

11.1 安全审计概论

审计起源于财务系统,用来审核企业经营行为是否合法,审计从财务入手,也就是从账本中发现经营中的问题。财务中有一个做账的原则,就是借与贷总是要平衡的。把审计的概念引入到网络安全中,可以追溯到 IDS(入侵检测系统)研究的早期,对入侵行为的检测,最初是在对主机日志的审计中发现攻击行为的,后来发展为主机 IDS 技术。IDS 的目的是检测攻击行为,一般都不会存放所有的原始数据,若想后期重现某个客户当时的行为,一般是很难做到的。而审计的目的是在过去的记录中寻找"攻击"的证据,不仅能重现"攻击"的过程,而且这些"证据"后来是不可以被修改的,这时网络中的安全审计产品就诞生了。

安全审计是指由专业审计人员或系统根据有关的法律、法规、财产所有者的委托和管理当局的授权,对计算机网络环境下的有关活动或行为进行系统的、独立的检查验证,并做出相应评价。安全审计是一类事后安全技术,记录有关安全事件的信息或提供调查手段,有助于摸清安全事件发生的原因并认定事件责任,可以起到制约以后安全事件再度发生的作用。

1. 日志与审计的关系

日志(Logging)记录可以由任何系统或应用生成,记录了这些系统或应用的事件和统计信息,反映了它们的使用情况和性能情况。审计的输入可以是日志也可以是响应时间的直接报告,审计系统会进一步根据这些日志生成审计记录,提供更清晰、更易于理解的系统时间和统计信息。另外审计结果的存放受到一定的系统保护,比普通日志文件更安全,需要专门的工具才能读取。

2. 审计系统与入侵检测系统的关系

入侵检测系统需要在充分收集网络和系统的数据、提取描述网络和系统行为特征的基础上,根据这些数据特征,高效并准确地判断网络和系统行为的性质,然后对网络和系统入侵给出响应手段。审计系统是入侵检测系统的基本构件之一,它主要的作用就是为以后的响应收集网络和系统的数据和行为特征。

3. 审计系统的概念

审计系统是一种为事后观察、分析操作或安全违规事件提供支持的系统,它广泛地存在于操作系统、数据库系统和应用系统中,它根据审计策略记录相应事件的发生情况,为事后的分析提供基本信息。当系统遭受攻击后,事件分析与追踪技术可以通过考察攻击者造成的网络通信与系统活动异常情况追踪攻击者的信息。

11.2　安全审计的过程

审计系统在执行安全审计时，需要能够确定记录哪些事件和统计信息、如何进行审计，也需要可以按照系统安全策略确定的原则进行配置。所以，在审计系统投入使用之前，要解决审计事件确定、事件记录、记录分析和系统管理几个问题。

11.2.1　审计事件确定

审计事件通常包括系统事件、登录事件、资源访问、操作、特权使用、账号管理和策略更改等类别。系统事件包括系统启动、关机、故障等；登录事件包括成功登录、各类失败登录和当前登录等；资源访问包括打开、修改和关闭资源等，其中资源可能是文档、记录或文件夹等；操作包括进程、句柄等的创建与终止，对外设的操作，程序的安装和删除等；特权使用是指特权的分配、使用和注销等；账号管理包括创建、删除用户或用户组，以及修改其属性；策略更改包括审计、安全等策略的改变。

11.2.2　事件记录

事件记录是指当审计事件发生时，由审计系统用审计日志记录相关的信息。相比普通日志，审计日志的生成一般由统一的机制完成，数据存储的结构一致、层次分明；由于受到系统保护，审计数据的存储一般也更安全，这增加了攻击者消除攻击痕迹的困难。

我们经常应用的 Windows 10 的设计系统由操作系统内部的安全参考监视器（Security Reference Monitor，SRM）、本地安全中心（Local Security Authority，LSA）和事件记录器等模块组成。其中，LSA 负责管理审计策略，在每次审计事件发生时，审计日志记录由 SRM 和 LSA 根据响应系统或应用的通知生成，记录先被传输到 LSA，经过 LSA 处理后转发给事件记录器存储。Windows 10 的审计日志包括系统日志、安全日志和应用日志，分别记录有关操作系统事件、安全事件和应用事件的发生情况。

Windows 10 审计日志记录的界面如图 11-1 所示。其中，来源指通报事件的系统或应用程序；事件是指事件的编号；用户指记录中事件涉及的用户。

图 11-1　Windows 10 审计日志记录的界面

11.2.3　记录分析

审计记录分析的主要目的有两个：第一，帮助用户发现系统存在的攻击事件和安全问题；第二，系统管理员可以通过分析审计日志更新审计事件的确定，使审计日志简化。例如：在某一特定条件下，事件 A 和 B 总是一起发生，则可以将它们合并为一个事件；若原来定义的一个事件总不发生，但发现这个事件产生的条件还存在，可以确定事件定义的不合理。

下面以 Windows 日志分析为例，介绍审计记录的分析。

在 Windows 日志中记录了很多操作事件，为了方便用户对它们的管理，每种类型的事件都赋予了一个唯一的编号，这就是事件 ID。

1）查看正常开关机记录

在 Windows 系统中，我们可以通过事件查看器的系统日志查看计算机的开、关机记录，这是因为日志服务会随计算机一起启动或关闭，并在日志中留下记录。这里我们要介绍两个事件 ID6006 和 6005。6005 表示事件日志服务已启动，如果在事件查看器中发现某日有 ID 号为 6005 的事件，就说明在这天正常启动了 Windows 系统。6006 表示事件日志服务已停止，如果没有在事件查看器中发现某日有 ID 号为 6006 的事件，就表示计算机在这天没有正常关机，可能是因为系统原因或者直接切断电源导致没有执行正常的关机操作。

2）查看 DHCP 配置警告信息

在规模较大的网络中，一般都采用 DHCP 服务器配置客户端 IP 地址信息，如果客户机无法找到 DHCP 服务器，就会自动使用一个内部的 IP 地址配置客户端，并且在 Windows 日志中产生一个事件 ID 号为 1007 的事件。如果用户在日志中发现该编号事件，说明该机器无法从 DHCP 服务器获得信息，就要查看是该机器网络故障还是 DHCP 服务器问题。

11.2.4　系统管理

审计系统需要提供相应的管理手段，用于管理审计数据存储方式和位置、审计参数设置、初始化、生成和查看审计报告等。

下面我们以 Windows 为例，介绍审计日志的管理。

1）查看日志文件

在 Windows 系统中查看日志文件很简单。点击"开始"→"设置"→"控制面板"→"管理工具"→"事件查看器"，如图 11 - 2 所示，在事件查看器窗口左栏中列出本机包含的日志类型，如应用程序、安全性、系统等。查看某个日志记录也很简单，在左栏中选中某个类型的日志，如应用程序，接着在右栏中列出该类型日志的所有记录，双击其中某个记录，弹出"事件属性"对话框，显示出该记录的详细信息，这样我们就能准确地掌握系统中到底发生了什么事情，是否影响 Windows 的正常运行，一旦出现问题，及时查找排除。

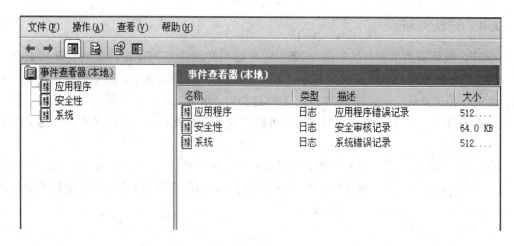

图 11-2　事件查看器

2）Windows 日志文件的保护

日志文件很重要，不能忽视对它的保护，防止某些攻击者将日志文件删除。

（1）修改日志文件存放目录。

Windows 日志文件默认路径是"％SystemRoot％system32\config"，我们可以通过修改注册表来改变它的存储目录，以增强对日志的保护。

点击"开始→运行"，在对话框中输入"Regedit"，回车后弹出注册表编辑器，依次展开"HKEY_LOCAL_MACHINE/SYSTEM/CurrentControlSet/Services/Eventlog"后，下面的 Application、Security、System 几个子项分别对应应用程序日志、安全日志、系统日志。如图 11-3 所示。

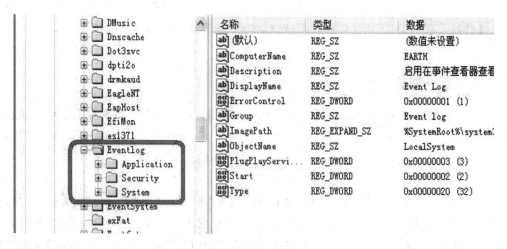

图 11-3　日志文件在注册表中的信息

下面以应用程序日志为例，将其转移到"d：\cce"目录下。选中 Application 子项，在右栏中找到 File 键，其键值为应用程序日志文件的路径"％SystemRoot％system32\config\AppEvent.Evt"，如图 11-4 所示，将它修改为"d：cceAppEvent.Evt"，如图 11-5 所示。接着在 D 盘新建"CCE"目录，将"AppEvent.Evt"拷贝到该目录下，如图 11-6 所示，重新启动系统，完成应用程序日志文件存放目录的修改。其他类型日志文件路径修改方法相同，只是在不同的子项下操作。

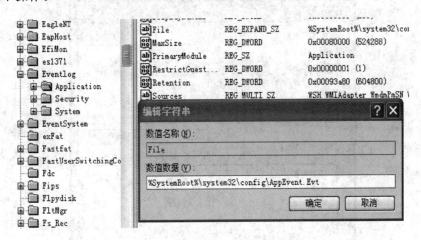

图 11 - 4　应用程序日志文件路径

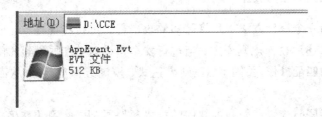

图 11 - 5　修改路径

图 11 - 6　复制 AppEvent. Evt 到 D：\CCE

（2）设置文件访问权限。

修改了日志文件的存放目录后，日志还是可以被清空的，下面通过修改日志文件访问权限，防止这种事情发生，前提是 Windows 系统要采用 NTFS 文件系统格式。

右键点击 D 盘的 CCE 目录，选择"属性"，切换到"安全"标签页后，首先取消"允许将来自父系的可继承权限传播给该对象"选项勾选。接着在账号列表框中选中"Everyone"账号，只给它赋予"读取"权限；然后点击"添加"按钮，将"SYSTEM"账号添加到账号列表框中，赋予除"完全控制"和"修改"以外的所有权限，最后点击"确定"按钮，如图 11 - 7 所示。这样当用户清除 Windows 日志时，就会弹出错误对话框。

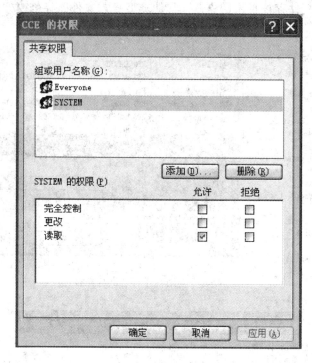

图 11-7　设置权限

11.3　安全审计的常用实现方法

11.3.1　基于规则库的方法

　　基于规则库的安全审计方法就是将已知的攻击行为进行特征提取,把这些特征用脚本语言等方法进行描述后放入规则库中,当进行安全审计时,将收集到的网络数据与这些规则进行某种比较和匹配操作(关键字、正则表达式、模糊近似度等),从而发现可能的网络攻击行为。

　　这种方法与某些防火墙和防病毒软件的技术思路类似,检测的准确率都相当高,可以通过最简单的匹配方法过滤掉大量的网络数据信息,对于使用特定黑客工具进行的网络攻击特别有效。例如发现目的端口为 139 以及含有 DOB 标志的数据包,一般肯定是 Winnuke 攻击数据包。规则库可以从互联网上下载和升级(如 .cert、.org 等站点都可以提供各种最新的攻击数据库),使得系统的可扩充性非常好。

　　基于规则库的安全审计方法其不足之处在于这些规则一般只针对已知攻击类型或者某类特定的攻击软件,当出现新的攻击软件或者攻击软件进行升级之后,就容易产生漏报。例如,著名的 Back Orifice 后门软件在 20 世纪 90 年代末非常流行,当时人们会发现攻击的端口是 31337,因此 31337 这个古怪的端口便和 Back Orifice 联系在了一起。但不久之后,聪明的 Back Orifice 作者把这个源端口换成了 80 这个常用的 Web 服务器端口,这样一来便逃过了很多安全系统的检查。

此外，虽然对于大多数黑客来说，一般都只使用网络上已有的攻击程序，但是越来越多的黑客已经开始学会分析和修改别人写的一些攻击程序，这样一来，对同一个攻击程序就会出现很多变种，其简单的通用特征就变得不十分明显，规则库的编写变得非常困难。

综上所述，基于规则库的安全审计方法有其自身的局限性。对于某些特征十分明显的网络攻击数据包，该技术的效果非常之好；但是对于其他一些非常容易产生变种的网络攻击行为（如 Backdoor 等），规则库就很难完全满足要求了。

11.3.2　基于数理统计的方法

数理统计方法就是首先给对象创建一个统计量的描述，比如一个网络流量的平均值、方差等，统计出正常情况下这些特征量的数值，然后用来与实际网络数据包的情况进行比较，当发现实际值远离正常数值时，就可以认为是发生潜在的攻击。

对于著名 SYN flooding 攻击来说，攻击者的目的是不想完成正常的 TCP 三次握手所建立起来的连接，从而让等待建立这一特定服务的连接数量超过系统所限制的数量，这样就可以使被攻击系统无法建立关于该服务的新连接。很显然，要填满一个队列，一般要在一段时间内不停地发送 SYN 连接请求，根据各个系统的不同，一般每分钟发送 10～20 个，或者更多。显然，一分钟从同一个源地址发送来 20 个以上的 SYN 连接请求是非常不正常的，我们完全可以通过设置每分钟同一源地址的 SYN 连接数量这个统计量来判别攻击行为的发生。

但是，数理统计的最大问题在于如何设定统计量的"阈值"，也就是正常数值和非正常数值的分界点，这往往取决于管理员的经验，不可避免地容易产生误报和漏报。

11.3.3　有学习能力的数据挖掘

上述的两种方法已经得到了广泛的应用，而且也获得了比较大的成功，但是它们最大的缺陷在于已知的入侵模式必须被手工编码，不能适用于任何未知的入侵模式。因此最近人们开始越来越关注带有学习能力的数据挖掘方法。

数据挖掘是一个比较完整地分析大量数据的过程，它一般包括数据准备、数据预处理、建立挖掘模型、模型评估和解释等。它是一个迭代的过程，通过不断调整方法和参数以求得到较好的模型。

数据挖掘这个课题现在有了许多成熟的算法，比如决策树、神经元网络、K 个最近邻居、聚类关联规则和序贯模型、时间序列分析器、粗糙集等。应用这些成熟的算法可以尽量减少手工和经验的成分，而且通过学习可以检测出一些未被手工编码的特征，因此十分适用于网络安全审计系统。

我们采用有学习能力的数据挖掘方法，实现了一般网络安全审计系统的框架原型。该系统的主要思想是从"正常"的网络通信数据中发现"正常"的网络通信模式。并和常规的一些攻击规则库进行关联分析，达到检测网络入侵行为的目的。在本系统之中，主要采用了三种比较成熟的数据挖掘算法，这三个算法和我们的安全审计系统都有着十分密切的关系。

（1）分类算法。该算法主要将数据映射到事先定义的一个分类之中。这个算法的结果是产生一个以决策树或者规则形式存在"判别器"。理想安全审计系统一般先收集足够多的

"正常"或者"非正常"的被审计数据，然后用一个算法去产生一个"判别器"来对将来的数据进行判别，决定哪些是正常行为而哪些是可疑或者入侵行为。而这个"判别器"就是我们系统中"分析引擎"的一个主要部分。

（2）相关性分析。主要用来决定数据库里的各个域之间的相互关系。找出被审计数据间的相互关联将为决定整个安全审计系统的特征集提供很重要的依据。

（3）时间序列分析。该算法用来建立本系统的时间顺序标准模型。这个算法帮助我们理解审计事件的时间序列一般是如何产生的，所获得常用时间标准模型可以用来定义网络事件是否正常。

首先，系统从数据的采集点采集数据，将数据进行处理后放入被审计数据库，通过执行安全审计引擎读入规则库来发现入侵事件，将入侵时 rbi 记录到入侵时间数据库，而将正常网络数据的访问放入正常网络数据库，并通过数据挖掘来提取正常的访问模式。最后，通过旧的规则库、入侵事件以及正常访问模式来获得最新的规则库。可以不停地重复上述过程，不断地进行自我学习，同时不断更新规则库，直到规则库达到稳定。

━━━━━ 本 章 小 结 ━━━━━

安全审计的目的就是保证企业信息安全，在风险管理和调整兼容性方面达到完美的境地。本章主要介绍了安全审计的过程以及常用的实现方法。其中，审计过程包括审计事件确定、事件记录、记录分析和系统管理。常用的实现方法中，主要介绍了基于规则库的方法、基于数理统计的方法、有学习能力的数据挖掘，而前两种方法已得到广泛应用。

★ 思 考 题 ★

1. 什么是安全审计？
2. 简述现有流行操作系统进行安全审计的方法和过程。
3. 安全审计的常用方法有哪些？

第 12 章　信息安全体系结构与安全策略

为了便于实现不同体系结构的网络间的通信和信息交换，国际标准化组织（ISO）制定了一个描述网络通信所需要的全部功能的总框架，即开放系统互联参考模型（Open System Interconnection Reference Model，OSI/RM）。本章重点介绍了信息安全的两种体系结构，并详细讲述了体系结构中各层的功能。还介绍了安全策略的概念以及如何制定安全策略。最后介绍了常见的安全协议。

12.1　开放系统互联参考模型(OSI/RM)

12.1.1　OSI/RM 概述

OSI/RM（开放系统互联参考模型）是 ISO 于 1978 年在网络通信方面所定义的。它是一个描述网络层次结构的模型，保证了各种类型网络技术的兼容性和互操作性。有了这个开放的模型，各网络设备厂商就可以遵照共同的标准来开发网络产品，最终实现彼此兼容。开放系统互联参考模型说明了信息在网络中是如何传输的，以及各层在网络中的功能和它们的概念框架。

整个 OSI/RM 模型共分七层，如图 12-1 所示，从下往上分别是：物理层、数据链路层、网络层、传输层、会话层、表示层和应用层。有了 OSI 这样一个结构模型，就把整个计算机网络软、硬件技术和设备串起来了，所有软、硬件技术都围绕在这个中心周围。

OSI/RM 七层结构的划分原则是：

- 同一层中的各网络节点都有相同的层次结构，具有同样的功能；
- 同一节点内相邻层之间通过接口（可以是逻辑接口）进行通信；
- 七层结构中的每一层使用下一层提供的服务，并向其上层提供服务；
- 不同节点的同等层按照协议实现对等层之间的通信。

网络结构分层的好处主要有：

- 使网络变得更简单；
- 将网络部件标准化；
- 有利于模块化设计；
- 保证不同类型部件的互操作性；
- 加快了技术发展的速度；
- 简化了教育和学习。

下面简单介绍 OSI/RM 各层。

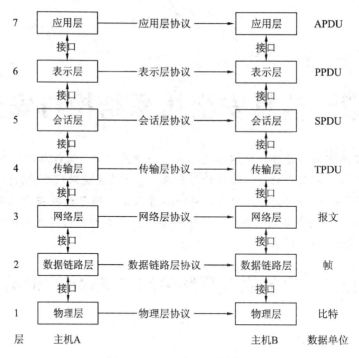

图 12-1　OSI/RM 七层模型

1. 物理层

物理层是 OSI 参考模型的最低层，向下直接与物理传输介质相连接。物理层协议是各种网络设备进行互连时必须遵守的低层协议。设立物理层的目的是实现两个网络物理设备之间的二进制比特流的透明传输，对数据链路层屏蔽物理传输介质的特性，以便对高层协议有最大的透明性。

2. 数据链路层

数据链路层在物理层和网络层之间提供通信，建立相邻节点之间的数据链路，传送按一定格式组织起来的位组合，即数据帧。本层为网络层提供可靠的信息传送机制。将数据组成适合于正确传输的帧形式。在帧中加入应答、流控制和差错控制等信息，以实现应答、差错控制、数据流控制和发送顺序控制，确保接收数据的顺序与原发送顺序相同。

3. 网络层

网络层即 OSI 模型的第三层，其主要功能是将网络地址翻译成对应的物理地址，并决定如何将数据从发送方路由到接收方。

注意：所谓路由就是将数据包从一个网段转发到另一个网段。

网络层通过综合考虑发送优先权、网络拥塞程度、服务质量以及可选路由的花费来决定从一个网络中节点 A 到另一个网络中节点 B 的最佳路径。由于网络层处理路由，而路由器因为既连接网络各段，并智能指导数据传送，属于网络层。在网络中，"路由"是基于编址方案、使用模式以及可达性来指引数据的发送。为完成这一任务，网络层对数据包进行分段和重组。分段即是指当数据从一个能处理较大数据单元的网络段传送到仅能处理较小数据单元的网络段时，网络层减小数据单元的大小的过程。重组过程即是重构被分段的数据单元。

注意：网络层实现位于不同网络的源节点与目的节点之间的数据包传输，它和数据链路层的作用不同，数据链路层只是负责同一个网络中的相邻两节点之间链路管理及帧的传输等问题。

4．传输层

传输层主要负责确保数据可靠、顺序、无差错地从 A 点到传输到 B 点（A、B 点可能在也可能不在相同的网络段上）。因为如果没有传输层，数据将不能被接受方验证或解释，所以，传输层常被认为是 OSI 模型中最重要的一层。传输协议同时进行流量控制或是基于接收方可接收数据的快慢程度规定适当的发送速率。除此之外，传输层按照网络能处理的最大尺寸将较长的数据包进行强制分割。例如，以太网无法接收大于 1500 字节的数据包。发送方节点的传输层将数据分割成较小的数据片，同时对每一数据片安排一序列号，以便数据到达接收方节点的传输层时，能以正确的顺序重组。该过程即被称为排序。

工作在传输层的一种可靠的、面向连接的服务是 TCP/IP 协议套中的 TCP（Transmission Control Protocol，传输控制协议），另一项传输层的服务是 UDP（User Datagram Protocol，用户数据报协议），它是一种不可靠、非面向连接的协议。

注意：无连接意味着交换数据之前没有建立会话。不可靠意味着传送没有保障。一般对于底层所交付数据包的确认以及丢失数据包的恢复工作由 TCP 来完成。

5．会话层

会话层负责在网络中的两节点之间建立、维持、终止端与端之间的通信。术语"会话"指在两个实体之间建立数据交换的连接，常用于表示终端与主机之间的通信。所谓终端是指几乎不具有（如果有的话）自己的处理能力或硬盘容量，而只依靠主机提供应用程序和数据处理服务的一种设备。会话层的功能包括：建立通信链接，保持会话过程通信链接的畅通，同步两个节点之间的对话，决定通信是否被中断以及通信中断时从何处重新发送。会话层常被称作网络通信的"交通警察"。

当通过拨号向 ISP（因特网服务提供商）请求连接到因特网时，ISP 服务器上的会话层向 PC 客户机上的会话层进行协商连接。若电话线偶然从墙上插孔脱落，终端机上的会话层将检测到连接中断并重新发起连接。会话层通过决定节点通信的优先级和通信时间的长短来设置通信期限。就此而论，会话层如同一场辩论竞赛中的评判员。例如，如果你是一个辩论队的成员，有 2 分钟的时间阐述你公开的观点，在 1 分 30 秒时，评判员将通知你还剩下 30 秒钟。假如你试图打断对方辩论成员的发言，评判员将要求你等待，直到轮到你为止。最后，会话层监测会话参与者的身份以确保只有授权节点才可加入会话。

6．表示层

表示层如同应用程序和网络之间的翻译官，在表示层，数据将按照网络能理解的方案进行格式化，这种格式化也因所使用网络的类型不同而不同。表示层管理数据的解密与加密，如系统口令的处理。例如在 Internet 上查询用户的银行账户，使用的即是一种安全连接，用户的账户数据在发送前被加密，在网络的另一端，表示层将对接收到的数据解密。此外，表示层协议还对图片和文件格式信息进行解码和编码。

7．应用层

应用层是 OSI 参考模型的最高层，为用户的应用进程访问 OSI 环境提供服务。常用的网络服务包括文件服务、电子邮件服务、打印服务、集成通信服务、目录服务、域名解析服务、网络管理、安全和路由互联服务等，想要完成类似这样的网络服务都必须通过应用层的协议来完成。

常用的应用层协议有：
- HTTP：超文本传输协议；
- FTP：文件传输协议；
- Telnet：远程登录协议；
- SNMP：简单网络管理协议；
- SMTP：简单邮件传输协议；
- NNTP：网络新闻组传输协议；
- DNS：域名解析协议。

12.1.2　OSI 中的数据流动过程

在 OSI/RM 中，系统 A 的用户向系统 B 的用户传送数据时，信息实际流动的情况如图 12-1 所示。系统 A 的应用进程传输给系统 B 应用进程的数据是经过发送端的各层从上到下传递到物理信道，然后再传输到接收端的最低层（物理层），经过从下到上的各层传递，最后到达系统 B 的应用进程。在数据传输的过程中，随着数据块在各层中的依次传递，其长度有变化。系统 A 发送到系统 B 的数据先进入应用层，在应用层加上控制信息报头（AH），然后作为整个数据块传送到表示层，在表示层再加上控制信息（PH）传递到会话层，这样，在以下的每层都加上控制信息 SH、TH、NH、DH 传递到物理层，其中，在数据链路层还要在整个数据帧的尾部加上差错控制信息（DT），这样，整个数据帧在物理层就作为比特流通过物理信道传送到接收端，我们把这种传输方式称为封装。在接收端按照上述的相反过程，每层都要去掉发送端相应层加上的控制信息，这个过程称为数据解装。数据在封装或解装的过程中都传输不同的数据，每一层的数据封装或解装都是由控制信息加上要传输的数据，我们把每层传输的数据格式称为 PDU（Protocol Data Unit，协议数据单元）。这样看起来好像是对方相应层直接发送来的信息，但实际上相应层之间的通信是虚拟通信。这个过程就像邮政信件的传递，在各个邮递环节要经过加信封、加邮袋、上邮车等层层封装，收件时再层层去掉封装。

12.2　TCP/IP 体系结构

美国国防部高级研究计划局（ARPA）1969 年在研究 ARPANET 时提出了 TCP/IP 模型，从低到高各层依次为网络接口层、网络层、传输层、应用层，如图 12-2 所示。

应用层
传输层
网络层
网络接口层

图 12-2　TCP/IP 体系结构

下面简单介绍 TCP/IP 各层。

1. 网络接口层

TCP/IP 参考模型对 IP 层之下未加定义，只指出主机必须通过某种协议连接到网络，才能发送 IP 分组。该层协议未定义，随不同主机、不同网络而不同，因此主机到网络层又称为网络接口层。

这是 TCP/IP 模型的最低层，负责接收从 IP 层交来的 IP 数据报并将 IP 数据报通过低层物理网络发送出去，或者从低层物理网络上接收物理帧，抽出 IP 数据报，交给 IP 层。网络接口有两种类型：第一种是设备驱动程序，如局域网的网络接口；第二种是含自身数据链路协议的复杂子系统。TCP/IP 未定义数据链路层，是因为在 TCP/1P 最初的设计中已经使其可以使用包括以太网、令牌环网、FDDI 网、ISDN 和 X.25 在内的多种数据链路层协议。TCP/IP 可使用于多种传输介质。例如，在以太网中，TCP/IP 可支持同轴电缆、双绞线和光纤。TCP/IP 在 X.25 上的应用可以支持微波传输或电话线路。

2. 网络层

网络层的主要功能是负责相邻节点之间的数据传送。它的主要功能包括三个方面。第一，处理来自传输层的分组发送请求：将分组装入 IP 数据报，填充报头，选择去往目的节点的路径，然后将数据报发往适当的网络接口。第二，处理输入数据报：首先检查数据报的合法性，然后进行路由选择，假如该数据报已到达目的节点（本机），则去掉报头，将 IP 报文的数据部分交给相应的传输层协议；假如该数据报尚未到达目的节点，则转发该数据报。第三，处理 ICMP 报文：即处理网络的路由选择、流量控制和拥塞控制等问题。TCP/IP 网络模型的网络层在功能上非常类似于 OSI 参考模型中的网络层。

网络层是网络互联的基础，提供了无连接的分组交换服务，它是对大多数分组交换网所提供服务的抽象。其任务是允许主机将分组放到网上，让每个分组独立地到达目的地。分组到达的顺序可能不同于分组发送的顺序，由高层协议负责对分组重新进行排序。与避免拥挤一样，分组的路径选择是本层的主要工作。

3. 传输层

TCP/IP 参考模型中传输层的作用与 OSI 参考模型中传输层的作用是一样的，即在源节点和目的节点的两个进程实体之间提供可靠的端到端的数据传输。在此不做详细描述。

4. 应用层

TCP/IP 参考模型中没有会话层与表示层。OSI 模型的实践发现，大部分的应用程序不涉及这两层，故 TCP/IP 参考模型不予考虑。在传输层之上就是应用层，它包含了所有高层协议。早期高层协议有虚拟终端协议（Telnet）、文件传输协议（FTP）、简单邮件传输协议（SMTP）。

12.3　信息安全策略

信息安全策略（Information Security Policy）是一个组织机构中解决信息安全问题最重要的部分。在一个小型组织内部，信息安全策略的制定者一般应该是该组织的技术管理者，在一个大的组织内部，信息安全策略的制定者可能是由一个多方人员组成的小组。一个组织的信息安全策略反映出一个组织对于现实和未来安全风险的认识水平，对于组织内部业务人员和技术人员安全风险的假定与处理。信息安全策略的制定，同时还需要参考相关的标准文本和类似组织的安全管理经验。

12.3.1　信息安全策略的概念

信息安全策略是一组规则,它们定义了一个组织要实现的安全目标和实现这些安全目标的途径。信息安全策略可以划分为两个部分:

问题策略(Issue Policy):描述了一个组织所关心的安全领域和对这些领域内安全问题的基本态度。

功能策略(Functional Policy):描述如何解决所关心的问题,包括制定具体的硬件和软件配置规格说明、使用策略以及雇员行为策略。

信息安全策略必须有清晰和完全的文档描述,必须有相应的措施保证信息安全策略得到强制执行。在组织内部,必须有行政措施保证既定的信息安全策略被不打折扣地执行,管理层不能允许任何违反组织信息安全策略的行为存在,另一方面,也需要根据业务情况的变化不断地修改和补充信息安全策略。

信息安全策略具有如下特征:

(1) 内容应该有别于技术方案,信息安全策略只是描述一个组织保证信息安全的途径的指导性文件,它不涉及具体做什么和如何做的问题,只需指出要完成的目标。

(2) 信息安全策略是原则性的,不涉及具体细节,对于整个组织提供全局性指导,为具体的安全措施和规定提供一个全局性框架。

(3) 在信息安全策略中不规定使用什么具体技术,也不描述技术配置参数。

(4) 信息安全策略可以被审核,即能够对组织内各个部门信息安全策略的遵守程度给出评价。

信息安全策略的描述语言应该是简洁的、非技术性的和具有指导性的。例如一个涉及对敏感信息加密的信息安全策略条目可以这样描述:“任何类别为机密的信息,无论存储在计算机中,还是通过公共网络传输时,必须使用本公司信息安全部门指定的加密硬件或者加密软件予以保护。”这个叙述没有谈及加密算法和密钥长度,所以当旧的加密算法被替换,新的加密算法被公布的时候,无需对信息安全策略进行修改。

12.3.2　信息安全策略的制定

1. 制定信息安全策略的原则

一个组织制定信息安全策略的基础是组织业务系统的组成,信息安全策略的制定者首先要确定业务哪些部分是孤立的,哪些部分是相互连接的,系统内部人员采用什么通信方式,各个部门采用什么业务运作方式,而这些都是随时间不断变化的,因此,在需要时信息安全策略的制定者要对信息安全策略进行修改和调整。

衡量一个信息安全策略的首要标准就是现实可行性。因此信息安全策略与现实业务状态的关系是:信息安全策略既要符合现实业务状态,又要能包容未来一段时间的业务发展要求。

实际上,制定信息安全策略应该是一个组织保证信息安全的第二步,在制定信息安全策略之前首先要确定安全风险量化和评估方法,明确一个组织要保护什么和需要付出多大的代价去保护。风险评估也是对组织内部各个部门和下属雇员对于组织重要性的间接度量。一般对于一个业务组织，不存在不计成本的信息安全策略。因此，信息安全策略的制定者要根据被保护信息的重要性决定保护的级别和开销。安全风险评估要回答的问题包括：

- 组织的信息资产是什么？
- 哪些信息对于维护组织正常的业务运转和实现赢利必不可少？
- 哪些种类的风险是需要特别预防的？

2. 制定信息安全策略的过程

信息安全策略的建立和执行会增加下属部门的工作负担，开始的时候很可能遭到抵触，进而导致在信息安全策略方面的投资预算不能立刻奏效。

建立信息安全策略的过程应该是一个协商的团体活动，首先由起草小组草拟信息安全策略，其中应该包括业务部门的代表。信息安全策略草稿完成后，应该将它发放到业务部门去征求意见，弄清信息安全策略会如何影响各部门的业务活动。同时在这些活动中，发现一些熟悉部门情况、能代表部门意见、帮助与部门进行沟通的业务联络人员。

在这个过程中，可能会遇到诸如是否允许兼职人员进入系统，是否允许雇员将工作带回家去处理等一些问题，这时候往往要对信息安全策略作出调整。最终，任何决定都是财政现实和安全之间的一种权衡。

12.4　安全协议

12.4.1　IPSec 协议

1. IPSec 协议的概念

IPSec(Internet Protocol Security)即 Intenet 安全协议，是 IETF 提供 Internet 安全通信的一系列规范，它提供私有信息通过公用网的安全保障。IPSec 适用于目前的版本 IPv4 和下一代 IPv6。由于 IPSec 在 TCP/IP 协议的核心层——网络层实现，因此可以有效地保护各种上层协议，并为各种安全服务提供一个统一的平台。IPSec 也是被下一代 Internet 所采用的网络安全协议。IPSec 协议是现在 VPN 开发中使用最广泛的一种协议，它有可能在将来成为 IP VPN 的标准。

IPSec 的基本目的是把密码学的安全机制引入 IP 协议，通过使用现代密码学方法支持保密和认证服务，使用户能有选择地使用，并得到所期望的安全服务。IPSec 是随着 IPv6 的制定而产生的，鉴于 IPv4 的应用仍然很广泛，所以后来在 IPSec 的制定中也增加了对 IPv4 的支持。IPSec 在 IPv6 中是必须支持的。

2. IPSec 协议的内容

IPSec 将几种安全技术结合形成一个完整的安全体系，它包括安全协议部分和密钥协商部分，具体内容如下：

(1) 安全关联和安全策略。安全关联(Security Association, SA)是构成 IPSec 的基础，是两个通信实体经协商建立起来的一种协定，它们决定了用来保护数据包安全的安全协议(AH 协议或者 ESP 协议)、转码方式、密钥及密钥的有效存在时间等。

(2) IPSec 协议的运行模式。IPSec 协议的运行模式有两种：IPSec 隧道模式及 IPSec

传输模式。隧道模式的特点是数据包最终目的地不是安全终点。通常情况下，只要 IPSec 双方有一方是安全网关或路由器，就必须使用隧道模式。传输模式下，IPSec 主要对上层协议即 IP 包的载荷进行封装保护，通常情况下，传输模式只用于两台主机之间的安全通信。

（3）AH（Authentication Header，认证头）协议。设计 AH 认证协议的目的是增加 IP 数据报的安全性。AH 协议提供无连接的完整性、数据源认证和抗重传保护服务，但是 AH 不提供任何保密性服务。验证报头的认证算法有两种：一种是基于对称加密算法（如 DES），另一种是基于单向哈希算法（如 MD5 或 SHA－1）。验证报头的工作方式有传输模式和隧道模式。传输模式只对上层协议数据（传输层数据）和 IP 头中的固定字段提供认证保护，把 AH 插在 IP 报头的后面，主要适合于主机实现。隧道模式把需要保护的 IP 包封装在新的 IP 包中，作为新报文的载荷，然后把 AH 插在新的 IP 报头的后面。隧道模式对整个 IP 数据报提供认证保护。

（4）ESP（Encapsulate Security Payload，封装安全载荷）协议。封装安全载荷（ESP）用于提高 Internet 协议（IP）协议的安全性。它可为 IP 提供机密性、数据源验证、抗重传以及数据完整性等安全服务。ESP 属于 IPSec 的机密性服务。其中，数据机密性是 ESP 的基本功能，而数据源身份认证、数据完整性检验以及抗重传保护都是可选的。ESP 主要支持 IP 数据包的机密性，它将需要保护的用户数据进行加密后再重新封装到新的 IP 数据包中。

（5）Internet 密钥交换协议（IKE）。Internet 密钥交换协议是 IPSec 默认的安全密钥协商方法。IKE 通过一系列报文交换为两个实体（如网络终端或网关）进行安全通信派生会话密钥。IKE 建立在 Internet 安全关联和密钥管理协议（ISAKMP）定义的一个框架之上。IKE 是 IPSec 目前正式确定的密钥交换协议，IKE 为 IPSec 的 AH 和 ESP 协议提供密钥交换管理和 SA 管理，同时也为 ISAKMP 提供密钥管理和安全管理。IKE 具有两种密钥管理协议（Oakley 和 SKEME 安全密钥交换机制）的一部分功能，并综合了 Oakley 和 SKEME 的密钥交换方案，形成了自己独一无二的受鉴别保护的加密材料生成技术。

12.4.2　SSL 协议

1. SSL 协议的概念

SSL 安全协议最初是由 Netscape 公司设计开发的，又叫"安全套接层（Secure Sockets Layer）协议"，主要用于提高应用程序之间数据的安全系数。SSL 协议的整个概念可以被总结为：一个保证任何安装了安全套接字的客户和服务器间事务安全的协议，它涉及所有 TC/IP 应用程序。

SSL 安全协议主要提供三方面的服务。

（1）用户和服务器的合法性认证。认证用户和服务器的合法性，使得它们能够确信数据将被发送到正确的客户机和服务器上。客户机和服务器都有各自的识别号，这些识别号由公开密钥进行编号，为了验证用户是否合法，安全套接层协议要求在握手交换数据时进行数字认证，以此来确保用户的合法性。

（2）加密数据以隐藏被传送的数据。安全套接层协议所采用的加密技术既有对称密钥技术，也有公开密钥技术。在客户机与服务器进行数据交换之前，交换 SSL 初始握手信息，在 SSL 握手信息中采用了各种加密技术对其加密，以保证其机密性和数据的完整性，并且用数字证书进行鉴别，这样就可以防止非法用户进行破译。

（3）保护数据的完整性。安全套接层协议采用 Hash 函数和机密共享的方法来提供信息的完整性服务，建立客户机与服务器之间的安全通道，使所有经过安全套接层协议处理的业务在传输过程中能全部完整准确无误地到达目的地。

2．SSL 协议的实现过程

安全套接层协议是一个保证计算机通信安全的协议，对通信对话过程进行安全保护，其实现过程主要经过如下几个阶段：

（1）接通阶段：客户机通过网络向服务器打招呼，服务器回应；

（2）密码交换阶段：客户机与服务器之间交换双方认可的密码，一般选用 RSA 密码算法，也有的选用 Diffie-Hellmanf 和 Fortezza-KEA 密码算法；

（3）会谈密码阶段：客户机器与服务器间产生彼此交谈的会谈密码；

（4）检验阶段：客户机检验服务器取得的密码；

（5）客户认证阶段：服务器验证客户机的可信度；

（6）结束阶段：客户机与服务器之间相互交换结束的信息。

当上述动作完成之后，两者间的资料传送就会加密，另外一方收到资料后，再将编码资料还原。即使盗窃者在网络上取得编码后的资料，如果没有原先编制的密码算法，也不能获得可读的有用资料。

发送时信息用对称密钥加密，对称密钥用非对称算法加密，再把两个包绑在一起传送过去。

接收的过程与发送正好相反，先打开有对称密钥的加密包，再用对称密钥解密。

12.4.3 PGP 协议

PGP(Pretty Good Privacy)是美国人 Phil Zimmermann 于 1991 年开发。PGP 是一个公钥加密程序，与以前的加密方法不同的是，PGP 公钥加密的信息只能用私钥解密。在传统的加密方法中，通常一个密钥既能加密也能解密。那么在开始传输数据前，如何通过一个不安全的信道传输密钥呢？使用 PGP 公钥加密法可以广泛传播公钥，同时安全地保存好私钥。由于只有你可拥有私钥，所以，任何人都可以用你的公钥加密写给你的信息，而不用担心信息被窃听。

使用 PGP 的另一个好处是可以在文档中使用数字签名。一个使用私钥加密的密钥只能用公钥解密。这样，如果人们阅读用你的公钥解密后的文件，他们就会确定只有你才能写出这个文件。

PGP 是一个软件加密程序，用户可以使用它在不安全的通信链路上创建安全的消息和通信。PGP 协议已经成为公钥加密技术和全球范围消息安全性的事实标准。因为所有人都能看到它的源代码，从而查找出故障和安全性漏洞，所有的故障和漏洞都在发现后被改正了。

■—— 本 章 小 结 ——■

OSI/RM 七层模型包括了应用层、表示层、会话层、传输层、网络层、数据链路层以及物理层；TCP/IP 四层模型分别包括了应用层、传输层、网络层以及网络接口层。常用的应用层协议有 HTTP（超文本传输协议）、FTP（文件传输协议）、Telnet（远程登录协议）、SNMP（简单网络管理协议）、SMTP（简单邮件传输协议）、NNTP（网络新闻组传输协议）、DNS（域名解析协议）等。本章还介绍了信息安全策略的概念，如何制定信息安全策略，以及信息安全策略的制定过程；另外详细介绍了各类安全协议，包括 IPSec 协议、SSL 协议以及 PGP 协议。

★ 思 考 题 ★

1. OSI/RM 七层结构的划分原则是什么？
2. OSI/RM 七层模型中的会话层的作用是什么？
3. TCP/IP 四层模型分别是哪四层？每层的作用是什么？
4. 什么是信息安全策略？
5. IPSec 协议的运行模式是哪两种？
6. PGP 协议主要应用于哪些场合？

第13章 信息安全评估标准与风险评估

GB17859—1999《计算机信息系统安全保护等级划分准则》是我国计算机信息系统安全等级保护系列标准的核心，是实行计算机信息系统安全等级保护制度建设的重要基础。风险无处不在，为了降低由于系统脆弱性、人为或自然威胁导致的安全事件发生的可能性及其造成的影响，风险评估非常重要。本章重点介绍了信息系统安全保护等级划分的准则及评估标准，阐述了产生安全风险的因素及安全评估的方法。

13.1 信息系统安全保护等级的划分

信息系统安全等级保护是指对信息安全实行等级化保护和等级化管理。根据信息系统应用业务重要程度及其实际安全需求，实行分级、分类、分阶段实施保护，保障信息系统安全、正常运行，维护国家利益、公共利益和社会稳定。GB17859—1999《计算机信息系统安全保护等级划分准则》是我国计算机信息系统安全等级保护系列标准的核心，是实行计算机信息系统安全等级保护制度建设的重要基础。等级保护的核心是对信息系统特别是对业务应用系统安全分等级、按标准进行建设、管理和监督。国家对信息安全等级保护工作运用法律和技术规范逐级加强监管力度，突出重点，保障重要信息资源和重要信息系统的安全。

此标准将计算机信息系统安全性从低到高划分为五个等级，分别为用户自主保护级、系统审计保护级、安全标记保护级、结构化保护级和访问验证保护级。高级别安全要求是低级别要求的超集。计算机信息系统安全保护能力随着安全保护等级的增高逐渐增强。

下面概述了每一等级的安全要求。

第一级：用户自主保护级

本级的计算机信息系统可信计算基通过隔离用户与数据，使用户具备自主安全保护的能力。它具有多种形式的控制能力，对用户实施访问控制，即为用户提供可行的手段，保护用户和用户组信息，避免其他用户对数据的非法读写与破坏。

（1）自主访问控制。

计算机信息系统可信计算基定义和控制系统中命名用户对命名客体的访问。实施机制（例如访问控制表）允许命名用户以用户和（或）用户组的身份规定并控制客体的共享，阻止非授权用户读取敏感信息。

（2）身份鉴别。

计算机信息系统可信计算基初始执行时，首先要求用户标识自己的身份，并使用保护机制（例如口令）来鉴别用户的身份，阻止非授权用户访问用户身份鉴别数据。

（3）数据完整性。

计算机信息系统可信计算基通过自主完整性策略，阻止非授权用户修改或破坏敏感信息。

第二级：系统审计保护级

与用户自主保护级相比，本级的计算机信息系统可信计算基实施了粒度更细的自主访问控制，它通过登录规程、审计安全性相关事件和隔离资源，使用户对自己的行为负责。

（1）自主访问控制。

计算机信息系统可信计算基定义和控制系统中命名用户对命名客体的访问。实施机制（例如访问控制表）允许命名用户以用户和（或）用户组的身份规定并控制客体的共享，阻止非授权用户读取敏感信息并控制访问权限扩散。自主访问控制机制根据用户指定方式或默认方式，阻止非授权用户访问客体。访问控制的粒度是单个用户。没有存取权的用户只允许由授权用户指定对客体的访问权。

（2）身份鉴别。

计算机信息系统可信计算基初始执行时，首先要求用户标识自己的身份，并使用保护机制（例如口令）来鉴别用户的身份；阻止非授权用户访问用户身份鉴别数据。通过为用户提供唯一标识，计算机信息系统可信计算基能够使用户对自己的行为负责。计算机信息系统可信计算基还具备将身份标识与该用户所有可审计行为相关联的能力。

（3）客体重用。

在计算机信息系统可信计算基的空闲存储客体空间中，对客体初始指定、分配或再分配一个主体之前，撤销该客体所含信息的所有授权。当主体获得对一个已被释放的客体的访问权时，当前主体不能获得原主体活动所产生的任何信息。

（4）审计。

计算机信息系统可信计算基能创建和维护受保护客体的访问审计跟踪记录，并能阻止非授权的用户对它进行访问或破坏该记录。

计算机信息系统可信计算基能记录下述事件：使用身份鉴别机制；将客体引入用户地址空间（例如打开文件、程序初始化）；删除客体；由操作员、系统管理员或（和）系统安全管理员实施的动作，以及其他与系统安全有关的事件。对于每一事件，其审计记录包括：事件的日期和时间、用户、事件类型、事件是否成功。对于身份鉴别事件，审计记录包含请求的来源（例如终端标识符）；对于客体引入用户地址空间的事件及客体删除事件，审计记录包含客体名。

对不能由计算机信息系统可信计算基独立分辨的审计事件，审计机制提供审计记录接口，可由授权主体调用。这些审计记录区别于计算机信息系统可信计算基独立分辨的审计记录。

（5）数据完整性。

同第一级的"数据完整性"。

第三级：安全标记保护级

本级的计算机信息系统可信计算基具有系统审计保护级所有的功能。此外，还提供有关安全策略模型、数据标记以及主体对客体强制访问控制的非形式化描述；具有准确地标记输出信息的能力；可消除通过测试发现的任何错误。

（1）自主访问控制。

同第二级的"自主访问控制"。

（2）强制访问控制。

计算机信息系统可信计算基对所有主体及其所控制的客体（例如进程、文件、段、设备）实施强制访问控制。为这些主体及客体指定敏感标记，这些标记是等级分类和非等级类别的组合，它们是实施强制访问控制的依据。计算机信息系统可信计算基支持两种或两种以上成分组成的安全级。计算机信息系统可信计算基控制的所有主体对客体的访问应满足：仅当主体安全级中的等级分类高于或等于客体安全级中的等级分类，且主体安全级中的非等级类别包含了客体安全级中的全部非等级类别时，主体才能读客体；仅当主体安全级中的等级分类低于或等于客体安全级中的等级分类，且主体安全级中的非等级类别包含于客体安全级中的非等级类别时，主体才能写一个客体。计算机信息系统可信计算基使用身份和鉴别数据鉴别用户的身份，并保证用户创建的计算机信息系统可信计算基外部主体的安全级和授权受该用户的安全级和授权的控制。

（3）标记。

计算机信息系统可信计算基应维护与主体及其控制的存储客体（例如进程、文件、段、设备）相关的敏感标记。这些标记是实施强制访问的基础。为了输入未加安全标记的数据，计算机信息系统可信计算基向授权用户要求并接受这些数据的安全级别，且可由计算机信息系统可信计算基审计。

（4）身份鉴别。

计算机信息系统可信计算基初始执行时，首先要求用户标识自己的身份，而且，计算机信息系统可信计算基维护用户身份识别数据并确定用户访问权及授权数据。计算机信息系统可信计算基使用这些数据鉴别用户身份，并使用保护机制（例如口令）来鉴别用户的身份；阻止非授权用户访问用户身份鉴别数据。通过为用户提供唯一标识，计算机信息系统可信计算基能够使用户对自己的行为负责。计算机信息系统可信计算基还具备将身份标识与该用户所有可审计行为相关联的能力。

（5）客体重用。

同第二级的"客体重用"。

（6）审计。

计算机信息系统可信计算基能创建和维护受保护客体的访问审计跟踪记录，并能阻止非授权的用户对它进行访问或破坏。

计算机信息系统可信计算基能记录下述事件：使用身份鉴别机制；将客体引入用户地址空间（例如打开文件、程序初始化）；删除客体；由操作员、系统管理员或（和）系统安全管理员实施的动作，以及其他与系统安全有关的事件。对于每一事件，其审计记录包括：事件的日期和时间、用户、事件类型、事件是否成功。对于身份鉴别事件，审计记录包含请求的来源（例如终端标识符）；对于客体引入用户地址空间的事件及客体删除事件，审计记录包含客体名及客体的安全级别。此外，计算机信息系统可信计算基具有审计更改可读输出记号的能力。

对不能由计算机信息系统可信计算基独立分辨的审计事件，审计机制提供审计记录接口，可由授权主体调用。这些审计记录区别于计算机信息系统可信计算基独立分辨的审计记录。

（7）数据完整性。

　　计算机信息系统可信计算基通过自主和强制完整性策略，阻止非授权用户修改或破坏敏感信息。在网络环境中，使用完整性敏感标记来确信信息在传送中未受损。

第四级：结构化保护级

　　本级的计算机信息系统可信计算基建立于一个明确定义的形式化安全策略模型之上，它要求将第三级系统中的自主和强制访问控制扩展到所有主体与客体，此外，还要考虑隐蔽通道。本级的计算机信息系统可信计算基必须结构化为关键保护元素和非关键保护元素。计算机信息系统可信计算基的接口也必须明确定义，使其设计与实现能经受更充分的测试和更完整的复审。另外，本级的计算基加强了鉴别机制；支持系统管理员和操作员的职能；提供可信设施管理；增强了配置管理控制。系统具有相当高的抗渗透能力。

　　（1）自主访问控制。

　　同第二级的"自主访问控制"。

　　（2）强制访问控制。

　　计算机信息系统可信计算基对外部主体能够直接或间接访问的所有资源（例如主体、存储客体和输入/输出资源）实施强制访问控制。为这些主体及客体指定敏感标记，这些标记是等级分类和非等级类别的组合，它们是实施强制访问控制的依据。计算机信息系统可信计算基支持两种或两种以上成分组成的安全级。

　　计算机信息系统可信计算基外部的所有主体对客体的直接或间接的访问应满足：仅当主体安全级中的等级分类高于或等于客体安全级中的等级分类，且主体安全级中的非等级类别包含了客体安全级中的全部非等级类别时，主体才能读客体；仅当主体安全级中的等级分类低于或等于客体安全级中的等级分类，且主体安全级中的非等级类别包含于客体安全级中的非等级类别时，主体才能写一个客体。计算机信息系统可信计算基使用身份和鉴别数据鉴别用户的身份，并保护用户创建的计算机信息系统可信计算基外部主体的安全级和授权受该用户的安全级和授权的控制。

　　（3）标记。

　　计算机信息系统可信计算基维护与可被外部主体直接或间接访问的计算机信息系统资源（例如主体、存储客体、只读存储器）相关的敏感标记。这些标记是实施强制访问的基础。为了输入未加安全标记的数据，计算机信息系统可信计算基向授权用户要求并接受这些数据的安全级别，且可由计算机信息系统可信计算基审计。

　　（4）身份鉴别。

　　同第三级的"身份鉴别"。

　　（5）客体重用。

　　同第二级的"客体重用"。

　　（6）审计。

　　同第三级的"审计"。

　　（7）数据完整性。

　　同第三级的"数据完整性"。

　　（8）隐蔽信道分析。

　　系统开发者应彻底搜索隐蔽存储信道，并根据实际测量或工程估算确定每一个被标识信道的最大带宽。

(9) 可信路径。

对用户的初始登录和鉴别，计算机信息系统可信计算基在它与用户之间提供可信通信路径，该路径上的通信只能由该用户初始化。

第五级：访问验证保护级

本级的计算机信息系统可信计算基满足访问监控器需求。访问监控器仲裁主体对客体的全部访问。访问监控器本身是抗篡改的，必须足够小，能够分析和测试。为了满足访问监控器需求，计算机信息系统可信计算基在其构造时，排除那些对实施安全策略来说并非必要的代码；在设计和实现时，从系统工程角度将其复杂程度降到最低。该级还支持安全管理员职能，扩充审计机制，当发生与安全相关的事件时发出信号，同时可以提供系统恢复机制。系统具有很高的抗渗透能力。

(1) 自主访问控制。

同第二级的"自主访问控制"。

(2) 强制访问控制。

同第四级的"强制访问控制"。

(3) 标记。

同第四级的"标记"。

(4) 身份鉴别。

同第三级的"身份鉴别"。

(5) 客体重用。

同第二级的"客体重用"。

(6) 审计。

同第三级的"审计"。

计算机信息系统可信计算基包含能够监控可审计安全事件发生与积累的机制，当超过阈值时，能够立即向安全管理员发出报警，并且如果这些与安全相关的事件继续发生或积累，系统应以最小的代价中止它们。

(7) 数据完整性。

同第三级的"数据完整性"。

(8) 隐蔽信道分析。

同第四级的"隐蔽信道分析"。

(9) 可信路径。

当连接用户时(如注册、更改主体安全级)，计算机信息系统可信计算基提供它与用户之间的可信通信路径。可信路径上的通信只能由该用户或计算机信息系统可信计算基激活，且在逻辑上与其他路径上的通信相隔离，能正确地加以区分。

(10) 可信恢复。

计算机信息系统可信计算基提供过程和机制，保证计算机信息系统失效或中断后，可以进行不损害任何安全保护性能的恢复。

13.2　信息安全评估标准

国际流行的信息安全评估标准大致可以分为三类。

第一类主要解决不同安全产品的互操作性问题，可以称之为互操作标准，如加密标准、安全电子邮件标准、安全电子商务标准等。

第二类是针对信息安全技术和信息工程的，它认定安全等级，评定安全产品和安全服务商，如美国的可信计算机系统评估标准（TCSEC）、欧盟的信息技术安全性评估标准（ITSEC）、国际标准组织的信息产品通用测评准则 CC/ISO 15408 以及我国的计算机信息系统安全保护等级划分准则 GB 17859－1999。

第三类是针对使用网络和信息系统的企业或组织的，它对企业或组织的信息安全管理进行评估，如英国的信息安全管理标准 BS 7799/ISO 17799 和国际标准组织的信息安全管理指南 ISO 13335。

13.2.1　可信计算机安全评估标准（TCSEC）

可信计算机安全评估标准（TCSEC，橘皮书）是美国国防部在 1985 年颁发的，是第一个获得广泛认可的安全评估标准。制定这个标准的目的主要有：

（1）提供一种标准，使用户可以对其计算机系统内敏感信息安全操作的可信程度做评估。

（2）给计算机行业的制造商提供一种可循的指导规则，使其产品能够更好地满足敏感应用的安全需求。

橘皮书将计算机安全等级划分为四等（A、B、C、D）七级（D、C1、C2、B1、B2、B3、A1）。四个安全等级划分是：D——最小保护；C——自主保护；B——强制保护；A——可验证保护。

橘皮书的安全级别定义是递增的，一个级别的所有需求自动地包括在更高级别的需求中，橘皮书是国家安全机构执行的独立于应用的安全评估的基础。下面对各个等级做简略介绍。

1. D 级（最小保护）

D 类安全等级只包括 D1 一个级别，D1 的安全等级最低。D1 系统只为文件和用户提供安全保护。D1 系统最普通的形式是本地操作系统，或者是一个完全没有保护的网络。

2. C1 级（自主安全保护）

C1 级只提供了非常初级的自主安全保护。能够实现对用户和数据的分离，进行自主存取控制（DAC），保护或限制用户权限的传播。现有的商业系统往往稍做改进即可满足要求。

3. C2 级（受控的访问控制）

C2 级安全保护实际是安全产品的最低档次，提供受控的存取保护，即将 C1 级的 DAC 进一步细化，以个人身份注册负责，并实施审计和资源隔离。很多商业产品已得到该级别的认证。达到 C2 级的产品在其名称中往往不突出"安全"（Security）这一特色，如操作系统中 Microsoft 的 Windows NT 3.5，数字设备公司的 Open VMS VAX 6.0 和 6.1。数据库产品有 Oracle 公司的 Oracle 7，Sybase 公司的 SQL Server11.0.6 等。

4. B1 级(标记的安全保护)

B1 级安全保护对系统的数据加以标记，并对标记的主体和客体实施强制存取控制(MAC)以及审计等安全机制。B1 级能够较好地满足大型企业或一般政府部门对于数据的安全需求，这一级别的产品才被认为是真正意义上的安全产品。满足此级别的产品前一般多冠以"安全"(Security)或"可信的"(Trusted)字样，作为区别于普通产品的安全产品出售。例如，操作系统方面，典型的有数字设备公司的 SEVMS VAX Version 6.0，惠普公司的 HP - UX BLS Release 9.0.9＋。数据库方面则有 Oracle 公司的 Trusted Oracle 7，Sybase公司的 Secure SQL Server Version 11.0.6，Informix 公司的 INFOIUMIX - OnLine/Secure 5.0 等。

5. B2 级(结构化保护)

B2 级安全保护建立形式化的安全策略模型并对系统内的所有主体和客体实施 DAC 和 MAC。安全策略的正规模型和系统的描述顶级规范(Descriptive Top Level Specification，DTLS)都是必需的。模块化是系统体系结构的重要设计特点。可信计算基(Trusted Computing Base，TCB)必须提供不同的地址空间来隔离不同的进程。硬件支持(例如分段)可支持内存管理。必须实现隐蔽信道分析(covert channel analysis)，并且必须记录那些可能会创建一个隐蔽信道的事件。安全测试应该证实 TCB 可在一定程度上抵抗穿透。

符合 B2 标准的操作系统只有 Trusted Information Systems 公司的 Trusted XENIX 一种产品，符合 B2 标准的网络产品只有 Cryptek Secure Communications 公司的 LLC VSLAN 一种产品，而数据库方面则没有符合 B2 标准的产品。

6. B3 级(安全域)

B3 级安全保护的 TCB 必须满足访问监控器的要求，审计跟踪能力更强，并提供系统恢复过程。

7. A1 级(可验证的设计)

A1 级安全保护能在提供 B3 级保护的同时给出系统的形式化设计说明和验证，以确信各安全保护真正实现。A1 级别的要求如下：

- 具有安全策略的正规模型；
- 系统要具有正规顶级规范(Formal Top Level Specification，FTLS)，包括 TCB 的抽象定义；
- 具有模型和 FTLS 之间的一致性证明；
- TCB 的实现非正式地证明了其和 FTLS 的一致性；
- 隐蔽信道的正式分析(定时通道的非正式分析)，隐蔽信道的持续存在必须经过认定，且必须限制带宽。

13.2.2 BS 7799(ISO/IEC 17799)

信息安全管理标准 BS 7799 是由英国标准委员会(BSI)制定的。BSI 于 1995 年首次提出了 BS 7799 - 1(The Code of Practice for Information Security Systems)，1998 年公布了 BS 7799 - 2(Specification for Information Security Management Systems)，并于 1999 年发布了修订版。2000 年 12 月，国际标准化组织 ISO 批准 BS 7799 - 1:1999 正式成为国际标

准，即 ISO/IEC 17799 - 1：2000；2002 年，BSI 对 BS 7799 - 2：1999 进行了重新修订，正式引入 PDCA 过程模型，如图 13 - 1 所示，以此作为建立、实施、持续改进信息安全管理体系的依据。同时，新版本的调整更显示了与 ISO 9001：2000、ISO 14001：1996 等其他管理标准以及经济合作与开发组织（OECD）基本原则的一致性，体现了管理体系融合的趋势。2004 年 9 月 5 日，BS 7799 - 2：2002 正式发布。

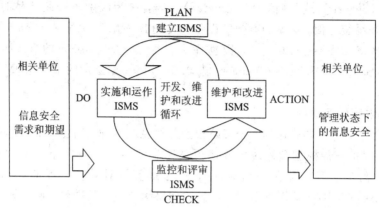

图 13 - 1　PDCA 模型应用与信息安全管理体系过程

BS 7799 是目前国际上具有代表性的信息安全管理标准，得到了许多国家的认可，适用于各种类型的组织、公司和任何商业环境。

BS 7799 - 1：1999（即 ISO/IEC 17799：2000）《信息安全管理实施细则》，是一个内容相当详细的信息安全标准，它包括安全内容的所有准则，由十个独立的部分组成，每节都涵盖不同的主题或领域：信息安全策略、组织方面的安全、资产分类和控制、员工行为的安全、物理和环境安全、通信与操作管理、访问控制、系统开发与维护、业务连续性规划、符合性要求。

BS 7799 - 2：2002《信息安全管理体系规范》详细说明了建立、实施和维护信息安全管理系统的要求，指出实施机构应该遵循的风险评估标准。它提出的信息安全管理体系（ISMS）是一个系统化、程序化和文档化的管理体系，ISMS 包含内容有：用于组织信息资产风险管理、确保组织信息安全的，包括为制定、实施、评审和维护信息安全策略所需的组织机构、目标、职责、程序、过程和资源。

作为通行的信息安全管理标准，BS 7799 旨在为组织实施信息安全管理体系（ISMS）提供指导性框架，尽管它在第一部分也提供了诸多控制措施，但更多体现的是一种目标要求。BS 7799 标准基于风险管理的思想，指导组织建立信息安全管理体系（ISMS）。ISMS 是一个系统化、程序化和文件化的管理体系，基于系统、全面、科学的安全风险评估，体现预防控制为主的思想，强调遵守国家有关信息安全的法律法规及其他合同方要求，强调全过程和动态控制，本着控制费用与风险平衡的原则合理选择安全控制方式，保护组织所拥有的关键信息资产，使信息风险的发生概率和结果降低到可接受的水平，确保信息的保密性、完整性和可用性，保持组织业务运作的持续性。

13.2.3　ISO/IEC 13335（IT 安全管理指南）

ISO/IEC TR 13335 （Guidelines for the Management of IT Security，GMITS）是由

ISO/IEC JTC1 制定的技术报告，是一个信息安全管理方面的指导性标准，其目的是为有效实施 IT 安全管理提供建议。

与 BS 7799 相比，ISO/IEC TR 13335 只是一个技术报告和指导性文件，并不是可依据的认证标准，也不像 BS 7799 那样给出一个全面而完整的信息安全管理框架，但 13335 在信息安全，尤其是 IT 安全的某些具体环节切入较深（相对 BS 7799 而言），对实际的工作具有较好的指导价值，从可实施性上来说要比 BS 7799 好些。例如，13335 对信息安全风险及其构成要素间关系的描述非常具体，以至于成为各类信息安全相关文件经常引述的一个概念。总之，作为一个框架、总体要求和目标选择，BS 7799 是信息安全管理体系建设过程当中始终要贯彻的指导方针，而这期间一些具体的活动则可以参考 ISO/IEC TR 13335。

ISO/IEC TR 13335 为风险评估提供了方法上的支持，其定义的安全概念全面覆盖了安全风险评估需要考虑的问题，使得最终生成的安全评估方案不但能保证技术的完整，而且能满足安全管理的要求。

ISO/IEC TR 13335 目前分为五个部分。

第一部分：IT 安全的概念和模型（Concepts and models for IT security），发布于 1996 年 12 月 15 日。该部分包括了对 IT 安全和安全管理的一些基本概念和模型的介绍。

第二部分：IT 安全的管理和计划（Managing and planning IT security），发布于 1997 年 12 月 15 日。这个部分建议性地描述了 IT 安全管理和计划的方式和要点。

第三部分：IT 安全的技术管理（Techniques for the management of IT security），发布于 1998 年 6 月 15 日。这个部分覆盖了风险管理技术、IT 安全计划的开发以及实施和测试，还包括一些后续的制度审查、事件分析、IT 安全教育程序等。

第四部分：防护的选择（Selection of safeguards），发布于 2000 年 3 月 1 日。这个部分是最新发布的，主要探讨如何针对一个组织的特定环境和安全需求来选择防护措施。这些措施不仅仅包括技术措施。

第五部分：外部连接的防护（Safeguards for external connections）。

ISO 13335 - 1 中对安全的六个要点（Confidentiality，Integrity，Availability，Accountability，Authenticity，Reliability）的阐述是对传统的三要点（Confidentiality，Integrity，Availability）的更细致的定义，对具体工作有很重要的指导意义。在 ISO 13335 - 4 中就针对六方面的安全需求分别列出了一系列的防护措施。

ISO 13335 中分析了安全管理过程中的几个高层次的关键要素：

• Assets（资产）——包括物理资产、软件、数据、服务能力、人、企业形象等。

• Threats（威胁）——可能对系统、组织和资产造成不良影响的因素。这些威胁可能来自环境方面、人员方面、系统方面等。

• Vulnerabilities（漏洞/脆弱性）——指存在于系统各方面的脆弱性。这些漏洞可能存在于组织结构、工作流程、物理环境、人员管理、硬件、软件或者信息本身。

• Impact（影响）——就是不希望出现的一些事故，这些事故导致系统在保密性、完整性、可用性、可审计性、认证性、可靠性等方面的损失，并且造成信息资产的损失。

• Risk（风险）——风险是威胁利用系统漏洞，引起一些事故，对信息资产造成一些不良影响的可能性。实际上安全管理的大部分工作就是在进行风险管理。

• Safeguards（防护措施）——是为了降低风险所采用的解决办法。这些措施有些是环境方面的，例如门禁系统、人员安全管理、防火措施、UPS等；有些措施是技术方面的，例如网络防火墙、网络监控和分析、加密、数字签名、防病毒、备份和恢复、访问控制等。

• Residual Risk（残留风险）——在经过一系列安全控制和安全措施之后，信息安全的风险会降低，但是不会绝对完全消失，还会有一些剩余风险的存在。对这些风险我们就需要转嫁或者接受。

• Constraints（制约）——是组织实施安全管理时不得不受到的环境影响，不能完全按照理想的方式执行安全管理。这些约束可能来自组织结构、财务能力、环境限制、人员素质、时间、法律、技术、文化和社会等。

ISO/IEC TR 13335－1 中对资产、弱点、威胁、安全措施等安全要素之间的关系有比较形象的描述，对我们进行安全方案设计有非常好的指导意义。图 13－2 是 ISO/IEC TR 13335－1 中关于安全要素之间的关系模型。

从图 13－2 中可以看出：信息系统安全保障是以业务/资产为核心目标；任何业务/资产都或多或少地存在脆弱性，即安全弱点；任何威胁都是针对业务/资产特定脆弱性的；业务/资产可能存在某些安全弱点，但没有已知威胁能利用它；若弱点和针对安全弱点的威胁同时存在，业务/资产就可能面临风险；安全保护措施被用来保护用户业务和资产，并减少威胁的后果；特定的安全保护措施可以改变特定风险；不是所有的威胁都可以找到针对性的安全保护措施，有时候在特定风险可以被接受的情况下，不需要采用保护措施；安全保护措施最终是将风险降低到可接受的残留风险；存在一些限制/约束因素，它们会影响对安全保护措施的选择。

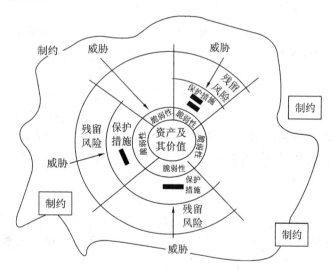

图 13－2　安全要素之间关系的模型

从图 13－2 中我们也可以得出如下结论：① 在进行了充分的风险评估后，没有必要一定要采用所有的安全保护措施，因为这些措施要解决的风险可能并不存在，或者我们可以容忍和接受这些风险。② 没有必要去防范和加固所有的安全弱点，这些弱点可能因为成本、知识、文化、法律等方面的因素，而没有人能利用它们。③ 没有必要无限制地提高安全保护措施的强度，只需要将相应的风险降到可接受的程度即可。对安全保护措施的选择还要考虑到成本和技术等因素的限制。

对上面的一些安全管理要素，ISO 13335 又给出了风险管理关系模型，如图 13 - 3 所示。它认为安全管理中的主要部件包括资产、威胁、脆弱性、影响、风险、防护措施和剩余风险；主要的安全管理过程包括风险管理、风险评估、安全意识、监控与一致性检验等。

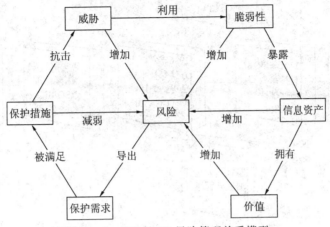

图 13 - 3　ISO 13335 风险管理关系模型

与 BS 7799(ISO 17799)相比较而言，ISO 13335 对安全管理的过程描述得更加细致，而且有多种角度的模型和阐述，主要有以下几个方面比较突出：

第一，对安全的概念和模型的描述非常独特，具有很大的借鉴意义。在全面考虑安全问题，进行安全教育，普及安全理念的时候，完全可以将其中的多种概念和模型结合起来。

第二，对安全管理过程的描述非常细致，而且完全可操作。作为一个企业的信息安全主管机关，完全可以参照这个完整的过程规划自己的管理计划和实施步骤。

第三，对安全管理过程中的关键环节——风险分析和管理有非常细致的描述。包括基线方法、非形式化方法、详细分析方法和综合分析方法等风险分析方法学的阐述，对风险分析过程细节的描述都很有参考价值。

第四，在标准的第四部分，有比较完整的针对六种安全需求的防护措施的介绍。将实际构建一个信息安全管理框架和防护体系的工作变成了一个搭积木的过程。

ISO 13335 是一个发展中的标准，内容还在不断地增加和改进中。现在标准的第五部分即将发布。

13.2.4　ISO/IEC 15408(GB/T 18336—2001)

ISO/IEC 15408《信息技术安全性评估准则》(简称 CC)，是国际标准化组织统一现有多种评估准则的结果，是在美国和欧洲等国分别自行推出并实践的测评准则及标准的基础上，通过相互间的总结和互补发展起来的。

如图 13 - 4 所示，在有关信息安全产品和系统安全性测评标准的发展期间，经历了多个阶段，先后涌现了一系列的重要标准，包括 TCSEC、ITSEC、CTCPEC 等，而 CC 则是最终的集大成者，是目前国际上最通行的信息技术产品及系统安全性评估准则，也是信息技术安全性评估结果国际互认的基础。它全面地考虑了与信息技术安全性有关的所有因素，以"安全功能要求"和"安全保证要求"的形式提出了这些因素。

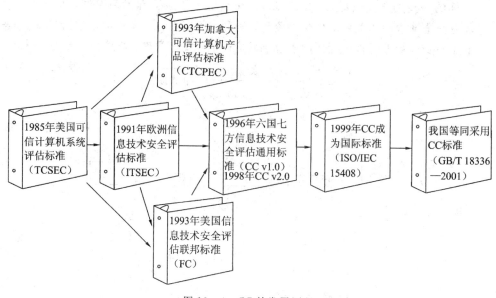

图 13-4　CC 的发展历程

CC 定义了评估信息技术产品和系统安全性的基础准则，提出了目前国际上公认的表述信息技术安全性的结构，即把安全要求分为规范产品和系统安全行为的功能要求，以及如何正确有效地实施这些功能的保证要求，使各种相对独立的安全性评估结果具有可比性。功能和保证要求又以"类—子类—组件"的结构表述，组件作为安全要求的最小构件块，可以用于"保护轮廓"、"安全目标"和"包"的构建，例如由保证组件构成典型的包——"评估保证级"。另外，功能组件还是连接 CC 与传统安全机制和服务的桥梁。解决了 CC 同已有准则如 TCSEC、ITSEC 的协调关系，如功能组件构成 TCSEC 的各级要求。这有助于信息技术产品和系统的开发者或用户确定所研制、生产、采购、集成的产品或系统对其应用而言是否足够安全，以及在使用中存在的安全风险是否可以容忍。

该标准主要保护的是信息的机密性、完整性和可用性三大特性，其次也考虑了可控性、责任可追查性(可审计性)以及信息系统的可靠性等方面。其重点考虑的是人为威胁，也可用于非人为因素导致的威胁。该标准适用于对信息技术产品或系统的安全性进行评估，不论其实现方式是硬件、固件还是软件；还可用于指导产品或系统的开发、生产、集成、运行、维护等，但不包括对行政性管理措施的安全评估，不包括密码算法强度方面的评价，也不包括对信息技术在物理安全方面(如电磁辐射控制)的评估。

13.2.5　GB 17859(安全保护等级划分准则)

国家标准 GB 17859—1999《计算机信息系统安全保护等级划分准则》是我国计算机信息系统安全等级保护系列标准的核心，是实行计算机信息系统安全等级保护制度建设的重要基础，也是信息安全评估和管理的重要基础。该标准将信息系统安全性从低到高划分为五个等级，分别为"用户自主保护级""系统审计保护级""安全标记保护级""结构化保护级"和"访问验证保护级"。高级别安全要求是低级别要求的超集，计算机信息系统安全保护能力随着安全保护等级的增高逐渐增强。主要的安全考核指标有身份认证、自主访问控制、数据完整性、审计、隐蔽信道分析、客体重用、强制访问控制、安全标记、可信路径和可信恢复等，这些指标涵盖了不同级别的安全要求。

在该标准中，一个重要的概念是可信计算基（TCB）。TCB 是一种实现安全策略的机制，包括硬件、固件和软件。它们根据安全策略处理主体（系统管理员、安全管理员、用户、进程）对客体（进程、文件、记录、设备等）的访问，TCB 还具有抗篡改的性质和易于分析与测试的结构。TCB 主要体现该标准中的隔离和访问控制两大基本特征，各安全等级之间的差异在于 TCB 的构造不同以及它所具有的安全保护能力不同。

13.3　信息安全风险

【罗马实验室攻击案例】　罗马实验室（Rome Laboratory）位于美国纽约州，是美国空军的一个重要的军事设施。研究项目包括：战术模拟系统、雷达引导系统、目标探测和跟踪系统等。该实验室在互联网上与多家国防研究单位互联。在 1994 年 3 月至 4 月间，两个黑客（一个英国黑客、一个不明国籍）对该实验室进行了多达 150 次的攻击。他们使用了木马程序和嗅探器（sniffer）来访问并控制罗马实验室的网络。另外，他们采取了一定的措施使得自己很难被反跟踪。他们没有直接访问罗马实验室，而是首先拨号到南美（智利和哥伦比亚），然后再通过东海岸的商业 Internet 站点连接到罗马实验室。攻击者控制罗马实验室的支持信息系统许多天，并且建立了同外部 Internet 的连接。在此期间，他们拷贝并下载了许多机密的数据，如国防任务指令系统的数据。通过伪装成罗马实验室的合法用户，他们同时成功地连接到了其他重要的政府网络，并实施了成功的攻击。美国空军信息中心（Air Force Information Warfare Center，AFIWC）估计这次攻击使得政府为其花费了 $500,000。这包括将网络隔离、验证系统的完整性、安装安全补丁、恢复系统以及调查费用等。从计算机系统中丢失的极其有价值的数据的损失是无法估量的。例如罗马实验室用了 3 年的时间，花费了 400 万美元进行的空军指令性研究项目，已经无法实施。

所谓信息系统的安全风险，是指由于系统存在的脆弱性，人为或自然的威胁导致安全事件发生的可能性及其造成的影响。换言之，风险是由信息安全事件发生的可能性及其影响决定的。

13.4　安　全　管　理

信息安全风险管理包括信息安全风险评估和信息安全风险处理两个方面。风险评估采用的程序和方法会直接影响风险评估的准确性，从而间接影响到风险管理的成败。风险评估过程包括对风险及风险影响力的识别和估算，以及提供如何处理风险的控制建议。

13.4.1　信息安全风险评估

1. 概述

所谓信息安全风险评估，是指依据国家有关信息安全技术标准，对信息系统及由其处理、传输和存储的信息的保密性、完整性和可用性等安全属性进行科学评价的过程，它要评估信息系统的脆弱性、信息系统面临的威胁以及脆弱性被威胁源利用后所产生的实际负面影响，并根据安全事件发生的可能性和负面影响的程度来识别信息系统的安全风险。

2. 作用

风险评估是信息安全管理体系(ISMS)建立的基础，是组织平衡安全风险和安全投入的依据，也是 ISMS 测量业绩、发现改进机会的最重要的途径。开展信息安全风险评估工作，就是要分析面临的风险和威胁，发现隐患和漏洞，找出薄弱环节，从而有针对性地进行建设和管理。

信息安全风险评估是风险评估理论和方法在信息系统中的运用，是科学分析、理解信息和信息系统在机密性、完整性、可用性等方面所面临的风险，并在风险的预防、控制、转移、补偿、分散等之间做出决策的过程。

信息安全风险评估是信息安全保障体系建立过程中的重要的评价方法和决策机制。没有准确及时的风险评估，将使得各个机构无法对其信息安全的状况做出准确的判断。

所有信息安全建设都应该是基于信息安全风险评估的，只有正确、全面地理解风险后，才能在控制风险、减少风险、转移风险之间做出正确的判断，决定调动多少资源、以什么样的代价、采取什么样的应对措施去化解、控制风险。

3. 基本要素

风险评估的工作是围绕其基本要素展开的，在对这些要素的评估过程中需要充分考虑业务战略、资产价值、安全事件、残余风险等与这些基本要素相关的各类因素。

各风险要素之间的相互关系如图 13-5 所示。

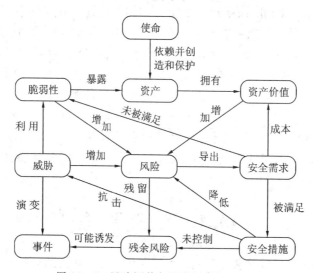

图 13-5　风险评估各要素间的相互关系

这些要素之间存在着以下关系：
- 使命依赖于资产去完成；
- 资产拥有价值，信息化的程度越高，单位的使命就越重要，对资产的依赖度就越高，资产的价值则就越大；
- 资产的价值越大则风险越大；
- 风险是由威胁发起的，威胁越大则风险越大，并可能演变成事件；
- 威胁都要利用脆弱性，脆弱性越大则风险越大；
- 脆弱性使资产暴露，是未被满足的安全需求，威胁通过利用脆弱性来危害资产，从而形成风险；

- 资产的重要性和对风险的意识会导出安全需求；
- 安全需求要通过安全措施来满足，且是有成本的；
- 安全措施可以抗击威胁，降低风险，减弱事件的影响；
- 风险不可能也没有必要降为零，在实施了安全措施后还会残留下来的一部分风险来自安全措施可能不当或无效，以后需要继续控制这部分风险，另一部分残余风险则是在综合考虑了安全的成本与资产价值后，有意未去控制的风险，这部分风险是可以被接受的；
- 残余风险应受到密切的监视，因为它可能会在将来诱发新的事件。

13.4.2　信息安全风险评估的一般工作流程

BS 7799 并没有准确定义风险评估的方法，组织可以根据自身的情况，开发适合自己的风险评估方法，但安全标准要求组织选择系统性的风险评估方法，从威胁、脆弱性、影响、可能性四个各方面来识别风险、评估风险，这和目前信息安全管理领域普遍采用的信息安全风险评估惯例的思想是一致的。

在实施风险评估中，有时首先根据不同级别的威胁对不同价值的资产可能形成的风险进行分级，进而选择适合级别的保证措施。这是一种安全需求提炼的过程。而对于计划和已经建设的系统，则应该考虑和分析测试系统可能存在的脆弱性。

为使风险评估更有效率、更具有可操作性，必须遵循一个科学、合理的程序，即风险评估应采取的步骤和流程。风险评估一般遵循如下工作流程：

(1) 系统特性分析；

(2) 信息资产识别和价值估算；

(3) 威胁分析；

(4) 系统脆弱性分析；

(5) 控制措施分析；

(6) 可能性分析；

(7) 危害分析；

(8) 风险计算；

(9) 控制措施建议；

(10) 风险评估结果文档。

以上工作流程是一个大致应当遵循和不断重复循环的过程。但是在实践中，基于不同目的和条件，在不同阶段所进行的风险评估工作，也可简化或者充实其中的步骤。

13.4.3　信息安全风险评估理论及方法

当前，国际上提出了一些广义的、传统的风险评估理论(并非特别针对信息系统安全)。从计算方法区分，有定性的方法、定量的方法和部分定量的方法。从实施手段区分，有基于"树"的技术、动态系统的技术等。各类方法举例如下。

1. 定性的风险评估方法

- 初步的风险分析(Preliminary Risk Analysis)；
- 危险和可操作性研究(Hazard and Operability Studies，HAZOP)；

- 失效模式及影响分析(Failure Mode and Effects Analysis，FMEA/FMECA)。

2. 基于"树"的风险评估技术(Tree Based Techniques)

- 故障树分析(Fault Tree Analysis)；
- 事件树分析(Event Tree Analysis)；
- 因果分析(Cause-Consequence Oversight Risk Tree)；
- 管理失败风险树(Management Oversight Risk Tree)；
- 安全管理组织检查技术(Safety Management Organization Review Technique)。

3. 动态系统的风险评估技术(Techniques for Dynamic System)

- 尝试方法(Go Method)；
- 有向图/故障图(Digraph/Fault Graph)；
- 马尔可夫建模(Markov Modeling)；
- 动态事件逻辑分析方法学(Dynamic Event Logic Analytical Methodology)；
- 动态事件树分析方法(Dynamic Event Tree Analysis Method)。

目前存在的信息安全评估工具大体可以分成以下几类：

(1) 扫描工具：包括主机扫描、网络扫描、数据库扫描，用于分析系统的常见漏洞。

(2) 入侵检测系统(IDSS)：用于收集与检测威胁数据。

(3) 渗透性测试工具：黑客工具，用于人工渗透，评估系统的深层次漏洞。

(4) 主机安全性审计工具：用于分析主机系统配置的安全性。

(5) 安全管理评价系统：用于安全访谈，评价安全管理措施。

(6) 风险综合分析系统：在基础数据基础上定量、综合分析系统的风险，并且提供分类统计、查询、TOP-N 分析以及报表输出功能。

(7) 评估支撑环境工具：评估指标库、知识库、漏洞库、算法库、模型库。

━━━■ 本 章 小 结 ■━━━

本章主要介绍了信息系统安全保护等级划分准则，以及信息安全评估标准，包括了可信计算机安全评估标准(TCSEC)、BS 7799、ISO/IEC 13335、ISO/IEC 15408 以及 GB 17859 等。本章还介绍了信息安全风险的概念，信息安全风险评估的概念、作用、基本要素，以及信息安全风险评估的工作流程和方法，包括定性的方法、基于"树"的技术、动态系统的技术等。

★ 思 考 题 ★

1. 计算机信息系统安全性被划分为几个等级？
2. TCSEC 标准将信息系统安全性分为四等七级，分别是什么？
3. GB 17859 将信息系统安全性划分为几个等级？
4. 简述信息安全风险的概念。
5. 信息安全风险评估的作用是什么？
6. 信息安全风险评估有哪些方法？

综 合 实 验

综合实验一　PGP 的加密与数字签名的使用

一、实验目的

(1) 熟悉并掌握 PGP 软件的使用。

(2) 掌握密码理论与技术(对称密码技术和非对称密码技术)和加密与数字签名的原理。

(3) 掌握 PGP 加解密与数字签名的操作方式。

二、实验内容

(1) 密钥对的生成。

(2) 密钥的保存和分发。

(3) 利用密钥进行加解密,在邮件中和文件中实现。

三、实验步骤

1. 安装

下载、安装好 PGP 后,即可进入其主界面,如图 1 所示。

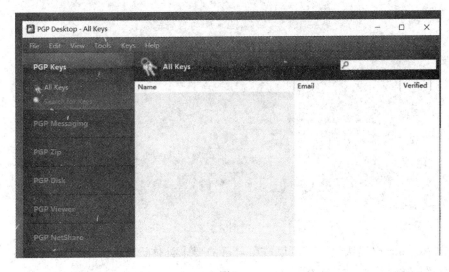

图 1

2. 生成密钥对

使用 PGP 之前，首先需要生成一对密钥，这一对密钥其实是同时生成的。其中的一个称为公钥，意思是公共的密钥，你可以把它分发给你的朋友们，让他们用这个密钥来加密文件；另一个称为私钥，这个密钥由自己保存，用这个密钥来解开加密文件。

（1）打开菜单"File"，运行"New PGP Key"，就会进入 PGP 密钥生成向导（助手），如图 2 所示。

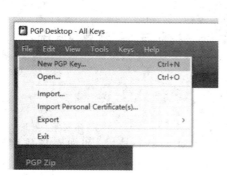

图 2

（2）"Full Name"是个人公钥名称，其 Email 是密钥对的安全邮箱。名称和邮箱可以让与自己通信的人知道正在使用的公钥是自己的，如图 3 所示。

图 3

点击"Advanced(高级设置)"可以按照自己的要求具体设置。其中"Expiration(密钥的截止日期)"是建议设置，如图 4 所示。

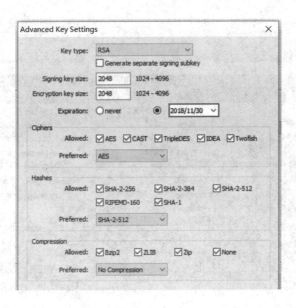

图 4

（3）首先创建口令，用来保护私钥。注意口令的设置问题，口令设置不要太简单，PGP 用的是"passphase（口令）"，而不是"password（密码）"，就是说可以在口令中包含多个词和空格。攻击者可能会用一本字典或者名言录来寻找你的口令，因此口令的长度最好大于等于 8 个字符，同时也可夹杂英文字母的大小写和数字、符号等，如图 5 所示。

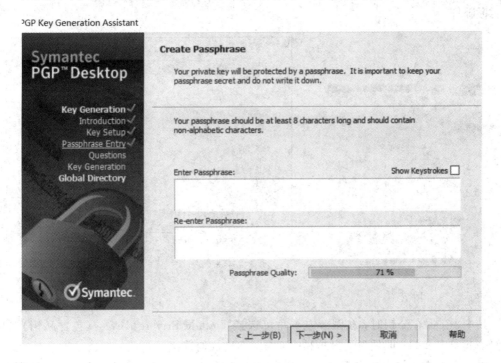

图 5

然后一直点击"下一步"，完成后就可以在主界面看到自己的用户，如图 6 所示。

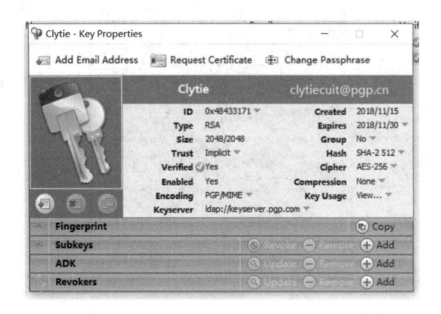

图 6

3. 导出公钥(分发公钥)

选中需要导出的密钥,选择"Export",如图 7 所示。选择保存路径后,公钥的扩展名为.asc,如图 8 所示。将此文件(公钥)放在自己的网站上或者将公钥直接发给朋友,这样就可以通过 PGP 使用此公钥加密后再通信,这样做能更安全地保护自己的隐私,还可以防止病毒邮件。

图 7

图 8

其中,在保存公钥时,在图 8 左下角可选择"Indude Private Keycs"(包含私钥)选项,以便一起导出私钥;但是为了保护私钥安全,不建议勾选。

可以点击需要导出的密钥,选择"Copy Public Key",如图 9 所示,然后将剪贴板内容复制到文本文档里。asc 文件可用记事本打开,在"-----BEGIN PGP PUBLIC KEY

BLOCK-----"和"-----END PGP PUBLIC KEY BLOCK-----"之间的内容就是公钥，如图 10 所示。

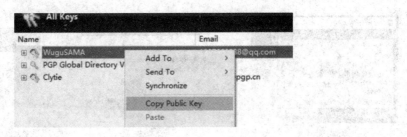

图 9

WuguSAMA.asc - 记事本

文件(F) 编辑(E) 格式(O) 查看(V) 帮助(H)

-----BEGIN PGP PUBLIC KEY BLOCK-----
Version: PGP Desktop 10.2.0 (Build 1672)

```
mQENBFvtAVwBCAC15sKzN+ePDx8exRpWMij5+VyC1NEx1cy+rRhBbEA8F+NuBhEN
m3qR9MzeT+HFtMCQAWHvTedGcQnf0ndINJRx4MSqFDNiRGrrvDhsQD2sn2FUWHMq
NC4CFZh5Moo4h+mjFux2NGm16GTDo4GeCoubONCyo61AdWS9+iaN333oBVVkC1sN
eYMp4Kj3x3l6mJy5zpjT7UYmRhzEpOZ2x4ssZ5zx9fMs85zzXp/GTNbmTe6Wn0Z
nCv3rDB2F1JV1L80FDhGH6Aye3qXr0lxgtb2qqqENJhA+1dwdooqhpEi3A/jCFW4
vcHQZWZ6b7U0+4BdrS3aBc0jN0CM8aRqNN73ABEBAAG0HFd1Z3VTQU1BlDwxMzk3
OTgzODM4QHFxLmNvbT6JAYwEEAECAHYFAlvtAWEwFIAAAAAAIAAHcHJIZmVycmVk
LWVtYWlsLWVuY29kaW5nQHBncC5jb21wZ3B21CAsJCAcDAgEKAhkBGRhsZGFw
Oi8va2V5c2VydmVyLnBncC5jb20FGwMAAAAFFgADAgEFHgEAAAAGFQoICQMCAAoJ
EGuef/eBSBSKSosH+QGGcYjrE7flX0xlnWKdzOTzZICSgOs4lCi+Hd0WY2MzAmm2
FD9xMmU4sa9nYMUVehSviRtqWBJUMCBz0ATIb3NnS0PJsgmfcn6bde8rQE+GquJh
oCJrrGh42vll3MuEjWl64FeylS9U+nJEoU8imWVQUZBljdiiQPwDU5BFlRKOS0CQ
KbE/egLLZTQzzale9Qe57v6Ry+ADq/DhHGVPkYSSgaVNssBg2bFaloDGleMQn+Lt
mR2BPYQirEG6+0DxlfdCTLAj2vJVddC+f8/kewc4odKcxlovShHPvpEKGfy4qhgd
YvgwzOf+KLrn0F1eexNjtsXSIk9o0p/z0oY9dAK5AQ0EW+0BXAEIAJ1104mxDJs2
Fss5DOVX5duN7VWP6Jqs+494JsvwkpM+emT6Ofnzflr85hf6eGAc8Pg70Zj3xl/0
ddfYbPh404rcE0ssBYAa5HdXCR70CGwJFkp7027qjBL4ky9OjVLQSjsBsSh7rFH
YdVu6rCaRe1CVMhSH5/2oHGs6hZacDElksA62uwwy31NeNVGHslDXjxCwXr6VwMi
Z2D1+SzElHQFD/bb8ChKFd/174V7eqTyWzRFvXgriyFaifX7Zs6dcEzvalLKDdmc
3eR/4zrqlWmVxMsRr+iJrHQv1uEB0ZXigzBdK7s52PUtA1IG/n8JlnIdSXrfTMwv
scyQ1GWQAkAEQEAAYkCQQQYAQIBKwUCW+0BXQUbDAAAAMBdIAQZAQgABgUCW+0B
KQAKCRA6DpKGKijxtmQCB/9POmivOLP5imkLi8kB//qqCAuWRiec8zGeAdoNCLLo
SIUZnl53Rse5ikVGByPu1PzxpplMX97P31yH5G+SZMn59t42CJDZTlsDhSo7DyZo
GeusmR5QJV4EgN5xd2wqGTyYEGgt4evSQzSwGbv3WnfPUlYuVKb0FgpPqodFAxr4
KySH4/ati7GzkZjh/ToMXfwmyanSm2hfRSdzXWr4p7S2lo1LexohkGoSA77Q/Olh
3U0ruVi0Wnam9JcuYcgYBuXZQszQJKL9COycdEfEdp/RuE8p5CPf0J2UEahXG+wL
5avlc0wH1S9+7N/ppXaXnhgk3j9tkd9UtlehXDuRXAFHAAoJEGuef/eBSBSKkqcl
AK/o5H7r2zBlwx9kLNB2bx9obVkP1E37fOVtykaETkKCmhzh7mN/t7MzBHSTtfWk
VxY2jAgkN6EclFaL18+CEE6WZ2MjyQtHICMes17xXUcjPuzN1hzbfzKL14zMG3b
o7K3YJd1jo7/Ppl7SzRNkaGqaG+RduB13OaK7NCJcodSPCWXOvONLPdWytkWUdg
swakdApK8gwdWUR/Ka+JX2hWsylzeKWVMYU6q5rO6KXUi2R32lcVH8JD+HMObBWN
V90T05eArPheRSVRZBcYALVNArT10a7bbw0OvHNgGugLF+Tg8ZpZwPmuRDJiyGRh
NxVFetS0qc/seTKpGYlfg8Y=
=OM0N
-----END PGP PUBLIC KEY BLOCK-----
```

图 10

4. 导入公钥

导入公钥有多种方法。① 可以选择 Import 他人的 asc 文件；② 或直接拖曳到 Keys 页面；③ 还可以用导出密钥的记事本方式，复制公钥代码后在 Keys 页面右键"Paste"，如图 11～13 所示。

图 11   图 12   图 13

当导入他人公钥后，可以看到其属性，例如是否有效、是否可信等。通过调节可信度发现，即使设置为"可信的"，密钥仍然不会有效，这时要对公钥进行签名，如图 14 所示。

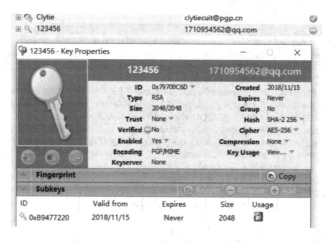

图 14

PGP 是以相互签名方式来验证公钥的真伪的，如图 15、16 显示谁对谁签名。因此千万别轻易为别人签名，除非确实是自己可信赖的人，免得因为 PGP 层层签名的制度而产生安全漏洞。

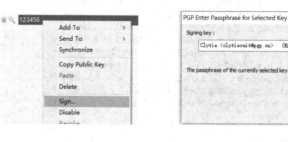

图 15   图 16

当完成签名后，密钥变成"Verified（有效的）"，若将属性中的"是否可信"改为"Trusted（可信的）"，则此时该公钥方被 PGP 加密系统正式接受，才可以投入使用，如图 17 所示。

图 17

5. 使用 PGP 软件加密邮件(加密和签名)

(1) 当信件内容输入完成后,首先选择信件全部内容,然后选择复制或剪切到剪贴板,如图 18 所示。

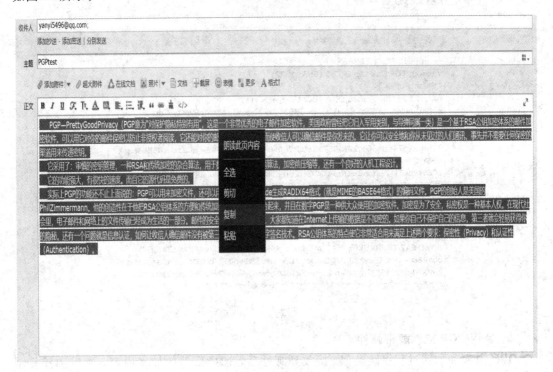

图 18

(2) 打开 PGP 后,Windows 状态栏中会出现 PGP 的图标,点击选择"Encrypt & Sign (加密并签名)",如图 19 所示。

（3）从列表中选择收信人的公钥，双击即选中。若要取消，则对下方选中区域中的公钥双击进行取消，如图 20 所示。

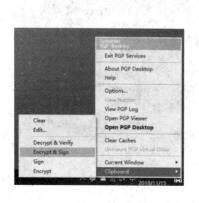

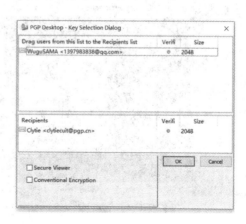

图 19　　　　　　　　　　　　　　　　　　图 20

（4）回到信件内容里，将所有正文内容换成此时"剪贴板"内容，即粘贴出的就是加密后的正文，如图 21 所示。

图 21

6. 使用 PGP 软件解密邮件

解密过程和加密过程思路类似。接收到邮件后，选择信件的加密内容，然后选择复制或剪切到剪贴板。点击 Windows 状态栏中的 PGP 图标，选择对"Clipboard（剪贴板）"内容进行操作，选择"Decrypt & Verify（解密并验证签名）"。

PGP 自动出现 Text Viewer 窗口，在"＊＊＊ BEGIN PGP DECRYPTED/VERIFIED MESSAGE ＊＊＊"和"＊＊＊ END PGP DECRYPTED/VERIFIED MESSAGE ＊＊＊"之间就

是加密的信件内容，如图 22 所示。

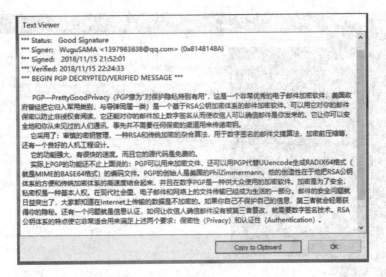

图 22

7. 使用 PGP 对文件进行加密或签名

（1）文件加密和信件加密基本类似，而且更方便简单。以 PGPtext. txt 为例，如图 23 所示，有多种方法进行加密，选择"Add 'PGPtext' to new PGP Zip…"，进入如图 24 所示界面。

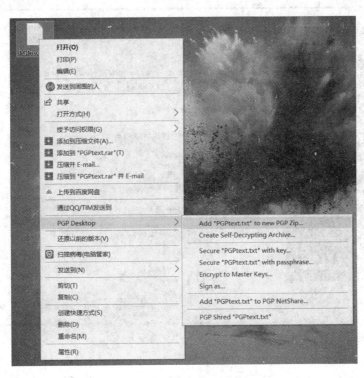

图 23

图 24

（2）可以选择加密类型与多种加密方式，如图 25 所示，选择其中一种方式。

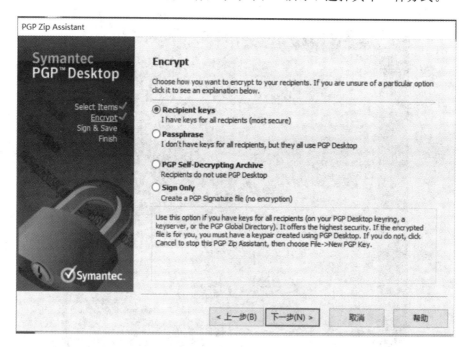

图 25

（3）可以选择加密用的公钥，选择后点击"Add…"，如图 26 所示，选定后点击"下一步（N）"按钮。

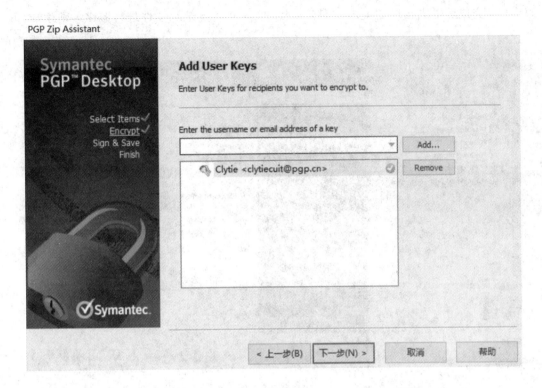

图 26

（4）选择签名用的私钥，并选择保存地址，如图 27 所示。若只选择了签名，则没有以上（2）、（3）两步，可以直接从此步选择签名私钥开始。

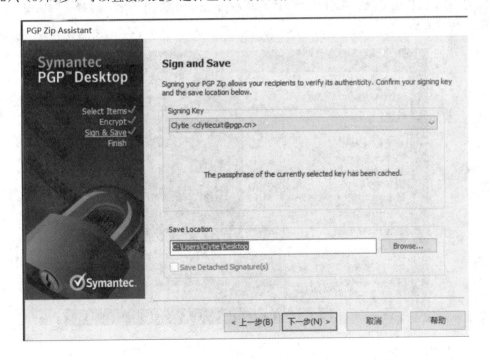

图 27

（5）完成后生成相应的 pgp 文件，如图 28 所示。若只对文件进行签名，则生成 sig 文件。

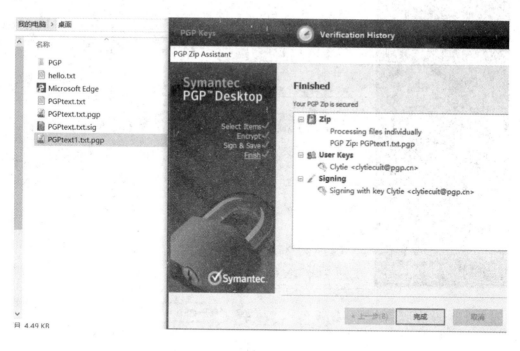

图 28

8. 使用 PGP 对文件进行解密

（1）解密文件也和加密文件相似，也有多种方法，如图 29 所示，选择一种方式，进入如图 30 所示界面。

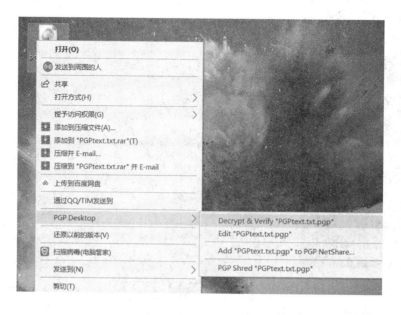

图 29

图 30

（2）选择相应原文件解密（提取）的保存位置后，完成即可，如图 31 所示。

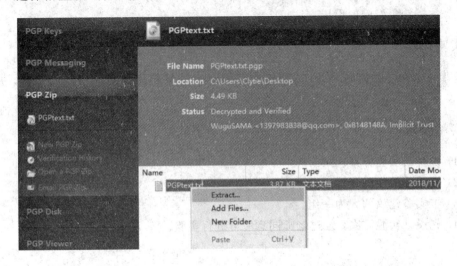

图 31

综合实验二　设计针对 WiFi 攻击造成的无法上网的方案

一、实验目的

（1）掌握 WiFi 工作原理和相关配置步骤。

（2）掌握针对公开 SSID 的 WiFi 攻击的步骤和原理，学习如何防御的相关技术。

二、实验内容

（1）学习如何利用 WiFi 破解工具，如用 CDLinux 破解 WiFi 登录密码。

（2）学会如何利用相关工具，破解 WiFi 的管理员密码。

（3）学会 WiFi 的相关配置，思考如何防御破解 WiFi 管理员密码的防御技术。

三、实验要求

（1）该项实验两人一组。每个同学写出设计方案，然后提交给另外一位同学，由该同学设计可能攻击的方案。每位同学都写出设计方案和攻击方案，然后提交给老师审核。

（2）搭建相关的网络环境，验证相关的设计和攻击方案。

注：对所攻击的 WiFi 更改的配置，一定还原到原来的配置，不许任意更改原来的配置。

综合实验三　在可控环境中获取对象邮箱的密码和用户名

一、实验目的

（1）掌握 Windows 的 Internet 服务配置。

（2）掌握 WiFi 的相关配置技术。

（3）掌握钓鱼网站的设置方法。

二、实验内容

设计一个在可以控制 WiFi 的网络中获得对象的邮箱用户名和密码的实验，并进行验证。

三、实验要求

（1）设计出实验方案。

（2）搭建相关实验环境，进行验证。

（3）本实验建议两人为一组。

（4）先设计实验方案，经过老师同意后再进行实验。